中国轻工业"十四五"规划教材

省级一流本科课程配套教材

食品质量管理学

冯翠萍 李大鹏 主编

图书在版编目（CIP）数据

食品质量管理学 / 冯翠萍，李大鹏主编. — 北京：中国轻工业出版社，2023.11
ISBN 978-7-5184-4441-0

Ⅰ.①食⋯　Ⅱ.①冯⋯②李⋯　Ⅲ.①食品—质量管理　Ⅳ.①TS207.7

中国国家版本馆CIP数据核字（2023）第093642号

责任编辑：马　妍　　责任终审：白　洁
文字编辑：武艺雪　　责任校对：朱燕春　　封面设计：锋尚设计
策划编辑：马　妍　　版式设计：砚祥志远　　责任监印：张京华

出版发行：中国轻工业出版社（北京鲁谷东街5号，邮编：100040）
印　　刷：三河市万龙印装有限公司
经　　销：各地新华书店
版　　次：2023年11月第1版第1次印刷
开　　本：787×1092　1/16　印张：15
字　　数：346千字
书　　号：ISBN 978-7-5184-4441-0　定价：48.00元
邮购电话：010-85119873
发行电话：010-85119832　　010-85119912
网　　址：http://www.chlip.com.cn
Email：club@chlip.com.cn
如发现图书残缺请与我社邮购联系调换
220372J1X101ZBW

本书编写人员

主　　编　冯翠萍（山西农业大学）
　　　　　　李大鹏（山东农业大学）

副 主 编　颜廷才（沈阳农业大学）

参编人员（按姓氏笔画排列）
　　　　　　于立梅（仲恺农业工程学院）
　　　　　　吕　蕾（齐鲁工业大学）
　　　　　　任　伟 [钛和认证（上海）有限公司]
　　　　　　江　杨（山东农业大学）
　　　　　　温文君（山西农业大学）

前言 | Preface

"民以食为天，食以安为先"，食品安全关乎人们的身体健康和生命安全。随着社会经济的发展和人们生活水平的不断提升，人们对食品安全问题的重视程度不断加深，食品质量管理也越来越受到社会各界的关注，食品工业在提升产业技术水平的同时应不断提高管理水平。加强食品质量管理可促进我国食品行业健康发展，有助于企业按国际通用标准生产出高质量产品。

本书从我国食品质量的实际出发，阐述食品质量管理的概念、理论和方法，重点介绍了以保证食品安全质量为目的的14种食品质量管理的工具与方法，食品良好操作规范（GMP）、食品卫生标准操作程序（SSOP）、危害分析与关键控制点（HACCP）、ISO 9000质量管理体系、ISO 22000食品安全管理体系，以及食用农产品质量安全认证。在阐明理论的同时还列举大量案例，以便读者理解掌握和实际应用。

本书力求体现知识新颖、条理清晰、论述简练、科学实用等特点，可作为高等学校食品质量与安全、食品科学与工程及相关专业的教材，也可作为食品监督管理部门、食品企业质量管理部门及相关认证机构等有关人员的参考书。省级一流本科课程"食品质量管理学"已经在慕课平台同步上线，在智慧高等教育平台或智慧树平台搜索山西农业大学《食品质量管理学》可点击学习，本书作为课程配套教材，各章节附二维码，手机扫描即可观看慕课视频。

本书共八章，第一章由山西农业大学冯翠萍编写，第二章由山东农业大学李大鹏编写，第三章由钛和认证（上海）有限公司任伟编写，第四章由山东农业大学江杨编写，第五章由山西农业大学温文君编写，第六章由仲恺农业工程学院于立梅编写，第七章由沈阳农业大学颜廷才编写，第八章由齐鲁工业大学吕蕾编写。二维码慕课视频由冯翠萍和温文君录制。全书由冯翠萍统稿。

由于作者水平有限，加之本书涉及内容广泛，学科发展迅速，书中的疏漏和不妥之处在所难免，殷请各位读者和同行惠正。

编者

2023年4月

目录 | Contents

第一章 绪论 1
    一、质量的概念 1
    二、食品质量控制技术的发展 3
    三、食品质量管理概述 4
    四、食品质量与安全的管理措施 7

第二章 食品质量管理的工具和方法 11
  第一节 食品质量管理中的数据 11
    一、质量数据的类型 11
    二、数据的搜集 12
    三、数据的特征值 13
    四、产品质量的波动 14
  第二节 食品质量管理的传统方法 15
    一、因果图 15
    二、排列图 17
    三、散布图 19
    四、控制图 21
    五、直方图 28
    六、调查表 31
    七、分层法 34
  第三节 食品质量管理的新方法 36
    一、亲和图 36
    二、关联图 37
    三、系统图 39
    四、过程决策程序图 40
    五、箭形图 42
    六、矩阵图 43
    七、矩阵数据解析法 45

第三章 食用农产品质量安全认证 48
  第一节 认证概述 48
    一、认证的概念 48

二、认证活动的近代起源和发展 ·· 48
　　三、食品农产品认证的管理和流程 ······································ 51
　　四、认证的意义 ·· 55
第二节　食品农产品认证 ·· 55
　　一、中国食品农产品认证种类 ·· 55
　　二、国际食品农产品认证介绍 ·· 58
　　三、食品农产品认证标准的获取 ··· 60
第三节　食用农产品承诺达标合格证制度 ································· 60
　　一、食用农产品质量安全监管概述 ······································ 60
　　二、食用农产品承诺达标合格证制度 ··································· 63
第四节　绿色食品及认证 ·· 65
　　一、绿色食品标准体系 ··· 65
　　二、申请绿色食品认证的条件 ·· 66
　　三、绿色食品生产全程质量控制要求 ··································· 66
　　四、绿色食品认证流程 ··· 69
　　五、绿色食品生产企业管理要求 ··· 71
第五节　有机食品及认证 ·· 72
　　一、有机产品标准体系 ··· 72
　　二、申请有机产品认证条件 ··· 72
　　三、生产、加工、经营管理要求 ··· 74

第四章　食品良好操作规范（GMP） ······································ 78
第一节　食品良好操作规范概述 ··· 78
　　一、食品 GMP 的起源和发展概况 ······································· 78
　　二、我国 GMP 的发展与现状 ··· 79
　　三、推行和实施 GMP 的意义 ··· 81
第二节　食品 GMP 内容 ··· 82
　　一、厂址选择 ··· 82
　　二、原料采购、运输及贮存卫生要求 ··································· 83
　　三、厂房及车间 ·· 85
　　四、设施与设备 ·· 86
　　五、工厂卫生管理 ··· 88
　　六、生产过程食品安全控制 ··· 89
　　七、检验 ··· 90
　　八、食品贮存和运输卫生管理 ·· 91
　　九、产品召回管理 ··· 92
第三节　食品 GMP 文件的编制 ··· 92
　　一、编制食品 GMP 文件的作用和原则 ································· 92
　　二、食品 GMP 文件编制的基本内容 ···································· 93

第四节　食品 GMP 应用案例 …… 93
一、规范性引用文件 …… 93
二、术语和定义 …… 94
三、选址及厂区环境 …… 96
四、厂房及设施 …… 96
五、机械设备 …… 100
六、管理机构与人员 …… 102
七、卫生管理 …… 103
八、生产过程管理 …… 106
九、质量管理 …… 109
十、标签 …… 111
十一、管理制度的建立与考核 …… 111
十二、产品追溯与召回管理 …… 112

第五章　食品卫生标准操作程序（SSOP） …… 113
第一节　SSOP 概述 …… 113
一、SSOP 概念 …… 113
二、食品 SSOP 的发展概况 …… 113
三、实施 SSOP 的目的和意义 …… 114
第二节　SSOP 基本内容 …… 114
一、与食品接触或与食品接触表面接触水（冰）的安全 …… 114
二、食品接触面的清洁程度 …… 117
三、防止交叉污染 …… 119
四、手的清洗和消毒、厕所设备维护与卫生保持 …… 122
五、防止食品被外部污染物污染 …… 123
六、有毒化学物质正确标识、贮存和使用 …… 124
七、雇员健康与卫生控制 …… 125
八、虫害和鼠害控制 …… 126
第三节　SSOP 文件和记录的编制 …… 128
一、SSOP 文件编制 …… 128
二、卫生标准操作记录编制 …… 129
三、SSOP 实施情况检查与记录 …… 129
第四节　SSOP 在实际生产中的应用 …… 130
一、果蔬汁生产加工企业的 SSOP 计划 …… 130
二、某水产加工厂单冻鲽鱼片加工过程的 SSOP 计划 …… 139
三、生产加工企业卫生控制记录 …… 146

第六章　危害分析与关键控制点（HACCP）体系及应用 …… 151
第一节　HACCP 体系概述 …… 151
一、HACCP 概念 …… 151

二、HACCP 产生和发展 …………………………………………… 151
三、HACCP 体系特点 …………………………………………… 152
四、实施 HACCP 的意义 ………………………………………… 152
第二节 HACCP 原理 ………………………………………………… 153
一、HACCP 体系基本术语 ……………………………………… 153
二、HACCP 基本原理 …………………………………………… 154
第三节 HACCP 体系建立与实施 …………………………………… 155
一、HACCP 计划建立与实施前提条件 ………………………… 155
二、制定 HACCP 计划建立与实施的步骤 ……………………… 156
第四节 HACCP 体系应用实例 ……………………………………… 165
一、HACCP 体系的应用 ………………………………………… 165
二、HACCP 体系应用实例 ……………………………………… 166
第五节 HACCP 体系认证 …………………………………………… 172
一、HACCP 体系认证概况 ……………………………………… 172
二、HACCP 体系认证程序 ……………………………………… 173

第七章 ISO 9000 质量管理体系 …………………………………… 177

第一节 ISO 9000 概述 ……………………………………………… 177
一、ISO 9000 产生的历史背景 ………………………………… 177
二、ISO 9000 修订与发展 ……………………………………… 178
第二节 ISO 9000 质量管理原则 …………………………………… 180
一、ISO 9000 质量管理体系部分术语 ………………………… 180
二、质量管理原则内容 …………………………………………… 184
三、用于建立质量管理体系的基本概念和原理 ………………… 187
第三节 ISO 9000 质量管理体系认证 ……………………………… 188
一、质量认证 ……………………………………………………… 189
二、质量管理体系认证概述 ……………………………………… 189
三、质量管理体系认证规则 ……………………………………… 191

第八章 ISO 22000 食品安全管理体系 ……………………………… 201

第一节 ISO 22000 标准概述 ………………………………………… 201
一、ISO 22000 标准的产生和发展 ……………………………… 201
二、ISO 22000 标准特点 ………………………………………… 202
三、ISO 22000 标准适用范围 …………………………………… 202
第二节 ISO 22000 食品安全管理体系术语 ………………………… 202
一、ISO 22000 食品安全管理体系概述 ………………………… 202
二、ISO 22000 食品安全管理体系部分术语 …………………… 202
第三节 ISO 22000 食品安全管理体系关键原则 …………………… 205
一、相互沟通 ……………………………………………………… 206

二、前提方案 ………………………………………………………… 206
　　三、体系管理 ………………………………………………………… 207
　　四、HACCP …………………………………………………………… 208
　第四节　ISO 22000 食品安全管理体系认证 ……………………………… 210
　　一、ISO 22000 认证依据 …………………………………………… 210
　　二、ISO 22000 认证程序 …………………………………………… 211
　　三、认证证书 ………………………………………………………… 216
　　四、申诉 ……………………………………………………………… 217
　　五、信息通报和信息报告 …………………………………………… 217
　第五节　食品企业 ISO 22000 食品安全管理体系的建立 ……………… 218
　　一、准备阶段 ………………………………………………………… 218
　　二、策划和总体设计 ………………………………………………… 219
　　三、食品安全管理体系文件编制 …………………………………… 219
　　四、培训内部审核员 ………………………………………………… 220
　　五、食品安全管理体系实施运行 …………………………………… 220
　　六、食品安全管理体系认证前准备 ………………………………… 221
　　七、审核认证 ………………………………………………………… 221

附　录

　附录1　常用缩略语表 …………………………………………………… 223
　附录2　常用食品安全法规、标准清单 ………………………………… 224

参考文献

………………………………………………………………………………… 226

第一章 绪论

> **学习目标**
> 1. 掌握食品质量的概念,了解食品质量控制技术发展的历程,了解食品质量管理的特殊性;
> 2. 领会"食以安为先"的理念,形成正确的思想道德观和高度的社会责任感。

一、质量的概念

(一) 质量

质量又称"品质"。对于质量的概念,很多专家学者有过论述。

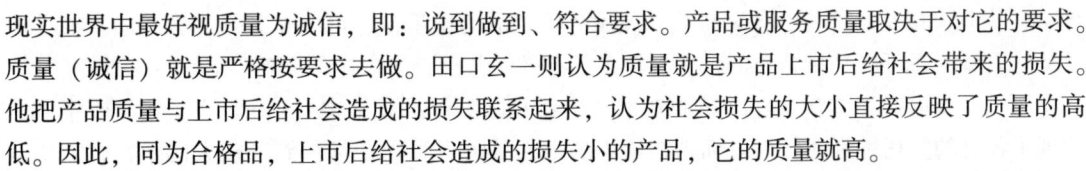

绪论

克劳士比(Philip B. Crosby)从生产者的角度出发,认为在质量管理的现实世界中最好视质量为诚信,即:说到做到、符合要求。产品或服务质量取决于对它的要求。质量(诚信)就是严格按要求去做。田口玄一则认为质量就是产品上市后给社会带来的损失。他把产品质量与上市后给社会造成的损失联系起来,认为社会损失的大小直接反映了质量的高低。因此,同为合格品,上市后给社会造成的损失小的产品,它的质量就高。

大多数学者认为质量是指产品和服务满足顾客的期望的程度。代表人物包括:休哈特(W. A Shewhart)、朱兰(J. M. Juran)、戴明(W. Edwards. Deming)、费根堡姆(Armand Vallin Feigenbaum)、石川馨等。其中被广为传播的定义是朱兰的适用性质量。朱兰从顾客的角度出发,提出了产品质量就是产品的适用性,即产品在使用时能成功地满足用户需要的程度。用户对产品的基本要求就是适用,适用性恰如其分地表达了质量的内涵。休哈特在20世纪20年代就对质量有过精辟的表述,他认为质量兼有主观性的一面(顾客所期望的)和客观性的一面(独立于顾客期望的产品属性);质量的一个重要度量指标是一定售价下的价值;质量必须由可测量的量化特性来反映,必须把潜在顾客的需求转化为特定产品和服务的可度量特性,以满足市场需要。正是由于质量有主观性的一面,使得质量的内涵变得非常丰富,而且随着顾客需求的变化而不断变化;同样正是由于质量有客观性一面,使得人们对质量进行科学的管理成为可能。

为了适应经济社会的发展和全球一体化的进程，国际标准化组织（ISO）自 1987 年正式发布 ISO 9000 标准以来多次对质量及相关的基础知识和术语等进行了解释和定义，均以标准的形式发布。

ISO 9000：2005 中对质量（Quality）的定义是："一组固有特性满足要求的程度"。

ISO 9000：2015 中对质量（Quality）的定义是："客体的一组固有特性满足要求的程度"。"固有的"，其反义是"赋予的"，意味着存在于客体内。那么，客体、特性和要求又指的是什么呢？ISO 9000：2015 中对它们也给出了定义。

客体［Object（Entity，Item）］指"可感知或可想象到的任何事物"。客体可能是物质的、非物质的或想象的，比如产品、服务、过程、人员、组织、体系、资源等。

特性（Characteristic）指"可区分的特征"。特性可以是固有的或赋予的，可以是定性的或定量的。有各种类别的特性，包括物理的（如机械的、电的、化学的或生物学的特性）；感官的（如嗅觉、触觉、味觉、视觉、听觉）；行为的（如礼貌、诚实、正直）；时间的（如准时性、可靠性、可用性、连续性）；人因工效的（如生理的特性或有关人身安全的特性）；功能的（如飞机的最高速度）。

要求（Requirement）指"明示的、通常隐含的或必须履行的需求或期望"。"通常隐含"是指组织和相关方的惯例或一般做法，所考虑的需求或期望是不言而喻的。规定要求是经明示的要求，如在形成文件的信息中阐明。特定要求可使用限定词表示，如产品要求、质量管理要求、顾客要求、质量要求。要求可由不同的相关方或组织自己提出。为实现较高的顾客满意度，可能有必要满足那些顾客既没有明示，也不是通常隐含或必须履行的期望。

相对于 ISO 9000：2005 中"一组固有特性满足要求的程度"的定义，ISO 9000：2015 中质量的定义能更直接、清晰地表述质量的属性。虽然它对质量的载体又做了界定，但是从对"客体"的解释来看，说明质量可以存在于不同领域或任何事物中，包括可想象到的任何事物。对质量管理体系来说，质量的载体不仅针对产品，即过程的结果（如硬件、流程性材料、软件和服务），也针对过程和体系或者它们的组合以及想象的未来要达到的状态。也就是说，所谓"质量"，既可以是零部件、计算机软件或服务等产品的质量，也可以是某个过程的质量或某项活动的质量，还可以是指企业的信誉、体系的有效性甚至是想象中的质量。

可见，不同时期质量管理领域的专家、学者和国际标准化组织（ISO）等提出的质量概念体现了各自的立场性和时代性，而现在给出的定义其内容和内涵都得到了极大的丰富，需要认真地思考和体会。

（二）食品质量

食品质量（Food Quality）是食品的固有特性满足食品要求的程度。

固有特性就是指某事或某物中本来就有的，尤其是那种永久的特性，如食品的重量、机器的生产率等技术特性。而赋予特性不是固有的，不是某事物本来就有的，而是完成后因不同的要求而对产品所增加的特性，如产品的价格、供货时间和运输要求（如运输方式）、售后服务要求（如贮藏温度和时间）等特性。固有特性与赋予特性是相对的，不同客体的固有特性和赋予特性不同，某种客体赋予特性可能是另一种客体的固有特性。

不同的客体具有不同的质量特性。根据客体涵盖的事物，大致可分为有形事物，如产品质量特性；无形活动，如服务质量特性、过程质量特性等。对于食品来说最主要的特性是产品的质量特性。产品的质量特性包括安全性、功能性、可信性、适应性、经济性和时间性六个方面。这六个方面的固有特性满足要求的程度，表明该产品的质量优劣，也体现产品的使用价值。

①安全性：指产品在制造、贮存、流通和使用过程中能保证对人身和环境的伤害或损害控制在一个可接受的水平。食品作为一种特殊产品，它的安全性处于其质量特性的首位。食品质量管理体系应确保整个食品链的安全性，保证消费者不受到危害。例如，在使用食品添加剂时应严格按照规定的使用范围和用量，来保证食品的安全性。同样，产品对环境也应该是安全的，企业在生产产品时应考虑到产品及其包装物对环境造成危害的风险。

②功能性：指产品满足使用要求所具有的功能。功能性包括使用功能和外观功能两个方面。食品的使用功能主要包括营养功能、色香味的感官功能、保健功能、贮藏或保藏功能等。外观功能包括产品的状态、造型、光泽、颜色、外观美学等。食品对外观功能的要求很高，外观美学价值往往是消费者在决定购买时首要的决定因素。

③可信性：指产品的可用性、可靠性、可维修性等，即产品在规定的时间内具备规定功能的能力。一般来说，食品应具有足够长的保质期。在正常情况下，在保质期内的食品具备规定的功能。

④适应性：指产品适应外界环境的能力，外界环境包括自然环境和社会环境。食品企业在产品开发时应使产品能在较大范围的海拔、温度、湿度下使用。同样也应了解使用地的社会特点，如政治、宗教、风俗、习惯等因素，尊重当地人民的宗教文化，切忌触犯当地社会和消费者的习俗，引起不满和纠纷。

⑤经济性：指制造出产品的一定费用。它应该对企业和顾客来说经济上都是合算的。对企业来说，产品的开发、生产、流通费用应低。对顾客来说，产品的购买价格和使用费用应低。经济性是产品市场竞争力的关键因素。经济性差的产品，即使其他质量特性再好也卖不出去。

⑥时间性：指在时间上满足顾客的能力。顾客对产品的需要有明确的时间要求。许多食品的生命周期很短，只有敏锐捕捉顾客需要，及时投入生产和占领市场，企业才能获得效益。如早春上市的新茶、鲜活的海产品等。

要求（Requirement）指"明示的、通常隐含的或必须履行的需求或期望"。明示的食品要求是指有表达方式的要求，如对食品标签、食用说明的要求。通常隐含的食品要求是指消费者的需求或期望是不言而喻的，如对食品安全性、功能性等的要求。必须履行的需求是指法律法规要求及强制性标准的要求，如《中华人民共和国食品安全法》（以下简称《食品安全法》）《中华人民共和国农产品质量安全法》《中华人民共和国产品质量法》《中华人民共和国农业法》《中华人民共和国渔业法》《中华人民共和国进出境动植物检疫法》等法律法规的要求。

（三）质量控制

质量控制（Quality Control）是为达到质量要求所采取的作业技术和活动，其目的是监视过程并排除质量环节所有阶段中导致不满意的原因，以取得经济效益。作业技术包括专业技术和管理技术，是质量控制的主要手段和方法的总称。活动是运用作业技术开展的有计划、有组织的质量职能活动。

二、食品质量控制技术的发展

纵观质量控制技术的发展历程，大致经历了三个阶段：传统质量控制阶段、质量检验控制阶段和质量保证体系控制阶段。

1. 传统质量控制阶段

20 世纪以前，生产力发展水平较低，产品相对简单，生产规模较小，产品生产方式以手工操作为主，这时产品质量依赖于操作者本人的技艺和经验。产品生产、质量检验和质量控制集于操作者一身，甚至出了质量问题，也由操作者来解决。操作者的技艺和经验就是标准，并通过带徒授艺方式传承。对操作者的信任也成为消费者对产品信任的依据。因此这一阶段也称为"操作者的质量控制"阶段。随着生产规模的扩大和生产工序的复杂化，操作者的质量控制就越来越不能适应这种发展，因此建立起工长的质量管理，先由工人自检，再由各工序的工长负责质量检验和把关，从而形成了质量检验的雏形。工业化大生产的出现使产品生产变得更为复杂，由工长负责质量检验和把关的模式不能适应工业化大生产的需要。

2. 质量检验控制阶段

质量检验控制阶段是从 20 世纪初至 30 年代末，是质量控制的初级阶段，主要特点是以事后检验为主。学者泰勒（F. W. Taylor）提出按照职能的不同进行合理的分工，首次将质量检验作为一种管理职能从生产过程中分离出来，建立了专职质量检验制度，并逐渐形成了制定标准（管理）、实施标准（生产）、按标准检验（检验）的三权分立。在理论基础方面，形成了大量生产条件下的互换性理论和规格、公差的概念等，规定了产品的技术标准。质量检验人员根据技术标准，利用各种检测手段，对成品进行检验，作出合格与不合格的判断，避免不合格品进入下道工序或出厂，起到把关作用。质量检验专业化的重要性至今仍不可忽视。只是早期的质量检验主要是在产品生产出来后才进行的，属于事后把关。在大量生产的情况下，即使检查中发现不合格品，由于事后检验信息反馈不及时，对生产者来说已经造成了很大损失，并且全数检验增加了质量成本。故又萌发出"预防"的思想，从而形成了质量控制理论。

3. 质量保证体系控制阶段

市场准入制度、良好操作规范（Good Manufacture Practices，GMP）、卫生标准操作程序（Sanitation Standard Operation Procedures，SSOP）、危害分析与关键控制点（Hazard Analysis and Critical Control Point，HACCP）这些都是质量保证体系的主要内容。这些制度和规范构成了预防性的食品安全控制体系，能够及时识别出所有潜在的生物性、化学性和物理性的危害，在科学的基础上建立预防性措施，并通过预测潜在危害以及提出控制措施，使新工艺和新设备的设计与制造更加容易和可靠，有利于食品企业的发展和改革。为食品企业和政府监督机构提供了一种最理想的食品安全监测和控制方法，使食品质量管理与监督体系更完善、管理过程更科学，可以增加消费者的信心，提高产品的可信度，减少对成品进行破坏性检验的频率。GMP 是相关企业必须达到的基本条件。SSOP 主要指导卫生操作和卫生管理的具体实施。HACCP 集中体现在与食品或其生产过程相关的危害控制环节，主要保证生产出来的产品是卫生的、安全的。这些体系的建立能够保证生产者提供的产品不仅性能符合质量标准规定，而且要在产品售后的正常期限内保证其安全性。

三、食品质量管理概述

（一）食品质量管理的概念

食品质量管理（Food Quality Management）是指确定食品质量方针、目标和职责，并在质量体系中通过实施诸如质量策划、质量控制、质量保证和质量改进等全部管理职能的所有活动。

食品质量管理定义中涉及的术语分别叙述如下。

(1) 质量方针（Quality Policy） 是"关于质量的方针"。通常质量方针与组织的总方针相一致，可以与组织的愿景和使命相一致并为制定质量目标提供框架。ISO 9000：2015 标准中提出的质量管理原则可以作为制定质量方针的基础。一个组织的方针（Policy）是指由最高管理者正式发布的组织的宗旨和方向。

(2) 质量目标（Quality Objective） 是"与质量有关的目标"。质量目标通常依据组织的质量方针制定。在组织内的相关职能、层级和过程分别规定质量目标。组织内各部门各人员都应明确自己的职责和质量目标，并为实现该目标而努力。

(3) 质量策划（Quality Planning） 是"质量管理的一部分，致力于制定质量目标并规定必要的运行过程和相关资源以实现质量目标"。编制质量计划可以是质量策划的一部分。质量策划包括收集、比较顾客的质量要求，向管理层提出有关质量方针和质量目标的建议，从质量和成本两方面评审产品设计，制定质量标准，确定质量控制的组织机构、程序、制度和方法，制定审核原料供应商质量的制度和程序，开展宣传教育和人员培训活动等工作内容。

(4) 质量控制（Quality Control） 是"质量管理的一部分，致力于满足质量要求"。质量控制的目的"在于监视过程并排除质量环节所有阶段中导致不满意的原因，以取得经济效益"。质量控制一般采取以下程序：①确定质量控制的计划和标准；②实施质量控制计划和标准；③监视过程和评价结果发现存在的质量问题及其成因；④排除不良或危害因素，恢复至正常状态。

(5) 质量保证（Quality Assurance） 是"质量管理的一部分，致力于提供质量要求会得到满足的信任"。也就是说，组织应建立有效的质量保证体系实施全部有计划有系统的活动，能够提供必要的证据（实物质量测定证据和管理证据），从而得到本组织的管理层、用户、第三方（政府主管部门、质量监督部门、消费者协会等）的足够信任。

质量保证可分为内部质量保证（Internal Quality Assurance）和外部质量保证（External Quality Assurance）两种类型。内部质量保证取信于本组织的管理层，外部质量保证取信于需方。

(6) 质量改进（Quality Improvement） 是"质量管理的一部分，致力于增强满足质量要求的能力"。质量要求可以是有关任何方面的，如有效性、效率或可追溯性。质量改进的程序是计划、组织、分析诊断、实施改进，即在组织内制订计划，发现潜在的或现存的质量问题，寻找改进机会，提出改进措施，提高活动的效益和效率。

"中国质量管理之父"刘源张院士 1956 年就建立了中国第一个质量管理研究组，开始研究、应用和推广质量管理的理论和方法。他提出并推行全面质量管理，结合中国国情，在 20 世纪 70 年代提出了"文明生产+均衡生产+工艺整顿=全面质量管理"的理念；80 年代，提出了"保证体系+目标管理+小组活动=全面质量管理"的理念；90 年代，提出了"节约资源+保护环境+培养人才=全面质量管理"的理念。他的一生始终专注于质量管理领域，长期深入一线，极大地推动了"全面质量管理"理念与应用的普及。

（二）食品质量管理具有一定特殊性

1. 食品质量管理在空间和时间上具有广泛性

食品质量管理在空间上包括田间、原料运输、原料贮存车间、生产车间、成品贮存库房、运载车辆、超市或商店、冰箱、餐桌等环节的各种环境。食品质量问题贯穿于食品原料的生产、采集、加工、包装、贮藏、运输和食用等各个环节，每个环节都可能存在安全隐患而且在生产加工环节的衔接处最容易疏于监管，出现严重的食品安全事故。因此，必须树立和建立源头管理食品生产、全程无缝隙监管及可追溯管理的理念和方法。

2. 食品质量管理的对象具有复杂性

食品原料包括植物、动物、微生物等。许多原料在采收以后必须立即进行预处理、贮存和加工，而且原料大多为具有生命机能的生物体，必须控制在适当的温度、气体分压、pH 等环境条件下，才能保持其鲜活和可利用的状态。食品原料还受产地、品种、季节、采收期、生产条件、环境条件的影响，这些都会改变原料的化学组成、风味、质地、结构，进而改变原料的质量和利用程度，最后影响到产品的质量。因此，食品质量管理的难度增加，只有随原料的变化不断调整工艺参数，才能保证产品质量的一致性。

3. 在有形产品质量特性中安全性放在首位

在有形产品质量特性中安全性必须放在首位，食品安全是食品质量的核心，必须始终放在质量管理的首要位置。一个食品产品其他质量特性再好，只要安全性不过关，就丧失了作为产品和商品存在的价值。

4. 在食品质量监测控制方面存在着相当难度

食品质量检验是食品质量监测的必要基础工作和重要组成部分，是保证食品安全卫生、营养、风味、品质的重要手段。食品质量监测包括成分、风味物质、质地以及安全指标检测等。检测的指标很多，而且检测方法也多种多样，因此，存在着相当的难度。

5. 对产品功能性和适用性有特殊要求

不同的人对质量的要求是不同的，因此会对同一产品的功能提出不同的要求，也可能对同一产品的同一功能提出不同要求。例如薯片，有的人喜欢番茄酱口味，有的人喜欢吃咸味。消费者对一种食品的热情不会维持很久，对食品口味的要求经常发生变化。因此，食品质量管理也必须不断进行市场调查，及时调整工艺参数，提高产品的适应性。食品功能性除了内在的性能和外在性能以外，还有潜在的文化性能。人们对食品质量的认知会因民族、文化、宗教、历史、习俗等的影响而不同，因此，在食品质量管理中要严格遵守有关法律、道德规范的规定和尊重风俗习惯，不得逾越。

6. 食品质量管理的水平需要极大提高

目前，我国食品生产企业质量管理水平仍需要提高，主要有以下几个方面：①质量意识需要提升，在一些食品企业中，管理层及员工，对食品质量和食品质量管理的认识普遍存在一定程度的偏差。例如，对产品质量的内涵、质量控制内容认识不足。一些食品企业的管理层认为产品质量是质量保证部门的事，过多地依赖质量检验。②食品质量安全标准需要完善。标准化是质量管理的基础。现有一些中小型食品生产企业多数遵循着个体工商户—作坊式企业—规模企业的发展路径，标准化工作还需继续完善。③质量管理员工素质整体水平有待提高。有些食品企业严重缺乏质量管理人才，在岗的质量管理人员素质参差不齐，许多企业的经营者和技术人员需要进行系统的质量专业知识和技能的培训。技术和管理人才的缺乏，会导致企业质量管理水平低下。④质量管理技术需要改进。成品的检验仍是目前控制质量的最常用和最重要的手段，食品生产企业需要加强食品质量管理工具和方法、食品质量安全控制体系在食品生产加工中的应用。⑤相关监督机制需要规范。我国大部分食品企业都是从家庭小作坊转变而来的，经营管理经历从不规范到规范，从不完善到完善的发展过程。质量管理在很多企业中未能得到重视，对产品质量的控制有些还处于初期阶段。因此，我国目前的质量管理水平需要极大提高。

四、食品质量与安全的管理措施

1. 建立食品安全标准体系

食品质量管理的法规与标准是保障人民健康的生命线,是食品业生产和贸易的生命线,是食品企业行为的依据和准绳,因而食品质量和安全法规与标准的研究受到特别的重视。世界各国政府已经认识到,在经济全球化时代,食品质量和安全管理必须走标准化、法制化、规范化管理的道路。国际组织和各国政府制定了各种法规和标准,旨在保障消费者的安全和合法利益,规范企业的生产行为,促进企业的有序公平竞争,推动世界各国的正常贸易,避免不合理的贸易壁垒。

食品质量和安全法规与标准有国际组织的、世界各国的和我国的三个主要部分。国际组织与美国、日本等国的食品质量和安全法规与标准是我国法律工作者在制定我国法规与标准时的重要参考和学习对象,食品出口企业在组织生产时也应严格遵照出口对象国的法规与标准进行目标管理。为适应国民经济发展、民生要求和国际贸易的新形势,我国正在大幅度地制定新的法规标准和修订原有的法规标准,这就要求企业和学术界紧跟形势,重新学习,深入研究。

对于我国政府、企业和消费者来说,食品质量法规和标准的研究有着更重要的现实意义。我国社会主义市场经济正处于逐步完善和发展阶段,法治建设也处于完善、发展阶段,企业在完成原始积累以后正朝着现代企业目标前进,广大人民群众在生活水平提高后更关注食品质量问题,因此,加强食品质量管理法律法规的建设有助于进一步提高质量管理水平。

2. 建立生产许可制度

生产许可制度是国家为加强管理采取的一种卓有成效的管理制度。取得食品生产许可证,表明食品生产者有专职或者兼职的食品安全专业技术人员,具有相适应的场所和生产经营设备或者设施,具有食品安全管理人员和保证食品安全的规章制度,具有合理的设备布局和工艺流程,并取得环境保护部门的核准,可以依法从事食品生产经营活动,为消费者提供值得信赖的安全食品。

1995年颁布的《中华人民共和国食品卫生法》第二十七条规定:食品生产经营企业和食品摊贩,必须先取得卫生行政部门发放的卫生许可证方可向工商行政管理部门申请登记。未取得卫生许可证的,不得从事食品生产经营活动。这是我国法律首次设定食品生产经营许可制度,以餐饮服务业为主进行设计。我国改革开放后,食品生产加工业迅速发展,1980年—2000年,全国食品工业年均增长速度达13.1%。原卫生许可制度已逐渐无法适应食品加工业规模化发展及消费者对食品质量安全的要求。根据2001年国家质量监督检验检疫总局对全国米、面、油、酱油、醋5类食品的企业的专项产品质量抽检,产品平均合格率仅为59.9%。为此,2002年起,国家质量监督检验检疫总局在全国分类逐步推行食品质量安全市场准入制度,至2008年对所有食品(不包括保健食品和半成品)类别全面实行食品生产许可证管理。通过公布实施《食品质量安全市场准入审查通则》和各类食品的生产许可证审查细则,对食品生产企业的环境条件、生产设备、检验能力、管理制度等作出具体的规定,达不到条件的企业将无法进入食品生产行业,推动企业大规模地提升生产能力和质量水平。2009年,《食品安全法》取代了《食品卫生法》,《食品安全法》第二十九条明确规定:国家对食品生产经营实行许可制度。从事食品生产、食品流通、餐饮服务，应当依法取得食品生产许可、食品流通许可、餐饮服务许可；第四十三条规定：国家对食品添加剂的生产实行许可制度。进一步明确了食品生产经营许可制度的职责范围、管理方式。与此相适应，原卫生、质检、工商、食药监等部门制定了《餐饮服务许可管理办法》《餐饮服务许可审查规范》《食品生产许可管理办法》《食品生产许可审查通则》《食品添加剂生产监督管理规定》《食品流通许可证管理办法》等，进一步细化了许可的实施的范围、程序、条件。2013年，改变了原先"分段监管"的机制，由国家食品药品监督管理总局负责食品生产经营活动监督管理。原国家食品药品监督管理总局陆续出台了《食品生产许可管理办法》《食品经营许可管理办法》等部门规章，重新构建了自身的生产经营许可机制，为进一步提高食品质量管理提供了制度基础。2015年，修订《食品安全法》，第三十五条规定：国家对食品生产经营实行许可制度。从事食品生产、食品销售、餐饮服务，应当依法取得许可；第三十九条规定：国家对食品添加剂生产实行许可制度。2018年，政府机构改革，由国家市场监督管理总局负责食品加工、流通和餐饮管理。2020年，国家市场监督管理总局在原国家食药总局2015年8月31日公布的《食品生产许可管理办法》基础上进行了修订，发布了新的《食品生产许可管理办法》，加强事中、事后监管，推动食品生产监管工作重心向事后监管转移，进一步增强食品生产许可管理体制的可操作性。

3. 建立健全质量保证体系

食品质量保证体系包括以 GMP、SSOP 和 HACCP 为主的食品质量控制体系和以 ISO 9000、ISO 22000、ISO 14000 为主的食品质量管理体系。

GMP 是一种特别注重制造过程中产品质量和安全卫生的自主性管理制度。良好操作规范在食品中的应用，即食品良好操作规范，以现代科学知识和技术为基础，应用先进的技术和管理方法，解决食品生产中的质量问题和安全卫生问题。良好操作规范并不是仅仅针对食品企业而言的，应该贯穿于食品原料生产、运输、加工、贮存、销售和使用的全过程，也就是说从食品生产至使用的每一环节都应有它的良好操作规范。因此食品良好操作规范是实现食品工业现代化、科学化的必备条件，是食品品质优良和安全卫生的保证体系。自 20 世纪 80 年代以来，我国已建立了 1 个食品生产通用卫生规范和 16 个不同类型食品生产卫生规范，极大地提高了我国食品企业的整体生产水平和管理水平，推动了食品工业的发展。

SSOP 是食品生产加工企业为了保证达到 GMP 所规定要求，确保加工过程中消除不良的因素，使其生产加工的食品符合卫生要求而制定的，用于指导食品生产加工过程中如何实施清洗、消毒和保持卫生。SSOP 制定了一套特殊和具体的食品卫生处理、工厂环境清洁和有毒有害物质控制等措施。在某些情况下，SSOP 的实施可以减少在 HACCP 计划中关键控制点的数量。在实际生产中有些危害往往是通过 SSOP 和 HACCP 关键控制点的组合来控制的，涉及产品本身或某一加工工艺、步骤的危害是由 HACCP 来控制，而涉及加工环境或人员等有关的危害通常是由 SSOP 来控制。因此，SSOP 的正确制定和有效执行，对控制危害是非常有价值的，企业可根据法规和自身需要建立文件化的 SSOP。

HACCP 体系是一种科学、合理，针对食品生产加工过程进行过程控制的预防性体系，通过识别对食品安全有威胁的特定危害物，并对其采取预防性的控制措施，可有效防止或者消除食品安全危害，从而保证食品的原料、加工、贮运、销售各个环节免受生物性、化学性和物理性危害的污染，或使其减少到可接受的程度。HACCP 体系由危害分析（Hazard Analysis, HA）和关键控制点（Critical Control Points, CCP）两部分组成。该体系强调企业本身的作用，而不是依靠对最终产品的检测或政府部门取样分析来确定产品的质量。与一般传统的监督方法相比较，HACCP 注重食品卫生安全的预防性，以避免食品中的物理性、化学性和生物性危害物。实施的目的是对食品生产、加工进行最佳管理，确保提供给消费者更加安全的食品，以保护公众健康。食品加工企业不但可以用它来确保加工出更加安全的食品，而且还可以用它来提高消费者对食品加工企业的信心。

全球化的国际贸易需要有一个统一的质量认证标准，可以为远隔重洋的顾客提供足够的信任。为此，1971 年国际标准化组织（ISO）成立了认证委员会，其任务是研究制定国际可行的认证制度，颁发一系列指导性文件，促进各国质量认证制度的统一。国际标准化组织质量管理和质量保证技术委员会（ISO/TC 176）在 1987 年正式发布 ISO 9000 标准。此后在实际应用过程中该标准又不断地进行了修改和完善，2015 年版的 ISO 9000 标准在 2015 年 9 月正式公布。ISO 9000 系列质量管理体系国际标准，以简单明确的标准向世界推荐了一套实用的管理方法。这对推动组织的质量管理，实现质量目标，促进市场经济与国际贸易的发展，提高产品质量和顾客的满意程度，消除贸易壁垒等起到了积极而重大的作用。我国已将 ISO 9000 系列标准等同采用为国家标准。

进入 21 世纪，世界范围内消费者都要求安全和健康的食品，食品加工企业因此不得不贯彻食品安全管理体系（Food Safety Management System，FSMS），以确保生产和销售安全食品。为了帮助这些食品加工企业去满足市场的需求，同时，也为了证实这些企业已经建立和实施了食品安全管理体系，从而有能力提供安全食品，开发一个可用于审核的标准成为一种强烈需求。另外，由于贸易的国际化和全球化，基于 HACCP 原理，开发一个国际标准也成为各国食品行业的强烈需求。2005 年，ISO 整合食品安全管理普遍认同的相互沟通、体系管理、前提方案和 HACCP 原理 4 个关键要素，制定了 ISO 22000：2005，这一标准进一步加深了 HACCP 在食品安全管理体系中的作用。我国以等同采用的方式制定了国家标准 GB/T 22000—2006《食品安全管理体系 食品链中各类组织的要求》，并于 2006 年 3 月发布，2006 年 7 月开始实施。该标准涵盖了所有消费者和市场的需求，加快并简化了程序，定义了食品安全管理体系的要求，适用于从"农场到餐桌"这个食品链中的所有组织，而无需折中其他质量和食品安全管理体系。

同样，环境问题的严重恶化引起人们的担忧，希望能建立一套有效的管理体系作为环境行为合理规范，既预防有损环境的行为发生，又减少因环境问题带来的贸易壁垒。1992 年国际标准化组织已设立了环境与战略咨询组（SAGE），并于 1993 年 10 月成立了环境管理技术委员会（ISO/TC 207）开展环境管理体系和措施方面的标准化工作，推出 ISO 14000 环境管理系列标准为规范组织的环境行为和改善组织的环境效果提供有效的管理模式和工具。通过实施这一套环境管理标准，规范企业和社会团体等组织的环境行为，使之与社会发展相适应，改进生态环境质量，减少人类各项活动所造成的环境污染、节约资源，促进经济的可持续发展。

4. 严格执行《食品安全法》

1995 年《食品卫生法》的制定和实施，为食品市场的有序运行提供了必要条件，规范了市场经营，提高了我国在国际市场上的竞争力，但《食品卫生法》对色素的使用以及标签的内容、样式等没有作出相关规定，导致我国食品出口严重受制于技术壁垒限制，同时也缺乏该法规体系内涉及各环节的、一系列具有指导性规范的法律法规文件，致使食品工业相关法规得不到有效执行。在这样的情况下我国出台了《食品安全法》，并于 2009 年 6 月 1 日起正式实施。

《食品安全法》超越了原来停留在对食品生产、经营阶段发生食品安全问题的规定，扩大了范围，涵盖了"从农田到餐桌"食品安全监管的全过程，对涉及食品安全的相关问题作出了全面规定，通过全方位构筑食品安全法律屏障，防范了食品安全事故的发生，切实保障了食品安全。从《食品卫生法》到《食品安全法》，不只是两个字的改变，更是监管观念上的转变，即从注重食品干净、卫生，对食品安全监管的外在为主，转变为深入到食品生产经营的内部进行监管，这个转变的目的就是要消除食品生产经营等环节存在的安全隐患。

为了配合《食品安全法》的实施，自2009年1月起，国务院法制办公室会同卫生部等部门起草《中华人民共和国食品安全法实施条例（草案）》。在广泛征求意见基础上，经2009年7月8日国务院第73次常务会议通过，于7月20日公布并施行。《中华人民共和国食品安全法实施条例》旨在进一步落实企业作为食品安全第一责任人的责任、强化各部门在食品安全监管方面的职责以及将食品安全一些较为原则性的规定具体化。2015年修订《食品安全法》，并于2019年修订《食品安全法实施条例》。逐步形成了较完善的食品安全法律体系和食品安全监督管理体系，为食品安全监督管理工作提供了制度基础。

思考题

1. 名词解释：食品质量、食品质量管理、要求。
2. 如何理解食品质量管理具有时间和空间的广泛性？
3. 如何理解食品质量管理对象具有复杂性？
4. 为什么说在食品质量监测控制方面存在难度？
5. 目前，我国食品质量与安全的管理措施有哪些？

第二章 食品质量管理的工具和方法

学习目标

1. 了解食品产品质量波动的原因;
2. 掌握食品质量管理的14种方法,提升分析问题和解决复杂问题的能力,培养创新思维;
3. 培养树立卓越食品质量意识,服务我国食品工业高质量发展。

第一节 食品质量管理中的数据

一、质量数据的类型

食品的质量特征和食品生产加工过程各工序均涉及大量的数据。按照全面质量管理中"一切用数据说话"的基本观点,企业应在数据采集和分析的基础上对食品产品的质量进行评价和控制。一般数据按性质可分为两类:计量值数据和计数值数据。

1. 计量值数据

计量值数据指用测量工具可以连续测取的数据。通常可以用测量工具具体测出小数点以下数值的数据,例如产品的体积、重量、硬度、温度、化学成分含量等。

2. 计数值数据

不能连续取值的、只能以个数表示的数据。这类数据一般是不用测量工具进行测量就可以数出来,或者说即使使用测量工具也得不到小数点以下的数值,而只能得到如0,1,2,3……整数的数据。例如,合格品与不合格品件数、质量检测的项目数、疵点数、故障次数等,它们都是以整数出现,都属于计数值数据。计数值数据又可分为计件值数据和计点值数据。计件值数据表示具有某一质量标准的产品个数,如总体中合格品数、一级品数;计点值数据表示个体(单件产品、单位长度、单位面积、单位体积等)上的缺陷数、质量问题点数等,如检验食品包装袋的印刷质量时，包装袋表面的色斑、套色错误等。

但当数据以百分率表明时，要判断它是计数值数据还是计量值数据，其数据类型由分子、分母的数据类型决定，当分子分母都是计数值数据时，即使得到的百分率不是整数，它也属于计数值数据，如不合格品率。另外，在质量管理工作中常会遇到一些难以用定量的数据来表示的事件或因素，一般可以用优劣值法、顺序值法、评分法等，使其转换成数据，如感官评定。

必须注意，食品质量管理中由于计量值数据和计数值数据性质不同，所对应的控制图和抽样方案也不同，因此在数据采集过程中必须正确区分数据的类型。

二、数据的搜集

（一）搜集数据的目的

（1）对产品的质量进行评价和验收。
（2）对工序进行分析，判断是否稳定，以便采取控制措施。
（3）掌握和了解产品质量现状，以便优化生产条件，提升产品质量水平。

（二）数据采集方法

在质量管理过程中，一般采用抽样检查的方法，通过对样本进行测试，就可得到若干数据。通过对这些数据的分析整理，便可判断出总体是否符合质量标准。对采集数据的描述常用到统计总体、总体单位、样本、抽样等概念。

1. 统计总体

统计总体（Population）简称总体，是在一定的研究目的下所要研究事物的全体。它是由客观存在的、具有某种共同性质的众多个别事物构成的整体。按照总体单位数是否有限，统计总体可分为有限总体和无限总体。例如，有一批含有 10000 个产品的总体，它的数量已限制在 10000 个，是有限总体。再如总体为某工序，既包括过去、现在，也包括将要生产出来的产品，这个连续的过程可以提供无限个数据，我们说它是无限总体。一般情况下，在质量管理活动中会对时间进行限定，规定时间内的产品数量是有限的。

2. 总体单位

总体单位（Unit of Population）又称个体，是构成总体的每个单元或者基本单位。例如，1 包乳粉、1 个月饼。

3. 样本

样本（Sample）是指按随机原理从总体中抽取的一部分总体单位组成的集合。样本中的总体单位的个数称为样本容量。例如，从 3000 包乳粉中抽取 10 包作为样本进行检验。

4. 抽样

抽样（Sampling）是指从总体中抽取部分个体作为样本的活动。为了使样本的质量特性数据具有总体的代表性，通常采取随机抽样的方法，包括简单随机抽样、分层随机抽样、整群随机抽样和系统随机抽样。

数据收集的方法主要有以下 4 种。

（1）简单随机抽样　对总体中的全部个体不进行任何分组、排队，完全随意地抽取个体作为样本的抽样，通常采用抽签的方法或者随机数值表的方法取样。

（2）分层随机抽样　将整批产品按某些特征或条件（如原材料、生产线、操作者、作业班次）分组（层）后，在各组（层）内分别用简单随机抽样法抽取产品组成样本。

(3) 整群随机抽样　在1次随机抽样中，不是只抽1个产品，而是抽取若干个产品组成样本，如每次取1箱产品等。

(4) 系统随机抽样　在时间上或空间上按一定间隔从总体中抽取样品作为样本的抽样。这种方法适用于生产线，多用于工序质量控制。

4种抽样方法的抽样误差大小一般是：整群随机抽样≥简单随机抽样≥系统随机抽样≥分层随机抽样。在实际调查研究中，常常将2种或几种抽样方法结合使用，进行多阶段抽样。

(三) 注意事项

(1) 明确食品质量特征　针对不同食品的关键质量特征确定数据采集的方法和过程。

(2) 确定适当的采样方法　为了使采集的样品具有代表性，应采取随机抽样的方法，并根据食品分析相关标准要求确定采样的数量。

(3) 注明搜集数据的条件　在采集数据时必须将抽样时间、抽样方式、抽样人、测量方法等条件记录清楚。

(4) 加强数据的归纳整理　采集的数据建议按生产条件进行分层整理，以便于统计方法的应用。

(5) 数据必须真实、准确、可靠。

三、数据的特征值

在质量管理统计方法中，数据的特征值主要分为两类：一类是表示数据集中位置的特征值，如平均值、中位数；另一类是表示数据的离散程度的特征值，如极差、方差与标准偏差。

(一) 表示数据集中位置的特征值

1. 平均值

平均值（$\bar{x}$）是表示数据集中最常用、最基本的特征值之一，其计算公式如式（2-1）所示。

$$\bar{x} = \frac{x_1 + x_2 + x_3 + \cdots x_n}{n} = \frac{1}{n}\sum_{i=1}^{n} x_i \tag{2-1}$$

2. 中位数

将一组数据按从小到大顺序排列，当有相同数值时应重复排列，取处于最中间位置的数据即为中位数（$\tilde{x}$）。当数据的个数为偶数时，取中间位置的两个数据平均值为中位数。

设一组数据从小到大依次排列，记为$x_1, x_2, x_3, \cdots, x_n$，其中$x_1$为最小数，$x_n$为最大数，则中位数（$\tilde{x}$）的计算公式如下。

当n为奇数时，

$$\tilde{x} = x_{\frac{n+1}{2}} \tag{2-2}$$

当n为偶数时，

$$\tilde{x} = \frac{1}{2}(x_{\frac{n}{2}} + x_{\frac{n}{2}+1}) \tag{2-3}$$

在质量管理中，平均值（$\bar{x}$）和中位数（$\tilde{x}$）表示质量分布中心，即表明产品的平均质量水平，它们代表大部分数据所取得的数值的大小。当质量形成波动时，大部分质量密集在平均值或中位数的附近。因此，平均值或中位数是反映质量稳定程度的一个参数。

(二) 表示数据离散程度的特征值

1. 极差

极差（R）是一组数据中最大数与最小数之差，其计算公式如式（2-4）所示。

$$R = x_{max} - x_{min} \tag{2-4}$$

极差常被应用于描述数据离散程度比较直观而且计算简单的场合。但由于它的计算只用了一组数据中的两个极端数（最大数和最小数），当样本较大时，它损失的质量信息较多，因而不能精确地反映出数据离散程度，故只适用于小样本。

2. 方差与标准偏差

方差是一组数据中的每一个数值与平均值之差的平方和的平均值，通常记作 s^2，即：

$$s^2 = \frac{1}{n}[(x_1 - \bar{x})^2 + (x_2 - \bar{x})^2 + (x_3 - \bar{x})^2 + \cdots + (x_n - \bar{x})^2] = \frac{1}{n}\sum_{i=1}^{n}(x_i - \bar{x})^2 \tag{2-5}$$

式中　　$x_1, x_2, x_3, \cdots, x_n$——一组样本中的每一个数值；

　　　　n——样本大小；

　　　　$\bar{x}$——样本平均值。

标准偏差 s 是方差 s^2 的平方根，它的实际意义与方差完全一样，是反映一组数据离散程度的特征值。不同的是，标准偏差 s 的量纲与平均值的量纲完全一样，也和数据本身的量纲一样。标准偏差的计算公式如式（2-6）所示。

$$s = \sqrt{\frac{1}{n}\sum_{i=1}^{n}(x_i - \bar{x})^2} \tag{2-6}$$

方差和标准偏差也常定义为：

$$s^2 = \frac{1}{n-1}\sum_{i=1}^{n}(x_i - \bar{x})^2 \tag{2-7}$$

$$s = \sqrt{\frac{1}{n-1}\sum_{i=1}^{n}(x_i - \bar{x})^2} \tag{2-8}$$

四、产品质量的波动

食品企业在生产过程中，即使按照同样的工艺，遵照同样的作业指导书，采用同样的原材料，在同一台设备上，由同一个操作者生产出来的一批产品，其质量特性不可能完全一样，总是存在差异，即存在波动。例如，某矿泉水生产企业，同一灌装线上生产的矿泉水，检测灌装量时会发现数据会在 549.5~550.5mL 范围内上下波动。

1. 产品质量波动的原因

造成产品质量波动主要有以下 6 个因素。

(1) 人（Man）　操作者的质量意识、技术水平及熟练程度、身体素质等。

(2) 机器（Machine）　机器设备的精度和维护保养状况等。

(3) 原材料（Material）　材料的成分、物理性能和化学性能等。

(4) 操作方法（Method）　加工工艺、工艺装备、操作规程等。

(5) 测量（Measurement）　测量时采用的方法是否标准、正确等。

(6) 环境（Environment）　工作地点的温度、湿度、照明、噪声和清洁条件等。

以上因素被称为造成产品质量波动的 6 大因素，或称为 5M1E。

2. 产品质量波动的类型

根据造成波动的原因，产品质量波动分为正常波动和异常波动。

（1）正常波动　是由偶然性、不可避免因素造成的波动。这些因素在技术上难以消除，经济上也不值得消除。常见的包括原材料中的微量杂质或性能上微小差异，工人操作的微小不均匀性，温度或电压等生产条件的微小变化，仪器仪表的精度误差，设备的正常磨损和轻微振动，检测的误差等。在工程上称这些微小的无法排除的因素为偶然性原因，这类波动的数据数值和正负符号是不定的，但又服从一定的分布规律，即数值离开平均值越远的数据越少，越靠近平均值的数据越多。在一般情况下，正常波动是质量管理中允许的波动。

（2）异常波动　是由系统性原因造成的质量数据波动。例如，原材料存在较大的质量特征差异，配方错误，设备故障或过度磨损，操作者违反操作规程，计量仪器故障等。这类数据的散差数值和正负符号往往保持为常值，或按一定的规律变化，带有方向性，或出现异常大的散差，此时的工序处于不稳定状态或非受控状态。是质量管理中不允许的波动，出现异常波动需要采取纠偏措施。

质量管理的一项重要工作内容就是通过搜集数据、整理数据，找出波动的规律，把正常波动控制在最低限度，消除系统性原因造成的异常波动。

第二节　食品质量管理的传统方法

传统的质量控制方法有因果图、排列图、散布图、控制图、直方图、调查表和分层法，通常称为质量管理的传统7种工具。实际生产中，将以上7种工具灵活组合使用可以解决质量管理中遇到的大部分问题，有效地服务于控制和提高产品质量。

一、因果图

1. 因果图的概念

因果图是用于分析质量特性（结果）与可能影响质量特性的因素（所有可能原因）的图，又叫特性要因图、石川图、树枝图、鱼刺图等，其形状如图2-1所示。

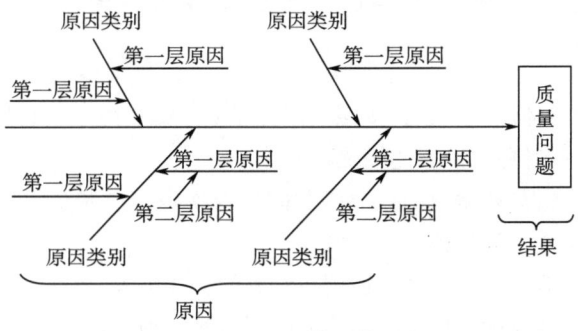

图2-1　因果图结构

影响产品质量的因素多而复杂，如何系统理清导致产品质量问题的原因并找出其中的主要因素，采用因果图是一种较为简单直观的方法。

2. 因果图的作图要点

（1）明确需要分析的质量问题和需要解决的质量特性　例如质量特性不达标、损耗和成本高、销售量低等问题。

（2）收集意见　召集与该质量问题有关的各部门人员会议，采用"头脑风暴"（Brain Storming，BS）的方法，收集各方分析意见并记录在图上。

（3）绘图　影响产品质量的因素一般按照5M1E（人、机器、原材料、操作方法、测量、环境）进行分类，将会议收集的分析意见分别归入到相应的类别。按照图2-1的基本框架，将质量问题标注在主箭头线的右侧，将影响质量的因素按照类别标注在主箭头线两侧不同的箭头线上，同时注意不同原因之间的先后或因果关系，依次逐级展开标注到能采取措施为止。

（4）讨论分析主要和关键原因　将其分别用不同线型或颜色标记，需要现场验证的可以加上框线标注。

（5）记录必要的有关事项　如参加讨论的人员、绘制日期、绘制者以及其他可供参考查询的事项。

3. 因果图制作案例

[**例2-1**] 图2-2是某糕点厂的质量管理小组为提高裱花蛋糕的卫生质量所制作的因果图。图中将需要现场验证的要因用方框标示出来。

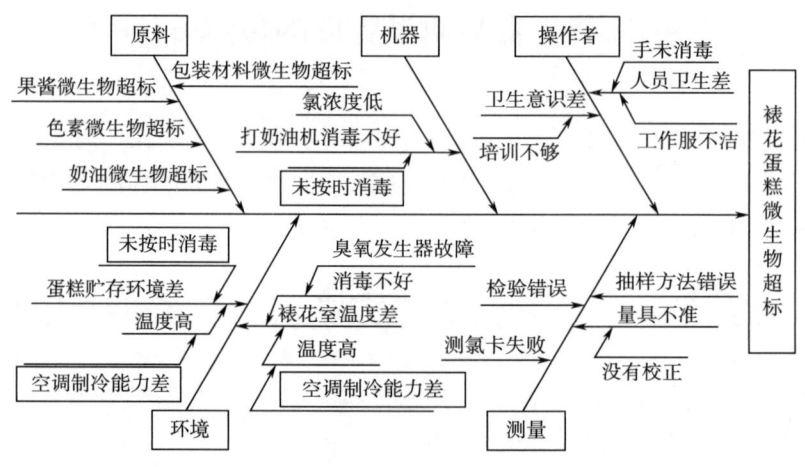

图2-2　裱花蛋糕微生物超标的因果图

4. 注意事项

①食品企业可结合具体质量问题，按照实际需求对5M1E因素进行增减。确定的原因应尽量采用简短的词语表述，避免原因表述笼统不清楚。

因果图

②分析得出的各原因之间应层次清晰，避免不同原因分类混淆，因果关系颠倒等问题。

③讨论分析时应邀请有经验的一线工人、专业人员、管理人员参加。

④绘图要规范，箭头方向要由原因到结果。

⑤对关键原因采取措施后，应再用排列图检验其效果。

二、排列图

1. 排列图的概念

排列图是找出影响产品质量主要因素的一种有效方法。

排列图又称帕累托图,最早由经济学家帕累托(V. Pareto)提出。他在分析社会财富分布状况时发现,80%的财富掌握在20%的人手里,这被称为"帕累托法则"或"二八定律"。这一定律反映出决定产品质量的大多数问题只取决于一小部分影响因素,也就是遵循"关键的少数,次要的多数"原则。1907年经济学家劳伦兹(M. O. Lorenz)使用累积分布曲线描绘了帕累托法则,称为"劳伦兹曲线"。1930年质量管理专家朱兰(J. M. Juran)将其应用于质量管理中,使之成为质量管理中常用的方法之一。

排列图是由一个横坐标、两个纵坐标、几个按高低顺序排列的矩形和一条累计百分比折线组成。横坐标表示影响质量的各种因素,它的左纵坐标为频数,即某质量问题出现次数,用绝对数表示;右纵坐标为累计频率百分比。按频数的高低从左到右依次画出长柱排列图,然后将各因素频率逐项相加并用曲线表示。具体形状如图2-3所示。

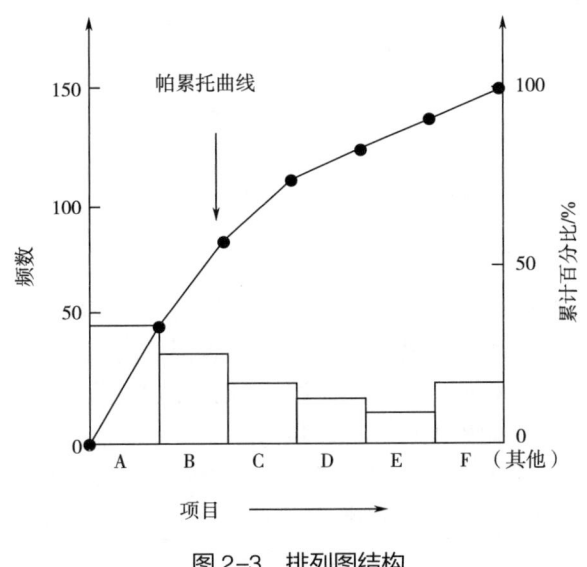

图2-3 排列图结构

2. 排列图的分析

累计频率在0~80%的因素为A类因素,即影响质量的主要因素;在80%~90%的因素为B类因素,即影响质量的次要因素;在90%~100%的因素为C类因素,即影响质量的一般因素。其中,A类因素应作为主要分析的对象,对其采取必要的措施,以求解决大多数的质量问题。在实际应用中,切不可机械地按80%来确定主要问题,它只是根据"关键的少数,次要的多数"的原则确定可能导致大多数质量缺陷的主要问题范围,应结合具体情况来确定。

3. 排列图的绘制

[例2-2] 以某企业山楂罐头抽样检验时质量不合格调查数据为例,绘制排列图。

(1)搜集数据 根据出现的质量问题,确定搜集数据的时间范围,分类统计问题出现的总数。本例中收集了××年4月—××年6月山楂罐头出现的不合格项目,共89项,如表2-1。

表 2-1　　　　　　　　　　　山楂罐头不合格项调查表

	项目							
	外表面	真空度	二重卷边	净重	固形物	杂质	块形	小计
不合格数	1	7	1	40	30	6	4	89

（2）制作缺陷项目统计表　将出现质量问题的项目按照缺陷频数，以由多到少的顺序填入缺陷项目统计表，出现频数较少的项目可以合并成其他放在最后。同时，计算累计频数和累计百分比（表 2-2）。

表 2-2　　　　　　　　　　　缺陷项目统计表

序号	项目	频数	累计频数	比率/%	累计百分比/%
1	净重	40	40	45.0%	45.0%
2	固形物	30	70	33.7%	78.7%
3	真空度	7	77	7.9%	86.6%
4	杂质	6	83	6.7%	93.3%
5	块形	4	87	4.5%	97.8%
6	其他	2	89	2.2%	100.0%
	合计	89		100%	

（3）绘制排列图　建议采用具有绘图功能的专业软件，利用双坐标轴绘图功能完成图形制作，横坐标表示缺陷项目，左纵坐标表示频数，右坐标轴表示累计百分比。按各项目不合格数的大小，依次在横坐标上画出柱形条。按右纵坐标的比例，找出各类项目的累计频率点，从原点开始，逐一连接各点，画出帕累托曲线（图 2-4）。

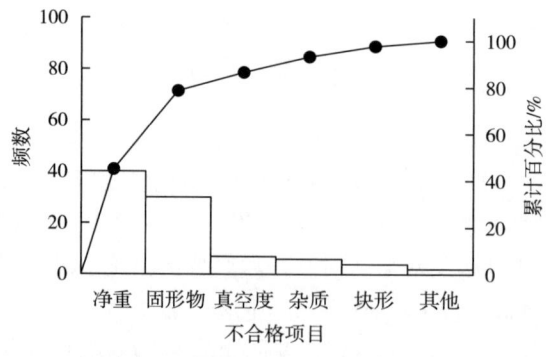

图 2-4　山楂罐头质量不合格排列图

（4）排列图分析　根据排列图分析方法，本案例中引起质量缺陷的主要因素是净重和固形物，次要因素是真空度，一般因素有杂质、块形、外表面和二重卷边。因此，首先要解决净重和固形物引起的质量问题。

4. 注意事项

①主要项目以 1~2 个为宜，过多就失去了画排列图找主要问题的意义。如果出现主要项目过多的情况，就应考虑重新确定分层原则，再进行分层。

②其他项应放置在最后。

③图形应完整：应该注意避免机械地按 80% 划分主次问题；应该注明标题栏以及在图上标注总频数 N、各坐标点的百分比、各项目的频数、左右纵坐标的名称等。

④在采取措施后，为验证其实施效果，还要画新的排列图以进行比较。

⑤绘制排列图可以通过图形直观地找到主要问题，但当问题的项目较少、主次问题已十分明显时，也可以用统计表代替画图。

⑥为了更有效地分析问题和多方面采取措施，往往可以对一组数据采用不同的分层来绘制排列图。

排列图

三、散布图

1. 散布图的概念

散布图又称散点图或相关图，是指通过分析研究两种因素的数据之间的关系，来控制影响产品质量的相关因素的一种有效方法。

在生产实际中，往往是一些变量共处于一个统一体中，它们相互联系、相互制约，在一定条件下又相互转化。有些变量之间存在着相关关系，即这些变量之间有关系，但又不能由一个变量的数值精确地求出另一个变量的数值。将这两种有关的数据列出，用点标在坐标图上，然后观察这两种因素之间的关系。这种图称为散布图或相关图。

2. 散布图的类型

图 2-5 是 6 种常见的散布图形状。

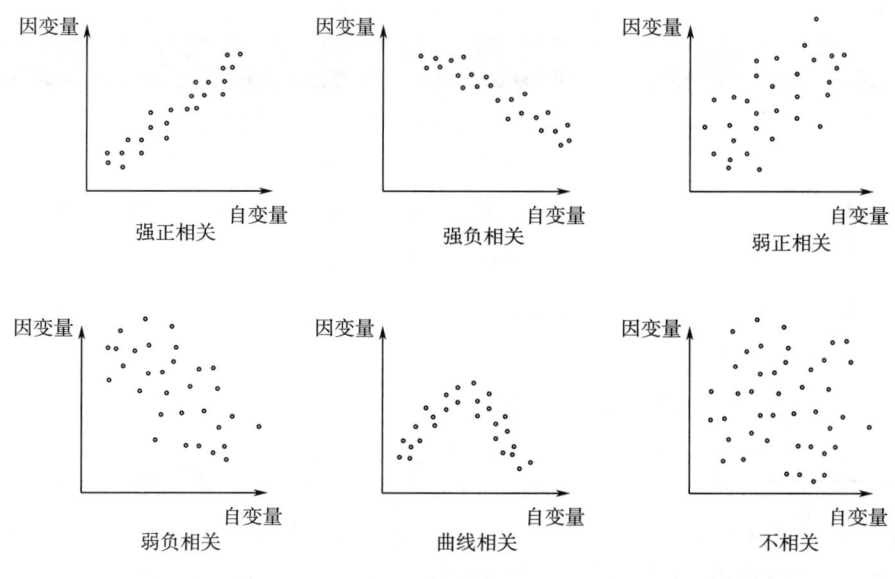

图 2-5　散布图的类型

研究散布图的类型时，需注意下面几种情况：

(1) 异常点　观察有无异常点，即偏离集体很远的点。如有异常点，必须查明原因。如果经分析得知是由于不正常的条件或测试错误所造成，就应将它们剔除。对于那些找不出原因的异常点，必须慎重对待。

(2) 分层　观察是否有分层的必要。如果用受到两种或两种以上因素影响的数据绘制散布图，那么有可能出现下面这种情况：就散布图的整体来看似乎不相关，但是，如做分层观察，发现又存在相关关系；反之，就散布图整体来看，似乎存在相关关系。因此，绘制散布图时，要区分不同条件下的数据，并且要用不同记号或颜色来表示分层数据所代表的点。

(3) 假相关　在质量管理中，有时会遇到这样的情况：从技术上看，两个变量之间不存在相关关系，但根据所收集到的对应数据绘制成散布图，却明显地呈现相关状态，这种现象称为假相关。假相关现象可能是结果（或特性）与所列的原因（或特性）之外的因素相关而引起的。因此，在进行相关分析时，除观察散布图之外，还要进行技术探讨，以免把假相关当作真相关。

3. 散布图的绘制

(1) 收集成对出现的数据　一般要求数据量至少达到 30 对。

(2) 绘制坐标轴　通常用横轴表示自变量，纵轴表示因变量。

(3) 找出最大值和最小值　找出自变量和因变量的最大值和最小值，并根据这两个值确定两个坐标轴的刻度，尽量使两个坐标轴的长度相等。

(4) 描点　如果有数据重复，则在相应的坐标点上画圈，重复几次画几个圈。

(5) 散布图的分析与判断　对照典型图例法进行分析判断。

4. 散布图应用案例

[例 2-3]　某酒厂为了研究醪糟产品的甜度和酒度 2 个变量之间存在的关系，对醪糟样品进行了化验分析，结果如表 2-3 所示。现利用散布图对数据进行分析、研究和判断。

表 2-3　　　　　　　　　　醪糟中甜度和酒度分析数据表　　　　　　　　　　单位：%

序号	甜度	酒度	序号	甜度	酒度	序号	甜度	酒度	序号	甜度	酒度
1	0.5	3.3	9	0.7	2.8	17	0.9	3.0	25	1.0	2.2
2	0.9	2.4	10	0.9	3.2	18	0.7	3.2	26	1.5	1.4
3	1.2	2.1	11	1.2	2.3	19	0.6	3.4	27	0.7	3.5
4	1.0	1.6	12	0.8	3.0	20	0.5	3.2	28	1.3	1.7
5	0.9	2.3	13	1.2	1.7	21	0.5	3.5	29	1.0	1.9
6	0.7	2.9	14	1.6	0.7	22	1.2	1.8	30	1.2	1.2
7	1.4	0.9	15	1.5	0.4	23	0.6	3.4			
8	0.8	2.4	16	1.4	0.8	24	1.3	1.5			

绘图建议采用具有绘图功能的专业软件，采用散点图功能进行绘制。

将表中的各组数据描点在坐标系中，结果如图 2-6 所示。将图 2-6 与图 2-5 典型散布图进行比较，可以得出醪糟甜度与酒度呈弱负相关的结论。

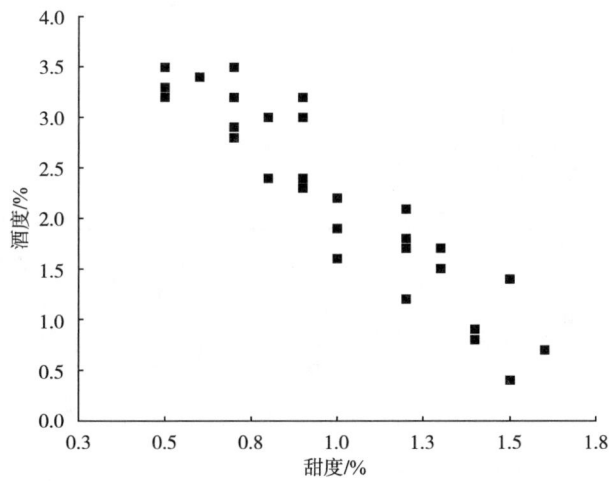

图 2-6　酒度与甜度散布图

5. 注意事项

（1）样本量要充足　取样量低会造成图形的趋势不易判断，一般以取样点不少于 30 个为宜。

（2）异常点　当散布图上出现与整体趋势离散度较大的异常点时，需要综合分析异常点产生的可能原因，重点针对测量工具、作业环境等因素进行分析，在查明原因后才可将异常点剔除。

散布图

四、控制图

（一）控制图的概念

控制图，又称管理图，是根据数理统计原理分析和判断过程（工序）是否处于稳定控制状态所使用的，带有控制界限线的一种质量管理图。控制图由工程师休哈特（Walter A. Shewhart）提出，因此也称为休哈特控制图。

控制图可以反映生产过程中随时间变化出现的质量波动情况，据此可分析出产生质量波动的原因是来自偶然性因素还是系统性因素，从而帮助生产者尽早作出正确的对策，消除系统性因素产生的不良影响，保持过程（工序）处于稳定状态。

（二）控制图的基本形式

控制图有三条平行于横轴的直线，分别为上控制线（Upper Control Line，UCL）、中心线（Central Line，CL）和下控制线（Lower Control Line，UCL）。在生产过程中，通过定时抽取样本，把所测得的质量特性数据用点描在图上。根据点是否超越上、下控制线和点排列情况来判断生产过程是否处于正常的控制状态。控制图样式如图 2-7 所示。

（三）控制图的原理

当生产过程处于控制状态时（生产过程只有偶然性原因起作用），产品总体的质量特性数据的分布一般服从正态分布。由正态分布的性质可知，质量指标值落在 $\pm 3\sigma$（总体标准偏差）范围内的概率约为 99.73%；落在 $\pm 3\sigma$ 以外的概率只有 0.27%（图 2-8）。

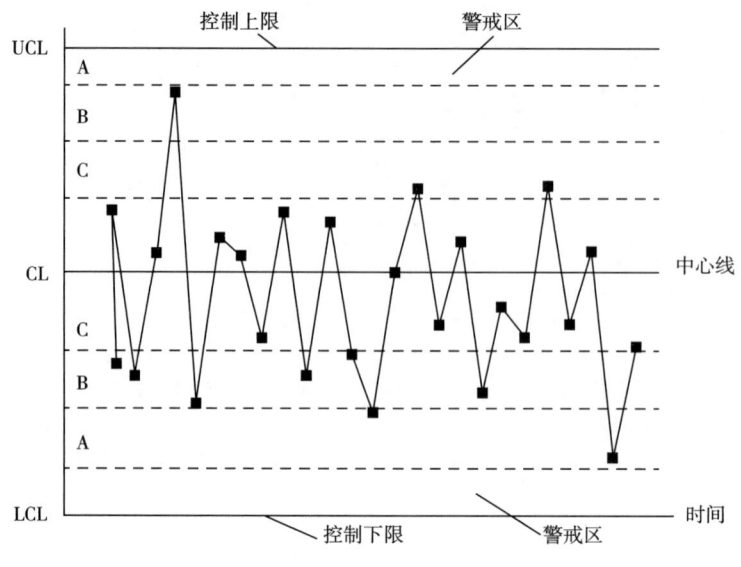

图2-7 测量过程控制图样式

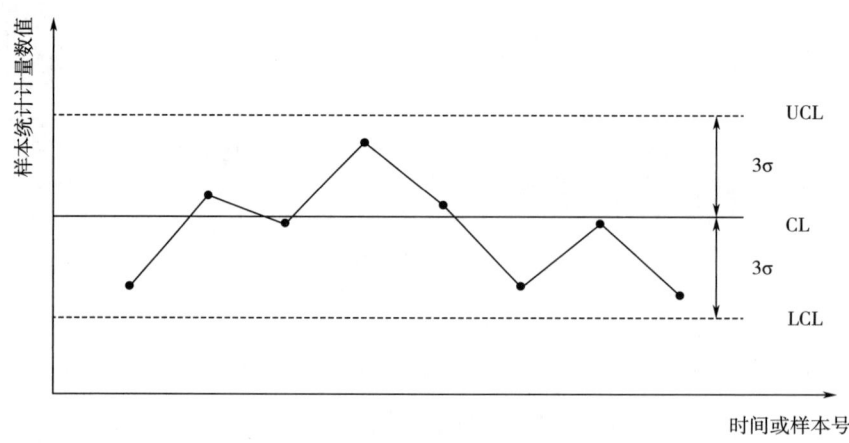

图2-8 3σ原理图

近年来，制造业推行的六西格玛（6σ）管理则要求质量指标落在±6δ的范围内，落在±6δ以外的概率仅为$2/10^9$，但是生产过程中产品的质量大多会因波动而偏离目标值或期望值，这种情况被称为漂移。经大量研究发现，漂移量为1.49σ，在考虑漂移的情况下，6σ质量控制只有$3.4/10^6$的次品率。

从质量管理的经济性考虑，控制图判断过程（工序）稳定的控制界限一般采用3σ被认为是最经济合理的方法。当然，一些行业也可以根据自己生产的性质和客户需求，采用2σ，4σ，6σ来确定控制图控制界限线。

（四）控制图的种类

控制图在实践中，根据质量数据通常可分为计量值控制图和计数值控制图两大类，计数值控制图又分为计件值控制图和计点值控制图。计量值控制图有4种，计件值控制图和计点值控制图分别有2种，如表2-4所示。

表2-4　　　　　　　　　　　　计量值和计数值控制图的分类

分布	控制图代号	控制图名称	分布	控制图代号	控制图名称
正态分布（计量值）	$\bar{x}-R$	均值-极差控制图	二项分布（计件值）	p	不合格品率控制图
	$\bar{x}-s$	均值-标准差控制图		np	不合格品数控制图
	Me-R	中位数-极差控制图	泊松分布（计点值）	u	单位不合格数控制图
	$x-R_s$	单值-移动极差控制图		c	不合格数控制图

（五）控制图的分析

控制图判别过程（工序）是否异常或非稳态的方法依据正态分布中对小概率事件的判别原理，生产中常用以下8项准则作为判断标准。

准则1：1个点落在A区以外（点越出控制界限，也称一点出控）。

准则2：连续9点落在中心线同一侧（链）。

准则3：连续6点递增或递减（趋势）。

准则4：连续14点中相邻点总是上下交替。

准则5：连续3点中有2点落在中心线同一侧B区以外。

准则6：连续5点中有4点落在中心线同一侧C区以外。

准则7：连续15点落在中心线同两侧C区之内。

准则8：连续8点落在中心线两侧且无1点在C区中。

管理人员可以根据生产的实际情况选择上述8项准则中的几项作为判别过程（工序）稳态的标准。需要注意的是，选择同时检测的项目越多，出现假阳性的概率越大，一般常用的检测项目为准则1，2，5，6。

（六）常规控制图的应用案例

1. 均值-极差控制图（$\bar{x}-R$）

$\bar{x}-R$控制图是计量值数据分析中最常用最基本的控制图。$\bar{x}$控制图主要用于观察正态分布的均值的变化，R控制图用于观察正态分布的波动情况或变异度的变化，而$\bar{x}-R$控制图则将二者联合运用，用于观察正态分布的变化。

[例2-4]某花生油企业，采用自动灌装机灌装，每桶标称体积为5L，要求溢出量为0~50mL。采用$\bar{x}-R$控制图对灌装过程进行质量控制。控制对象为溢出量。

表2-5　　　　　　　　　　　　溢出量控制图数据表　　　　　　　　　　　　单位：mL

组号	测定值					$\bar{x}$	R	组号	测定值					$\bar{x}$	R
	x_1	x_2	x_3	x_4	x_5				x_1	x_2	x_3	x_4	x_5		
1	47	32	44	35	20	35.6	27	5	28	12	45	36	25	29.2	33
2	19	37	31	25	34	29.2	18	6	40	35	11	38	33	31.4	29
3	19	11	16	11	44	20.2	33	7	15	30	12	33	26	23.2	21
4	29	29	42	59	38	39.4	30	8	35	44	32	11	38	32.0	33

续表

组号	测定值					$\bar{x}$	R	组号	测定值					$\bar{x}$	R
	x_1	x_2	x_3	x_4	x_5				x_1	x_2	x_3	x_4	x_5		
9	27	37	26	20	35	29.0	17	18	35	12	29	48	20	28.8	36
10	23	45	26	37	32	32.6	22	19	31	20	35	24	47	31.4	27
11	28	44	40	31	18	32.2	26	20	12	27	38	40	31	29.6	28
12	31	25	24	32	22	26.8	10	21	52	42	52	24	25	39.0	28
13	22	37	19	47	14	27.8	33	22	20	31	15	3	28	19.4	28
14	37	32	12	38	30	29.8	26	23	29	47	41	32	22	34.2	25
15	25	40	24	50	19	31.6	31	24	28	27	32	22	54	32.6	32
16	7	31	23	18	32	22.2	25	25	42	34	15	29	21	28.2	27
17	38	0	41	40	37	31.2	41	合计						746.6	686

(1) 获取数据 控制图数据的获取一般按照每组取样 5 个样本（$n=5$），取样组数 k 一般为 20~25 组。

在绘制控制图前，如果个别组数据中存在异常数据且造成异常的原因清晰，可将该组数据剔除，所余数据依然大于 20 组时，仍可利用这些数据作分析用控制图。若剔除异常数据后不足 20 组，则须在排除异因后重新收集 20 组以上数据。取样分组的原则是尽量使样本组内的变异小（由正常波动造成），样本组间的变异大（由异常波动造成），这样控制图才能有效发挥作用。因此，取样时组内样本必须连续抽取，而样本组间则间隔一定时间。

本例取样 25 组。每间隔 30min 在灌装生产线连续抽取 5 个样本计量溢出量，将数据记入数据表（表 2-5）。

(2) 计算统计量 计算每一组数据的平均值和极差，记入表中；然后计算 25 组数据的总平均值 $\bar{\bar{x}}$ 和极差平均值 $\bar{R}$。

$$\bar{\bar{x}} = \frac{\sum_{i=1}^{k} \bar{x}_i}{k} = \frac{\sum_{i=1}^{25} \bar{x}_i}{25} = 29.86 (\text{mL})$$

$$\bar{R} = \frac{\sum_{i=1}^{k} R_i}{k} = \frac{\sum_{i=1}^{25} R_i}{25} = 27.44 (\text{mL})$$

(3) 计算控制界限，作控制图，打点并判断

①计算 R 图的控制界限：根据表 2-6，$R_{UCL}=D_4\bar{R}$，$R_{CL}=\bar{R}$，$R_{LCL}=D_3\bar{R}$。其中 D_3，D_4 为控制图系数，可从表 2-7 中查得。

由表 2-7 知，当 $n=5$ 时，$D_3=0$，$D_4=2.114$，代入公式，得以下结果。

$R_{UCL} = 2.114 \times 27.444 = 58.01$（mL），$R_{CL} = 27.44$（mL），$R_{LCL} = 0 \times 27.44 = 0$（mL）

以这些参数作 R 控制图，并将表 2-5 中的 R 数据在图上打点，结果如图 2-9。对照常规控制图的判异准则，可判 R 图处于稳态，因此，可以接着建立平均值控制图。

②计算 $\bar{x}$ 图的控制界限:根据表2-6,$\bar{x}_{UCL} = \bar{\bar{x}} + A_2\bar{R}$,$\bar{x}_{CL} = \bar{\bar{x}}$,$\bar{x}_{LCL} = \bar{\bar{x}} - A_2\bar{R}$。其中 A_2 为控制图系数,可从表2-7中查得。

由表2-7知,当 $n = 5$ 时,$A_2 = 0.58$,代入公式,得以下结果。

$\bar{x}_{UCL} = \bar{\bar{x}} + A_2\bar{R} = 29.86 + 0.58 \times 27.44 = 45.78$(mL),$\bar{x}_{CL} = \bar{\bar{x}} = 29.86$(mL),$\bar{x}_{LCL} = \bar{\bar{x}} - A_2\bar{R} = 29.86 - 0.58 \times 27.44 = 13.94$(mL)

作 $\bar{x}$ 控制图,并将表2-5中的数据在图上打点,结果如图2-10所示。按控制图异常判断准则,可判断图2-10无异常。因此,可以判定灌装过程处于稳定受控状态。

表2-6　　　　　　　　　　　　常规控制图控制线公式(部分)

	控制图名称及符号	控制限公式		
计量值	均值-极差图 $\bar{x} - R$ 图	$\bar{x}$ 图:$\bar{x}_{UCL} = \bar{\bar{x}} + A_2\bar{R}$ R 图:$R_{UCL} = D_4\bar{R}$	$\bar{x}_{CL} = \bar{\bar{x}}$ $R_{CL} = \bar{R}$	$\bar{x}_{LCL} = \bar{\bar{x}} - A_2\bar{R}$ $R_{LCL} = D_3\bar{R}$
	均值-标准差图 $\bar{x} - s$ 图	$\bar{x}$ 图:$\bar{x}_{UCL} = \bar{\bar{x}} + A_3\bar{s}$ s 图:$s_{UCL} = B_4\bar{s}$	$\bar{x}_{CL} = \bar{\bar{x}}$ $s_{CL} = \bar{s}$	$\bar{x}_{LCL} = \bar{\bar{x}} - A_3\bar{s}$ $s_{LCL} = B_3\bar{s}$
	单值-移动极差图 $x - R_s$ 图	x 图:$x_{UCL} = \bar{x} + 2.66\bar{R}_s$ R_s 图:$R_{UCL} = 3.27\bar{R}_s$	$x_{CL} = \bar{x}$ $R_{CL} = \bar{R}_s$	$x_{LCL} = \bar{x} - 2.66\bar{R}_s$ $R_{LCL} = 0$
计数值	不合格品率图 p 图	$p_{UCL} = \bar{p} + 3\sqrt{\dfrac{\bar{p}(1-\bar{p})}{n_i}}$	$p_{CL} = \bar{p}$	$p_{LCL} = \bar{p} - 3\sqrt{\dfrac{\bar{p}(1-\bar{p})}{n_i}}$
	不合格品数图 np 图	$np_{UCL} = n\bar{p} + 3\sqrt{n\bar{p}(1-\bar{p})}$	$np_{CL} = n\bar{p}$	$np_{LCL} = n\bar{p} - 3\sqrt{n\bar{p}(1-\bar{p})}$

表2-7　　　　　　　　　　　　计量值控制图系数表(部分)

样本量 n	均值控制图						极差控制图			
	控制界限系数			中心线系数			控制界限系数			
	A_1	A_2	A_3	d_2	$1/d_2$	d_3	D_1	D_2	D_3	D_4
2	2.121	1.880	2.659	1.128	0.8865	0.853	0	3.686	0	3.267
3	1.732	1.023	1.954	1.693	0.5907	0.888	0	4.358	0	2.574
4	1.500	0.729	1.628	2.059	0.4857	0.880	0	4.698	0	2.282
5	1.342	0.577	1.427	2.326	0.4299	0.864	0	4.918	0	2.114
6	1.225	0.483	1.287	2.534	0.3946	0.848	0	5.078	0	2.004
7	1.134	0.419	1.182	2.704	0.3698	0.833	0.204	5.204	0.076	1.924
8	1.061	0.373	1.099	2.847	0.3512	0.820	0.388	5.306	0.136	1.864

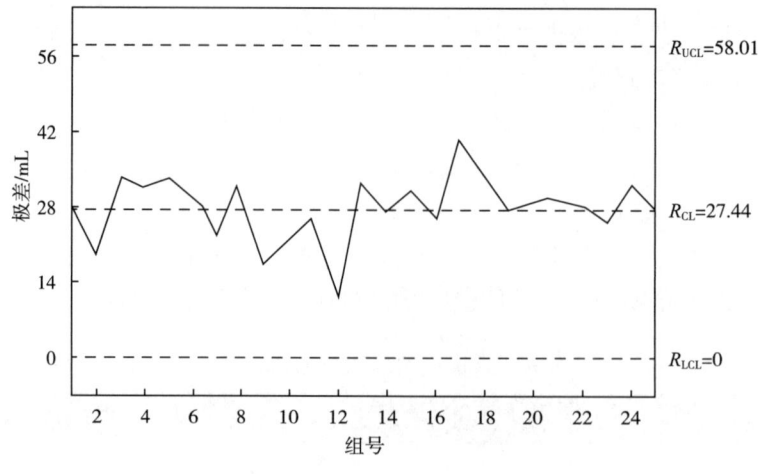

图 2-9 溢出量极差控制图

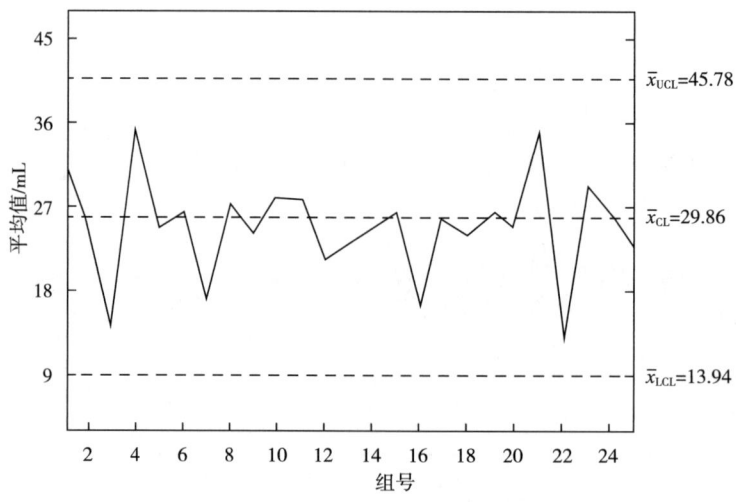

图 2-10 溢出量平均值控制图

2. 单值-移动极差控制图（x-R_s）

x-R_s 控制图常用于以下情况。

①对每一个产品都进行检验，采用自动化检查和测量的过程。

②取样费时或样品昂贵的破坏性实验，无需或无法大量取样的过程。

③液体或气体等样品特性均匀的连续生产过程。

[**例 2-5**] 某酸乳企业每 30min 对发酵罐进行温度测定，结果如表 2-8 所示。表中 x 表示测定的温度，R_s 代表移动极差。请制作控制图并对过程进行判定。

表 2-8　　　　　　　　　发酵罐温度测定值及统计表　　　　　　　　单位：℃

序号	1	2	3	4	5	6	7	8	9	10	11	12	13
x	36.8	36.9	37.5	37.8	39.6	38.0	37.4	37.1	36.9	36.5	36.0	36.9	36.8
R_s		0.1	0.6	0.3	1.8	1.6	0.6	0.3	0.2	0.4	0.5	0.4	0.4

续表

序号	14	15	16	17	18	19	20	21	22	23	24	25	平均
x	36.9	37.5	37.8	37.3	37.7	36.8	36.0	34.0	36.8	37.6	38.0	37.5	37.10
R_s	0.1	0.6	0.3	0.5	0.4	0.9	0.8	2.0	2.8	0.8	0.4	0.5	0.72

解：根据单值-移动极差控制图计算公式（表2-6），得到

$R_{s\,UCL} = 3.27\overline{R_s} = 3.27 \times 0.72 = 2.354$（℃），$R_{s\,CL} = \overline{R_s} = 0.72$（℃），$R_{s\,LCL} = 0$（℃）；

$x_{UCL} = \overline{x} + 2.66\overline{R_s} = 37.10 + 2.66 \times 0.72 = 39.02$（℃），$x_{CL} = \overline{x} = 37.10$（℃），$x_{LCL} = \overline{x} - 2.66\overline{R_s} = 37.10 - 2.66 \times 0.72 = 35.18$（℃）

按照作图程序，得到单值和移动极差控制图（图2-11和图2-12）。

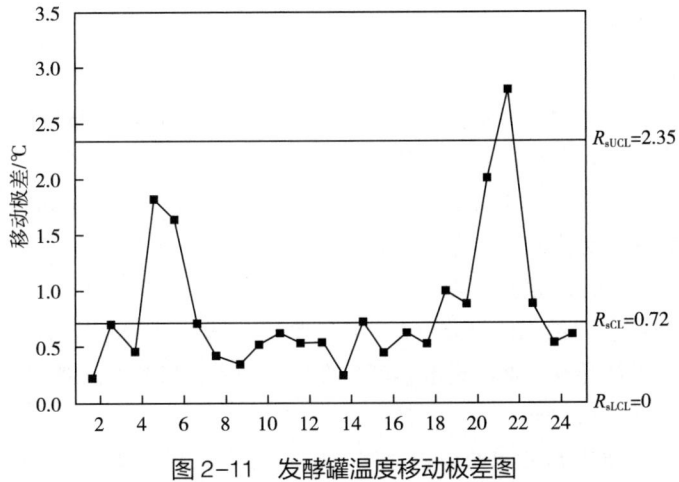

图2-11 发酵罐温度移动极差图

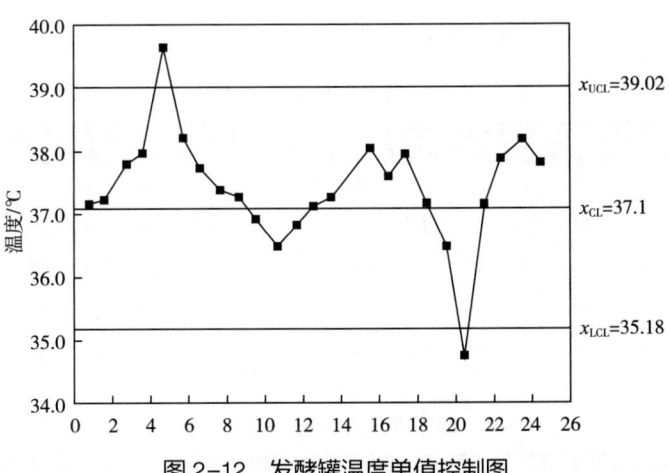

图2-12 发酵罐温度单值控制图

从图2-11可见，从第6点开始直到第14点，连续9点落在中心线的同一侧，依据判异准则的准则2，属于异常链；第22点超出上控制限，属于异常。从图2-12可见，第5点和第21点分别超出上、下控制限，属于异常；第6点至第11点连续6点递减，符合判异准则的准则3，

属于异常链。综合以上判断，发酵罐温度控制过程出现异常，应尽快查找异常原因并加以消除；然后再重新收集 25 个数据制作控制图，以判定过程的稳定性。

控制图

五、直方图

1. 直方图的概念

直方图又称频数分布图，是从总体中随机抽取样本，将从样本中获得的数据进行整理后，采用一系列宽度相等、高度不等的长方形表示数据分布的图。长方形的宽度表示数据范围的间隔，长方形的高度表示在给定间隔内的数据频数。

直方图中的常用参数有：规格上限（Upper Specification Limit，USL）、规格下限（Low Specification Limit，LSL）、规格中心（Center Line，CL）、规格公差 T（规格上限与下限之差）、数据的平均值 $\bar{x}$、数据的极差 R 和数据的标准差 δ。

直方图可直观地反映出产品质量的分布状态，也可判断工序是否处于稳定状态，是对总体进行判断、掌握工序能力的依据。

2. 直方图绘制案例

[例 2-6] 某植物油生产厂使用灌装机，灌装标称重量为 5000g 的瓶装色拉油，要求溢出量为 0~50g。现应用直方图对灌装过程进行分析。

（1）制作频数分布表　频数是出现的次数。将采集的质量特征数据按大小顺序分组排列，反映各组频数的统计表，称为频数分布表。直方图的数据一般采集 100 个，最低要大于 50 个。本示例采集了 100 个溢出量的数据（表 2-9）。

（2）计算数据的极差　数据的极差（R）是所收集数据中最大值与最小值之差，反映了样本数据的分布范围，表征样本数据的离散程度。在直方图中，极差的计算用于确定分组范围。

本例中 $R = x_{max} - x_{min} = 48 - 1 = 47$（g）

（3）确定组距　先确定直方图的组数，然后以此组数去除极差，可得直方图每组的宽度，即组距（h）。组数的确定要适当，组数 k 的确定可参见表 2-10。本例取 $k = 10$，$h = R/k = 47/10 = 4.7 \approx 5$，组距一般取测量单位的整数倍，以便于分组。

表 2-9　　　　　　　　　　　　　　　溢出量数据表　　　　　　　　　　　　　　单位：g

溢出量																			
43	40	28	28	27	28	26	12	33	30	29	31	18	30	24	26	32	28	14	47
34	42	22	32	30	34	29	20	22	28	24	34	22	20	28	24	48	27	1	24
24	29	29	18	35	21	36	46	30	14	34	10	14	21	42	22	38	34	6	22
28	28	32	28	22	20	25	38	36	12	39	32	24	19	18	30	28	28	16	19
38	30	36	20	21	24	20	35	28	20	20	28	18	24	8	24	12	32	37	40

表 2-10　　　　　　　　　　　直方图分组组数选用表

样本量（n）	推荐组数（k）
50~100	6~10
100~250	7~12
250 以上	10~20

(4) 确定各组的边界值 为避免出现数据值与组的边界值重合而造成频数计数困难，组的边界值单位应取为最小测量值减去最小测量单位的一半作为第 1 组的下界限，之后再按所计算的组距推算各组的分组界限。本例中，第 1 组下界限为：$x_{\min}$-最小测量单位/2=1-0.5=0.5；第 1 组上界限为第 1 组下界限加组距：0.5+5=5.5；第 2 组下界限与第 1 组上界限相同：5.5；第 2 组上界限为第 2 组下界限加组距：5.5+5=10.5。依此类推。

(5) 编制频数分布表 把各组上下界限值分别填入频数分布表内，并把数据表中的各个数据列入相应的组，统计各组频数（表 2-11）。

表 2-11　　　　　　　　　　　　频数分布表

组号	组界	组中值	频数
1	0.5~5.5	3	1
2	5.5~10.5	8	3
3	10.5~15.5	13	6
4	15.5~20.5	18	14
5	20.5~25.5	23	19
6	25.5~30.5	28	27
7	30.5~35.5	33	14
8	35.5~40.5	38	10
9	40.5~45.5	43	3
10	45.5~50.5	48	3
合计			100

(6) 画直方图

①建立平面直角坐标系：横坐标表示质量特征值，纵坐标表示频数。纵坐标以频数为刻度时称为频数直方图，以百分数刻度时称为频率直方图。二者的形状、含义及分析方法相同。本例所作的为频数直方图。

②以组距为底，各组的频数为高，分别画出各组的长方形，即构成直方图。在直方图上标出公差范围（T）、规格上限（T_{USL}）、规格下限（T_{LSL}）、样本量（n）、样本平均值（$\bar{x}$）、样本标准差（s）、样本平均值的位置等（图 2-13）。

3. 直方图的观察分析

常见的直方图形态如图 2-14 所示，主要有以下几种。

(1) 正常型 又称对称型，见图 2-14（1）。它的特点是中间有一个峰，两边低，且左右基本对称，这说明工序处于稳定状态。

(2) 孤岛型 在主分布图形之两侧出现小的直方形，形如孤岛，见图 2-14（2）。孤岛的存在表明，短时间内有异常因素在起作用，使加工条件起了变化，例如原料混杂，操作疏忽，短时间内有不熟练的工人替班或测量有误等。

(3) 偏向型 直方形的顶峰偏向一侧，所以也叫偏坡形，有偏左和偏右之分，见图 2-14

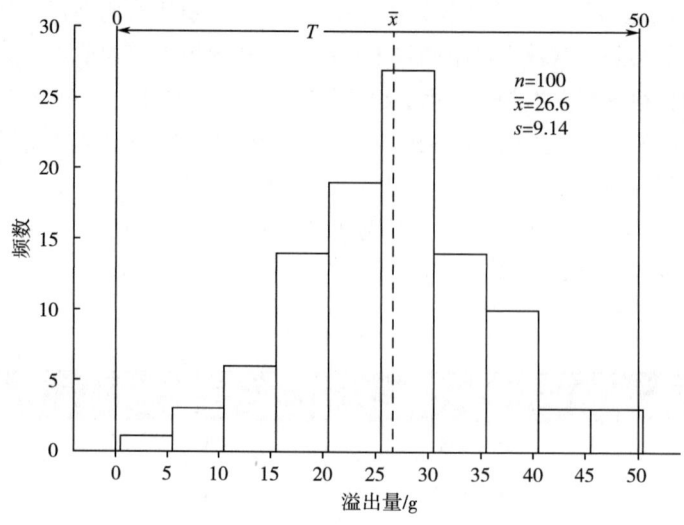

图 2-13　植物油溢出量直方图

(3)。计量值只控制一侧界限时，常出现此形状。有时也因加工习惯造成这样的分布，例如，孔加工往往偏小（左偏），而轴加工往往偏大（右偏）等。

(4) 双峰型　这是由于把来自2个总体的数据混在一起作图所致，见图2-14（4），例如，把不同材料、不同加工者、不同操作方法、不同设备生产的2批产品混为1批。这种情况应分别作图后再进行分析。

(5) 平顶型　直方图没有突出的顶峰，见图2-14（5）。往往是由于生产过程中有缓慢变化的因素在起作用所造成的，例如机具磨损，操作者疲劳等。应查明原因，采取措施控制该因素稳定地处于良好的水平上。

(6) 锯齿型　直方图出现参差不齐，但图形整体看起来还是中间高、两边低，左右基本对称。见图2-14（6）。造成这种情况不是生产上的问题，主要是分组过多，或测量仪器精度不够，读数有误等原因所致。

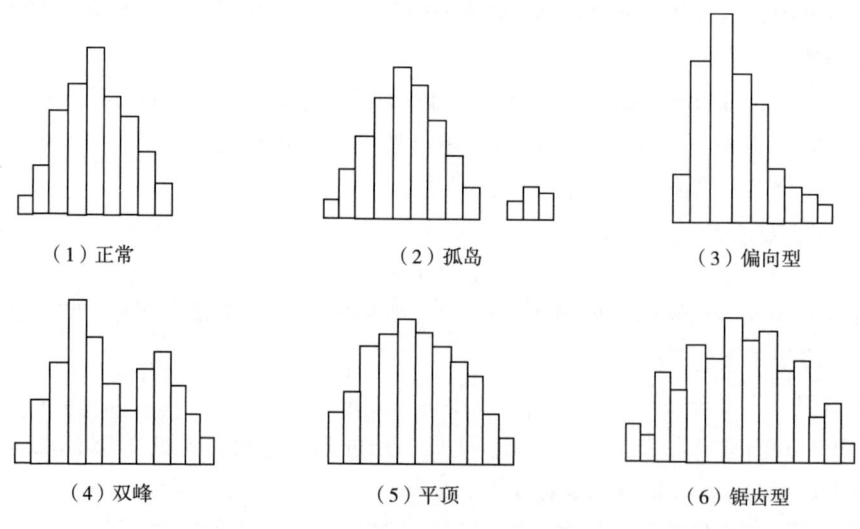

图 2-14　不同形状的直方图

4. 过程（工序）能力评估

当过程（工序）处于稳态时可以通过过程（工序）能力指数 C_p 或 C_{pk} 对该过程（工序）质量控制的水平进行评估。过程（工序）是否处于稳态一般应先通过控制图进行判断，非稳态时应先查找问题进行纠偏后才能进行能力评估。

过程（工序）能力 p：是指处于稳定状态下的实际加工能力，一般用 6σ（σ 是处于稳定状态下的工序的标准偏差）表示。

过程（工序）能力指数 C_p：是指在一定时间里，过程（工序）处于稳定状态下的实际控制能力，一般用技术要求规格（规格上限与下限之差）和过程（工序）能力的比值表示，见式（2-9）。

$$C_p = (x_{USL} - x_{LSL})/p \tag{2-9}$$

过程（工序）能力指数 C_{pk}：是指考虑过程均值与技术要求边界距离条件下的过程控制能力，计算如式（2-10）所示。采用 C_{pk} 可以同时评估过程的分布与客户需求之间的偏离情况，其等级评定标准如表2-12所示。

$$C_{pk} = \frac{过程均值到最近的规格边界}{过程分布的一半} \tag{2-10}$$

当过程均值与技术要求规格中心重合时，$C_p = C_{pk}$。

表2-12　过程（工序）能力指数的等级评定标准

等级	C_{pk}	处理原则
特级	≥1.67	能力过高，考虑降低成本
一级	1.33≤C_{pk}<1.67	能力充足，维持现状
二级	1.0≤C_{pk}<1.33	能力尚可，可改进提升
三级	0.67≤C_{pk}<1.0	能力不充足，必须进行能力提升
四级	C_{pk}<0.67	能力太低，考虑对工序进行整改或重新设计

5. 注意事项

①抽取的样本数量过小，导致产生较大的误差，可信度低，也就失去统计的意义。一般样本数应不少于50个。

②分组数 k 选用不当。组数 k 选得偏大或偏小，都会造成对分布状态的判断有误。

③直方图一般适用于计量值数据，但在某些情况下也适用于计数值数据，这要依绘制直方图的目的而定。

④避免图形不完整，标注不齐全。直方图上应标注：公差范围线，平均值 $\bar{x}$ 的位置（用点划线表示），图的右上角标出 $N, \bar{x}, s, C_p$ 或 C_{pk} 的数值。

直方图

六、调查表

调查表又称检查表、核对表、点检表、统计分析表，是一种事先设计制成的空白统计表，用来记录、收集和积累数据，并能对数据进行整理和粗略分析。

调查表的形式有多种，需要根据调查的项目类型和需求设计不同的格式，常用的调查表有不合格品项目调查表、缺陷位置调查表、质量分布调查表、矩阵调查表等。

1. 不合格品项目调查表

不合格品项目调查表主要用来调查生产现场不合格品项目频数和不合格品率，以便用于后续排列图等分析研究。

[例2-7] 表2-13是某食品企业在某月玻璃瓶装酱油抽样检验中外观不合格项目调查记录表。

表2-13　　　　　　　玻璃瓶装酱油抽样检验中外观不合格项目调查

批次	产品规格	批量/箱	抽样数/瓶	不合格品数/瓶	不合格品率/%	外观不合格项目					
						封口不严	液高不符	标签歪	标签擦伤	沉淀	批号模糊
1	生抽	100	50	1	2			1	1		
2	生抽	100	50	0	0						
3	生抽	100	50	2	4			2	1		
4	生抽	100	50	0	0						
...											
250	生抽	100	50	1	2		1		1		
合计		25000	12500	175	1.4	5	10	75	65	10	10

2. 缺陷位置调查表

缺陷位置调查表用于考核某些产品的外观质量，由于外观缺陷可能发生在不同的部位，且有多种类型，所以缺陷位置调查表应先画出产品平面示意图，并规定不同外观质量缺陷的表示符号。调查时，按照产品的缺陷位置在平面图的相应区域内打记号，最后归纳统计记号，可以得出某缺陷比较集中在哪个部位上的规律，这就能为进一步调查或找出解决办法提供可靠的依据。

[例2-8] 薯片食品包装袋的印刷质量缺陷位置调查，见图2-15。

品名	薯片包装袋	检查起止日期	8月1日至8月7日
工序	印刷	检查者	李××
调查目的	彩印质量	检查件数	300

● 色斑
× 条纹斑
□ 套色错位

区域		A	B	C	D	E	F	G	H	合计
缺陷(件)	色斑					25	40		30	95
	条状纹	21		5						26
	套色错位		8	10	9					27

图2-15　薯片食品包装的印刷质量检查图

3. 质量分布调查表

质量分布调查表又称工序分布调查表，是对计量数据进行现场调查的有效工具。用于对获取的质量特性数据加工整理，找出其分布规律，从而判断整个生产过程是否稳定。具体是根据已有的资料，将某一质量特性项目的数据分布范围分成若干个区间而制成的表格，用以记录和统计每一质量特性数据落在某一区间的频数。从表格形式看，质量分布调查表与直方图的频数分布表相似，不同的是质量分布调查表的区间范围是根据以往资料，首先划分区间范围，然后制成表格，以供现场调查记录数据；而直方图频数分布表则是首先收集数据，再适当划分区间，然后制成图表，以供分析现场质量分布状况之用。

[例 2-9] 表 2-14 是某公司糖水菠萝罐头质量分布调查表。

表 2-14　　　　　　　　糖水菠萝罐头质量实测值分布调查表

质量/g	频数								小计
	5	10	15	20	25	30	35	40	
495.5~500.5									
500.5~505.5	/								1
505.5~510.5	//								2
510.5~515.5	/////	///							8
515.5~520.5	/////	/////							10
520.5~525.5	/////	/////	/////	/////	/				21
525.5~530.5	/////	/////	/////	/////	/////	////			29
530.5~535.5	/////	/////	/////						15
535.5~540.5	/////	///							8
540.5~545.5	////								4
545.5~550.5	//								2
550.5~555.5									
合计									100

注："/" 代表 1 次。

4. 矩阵调查表

矩阵调查表又称缺陷原因调查表，是一种多因素调查表。它要求把生产问题的对应因素分别排列成行和列，在其交叉点上标出调查到的各种缺陷和问题以及数量。

[例 2-10] 表 2-15 是某饮料厂聚对苯二甲酸乙二醇酯（PET）瓶生产车间对两台注塑机生产的 PET 瓶制品外观质量的调查表。

调查表

对原因进行分析表明，1#注塑机维护保养较差，而且操作工 B 不按规定及时更换模具。

从 2 月 3 日两台注塑机所生产的产品的外观看质量缺陷都比较多，而且气孔缺陷尤为严重，经调查分析是当天的原料湿度较大所致。

表 2-15　　　　　　　　　　PET 瓶外观缺陷原因调查表

设备	操作者	2月1日 上午	2月1日 下午	2月2日 上午	2月2日 下午	2月3日 上午	2月3日 下午	2月4日 上午	2月4日 下午	2月5日 上午	2月5日 下午
1#	A	○○●×	○×□	○×●	○○×□	○○○○×	○○○×	○○××	○×□	○×△	×●□
1#	B	○× ××	○● ×	××● △	○×	○○○ ●×	○○ ●×	○○ ●●	○× × △	○ ●×	○× ×× ○
2#	A	○×	□	○×	●	○○○ ×	○○○○ ×	○△	●	○	○
2#	B	○□ ×	●×	○	△	○○○ ×□	○○○○ □	○×	○	○	○

注：○—气孔；△—裂纹；●—疵点；×—变形；□—其他。

七、分层法

分层法又称分类法、分组法、层别法，是一种把搜集到的质量特性数据按照一定标志加以分类整理，以便分析影响产品质量的具体因素的方法。

分层的目的是把搜集到的复杂数据按照不同的来源、性质、目的等加以分类整理，使之条理化、系统化，有助于更确切地反映数据所代表的客观事实，查明产品质量波动的实质性原因，进而采取措施解决问题。

分层的原则是使同一层次内的数据波动幅度尽可能小，而层与层之间数据的差别尽可能大。通常按时间、原材料、操作人员、使用设备、加工方法、检测手段、环境条件等标志对数据进行分层。按照分析问题的目的和用途的不同，可以采用不同的标志进行分层，也可以同时采用若干标志对数据进行分层。

在运用分层法时，需要按照分析问题的目的和要求，选择恰当的一个或若干个标志对数据进行分层。如果所选择的标志不恰当，就可能使分层结果不能充分、有效地反映客观事实。

[例 2-11] 某食品厂的糖水水果旋盖玻璃罐头经常发生漏气，造成产品发酵、变质。经抽检 100 罐产品后发现，一是由于 A、B、C 3 台封罐机的生产厂家不同；二是所使用的罐盖是由 2 个制造厂提供的。在用分层法分析漏气原因时采用按封罐机生产厂家分层（表 2-16）和按罐盖生产厂家分层（表 2-17）2 种情况。

由表 2-16 和表 2-17 容易得出：为降低漏气率，应采用 B 厂的封罐机和选用二厂的罐盖。然而事实并非如此,当采用此方法后,漏气率反而高达43%(6/14 = 0.43,见表2-18)。因此,这样的简单分层是有问题的。正确的方法应该是:①当采用一厂生产的罐盖时,应采用B厂的封罐机。②当采用二厂生产的罐盖时,应采用A厂的封罐机。这时它们的漏气率平均为0(表2-18)。因此运用分层法时,不宜简单地按单一因素分层,必须考虑各因素的综合影响效果。

分层法

表2-16 按封罐机生产厂家分层统计结果

封罐机生产厂家	漏气/罐	不漏气/罐	漏气率/%
A	12	26	32
B	6	18	25
C	20	18	53
合计	38	62	38

表2-17 按罐盖生产厂家分层统计结果

封盖生产厂家	漏气/罐	不漏气/罐	漏气率/%
一厂	18	28	39
二厂	20	34	37
合计	38	62	38

表2-18 多因素分层法统计结果

封罐机生产厂家	漏气情况	罐盖生产厂家		合计
		一厂	二厂	
A	漏气/罐	12	0	12
	不漏气/罐	4	22	26
B	漏气/罐	0	6	6
	不漏气/罐	10	8	18
C	漏气/罐	6	14	20
	不漏气/罐	14	4	18
小计	漏气/罐	18	20	38
	不漏气/罐	28	34	62
合计		46	54	100

第三节　食品质量管理的新方法

食品质量管理七种新方法有亲和图、关联图、系统图、过程决策程序图、箭形图、矩阵图与矩阵数据解析法。七种新方法于20世纪70年代形成和发展，是随着企业生产的不断发展以及科学技术的进步，将运筹学、系统工程、行为科学等更多、更广的方法结合起来以解决质量问题的质量管理方法。七种新方法的提出不是对七种老方法的替代，而是对它们的补充和丰富。

一般来说，七种老方法的特点是强调用数据说话，重视对制造过程的质量控制；而七种新方法则基本是整理、分析语言文字资料的方法，着重用来解决全面质量管理中计划—执行—检查—处理4个阶段（PDCA）循环的计划（P）阶段的有关问题。

一、亲和图

亲和图，又称KJ图，是把收集到大量的各种数据、资料，甚至工作中的事实、意见、构思等信息，按它们之间的相互亲和性（相近性）加以归纳整理的一种图示工具。

1. 亲和图法的应用

①认识新事物（新问题、新办法）。

②整理归纳思想，提出新的方针。

③改变现状，采取新的措施。

④提出新理论。

⑤促进协调，统一思想。

⑥贯彻上级方针。

2. 亲和图法的工作步骤

（1）确定对象（或用途）　亲和图法适用于解决那种非解决不可，且又允许用一定时间去解决的问题。对于要求迅速解决、"急于求成"的问题，不宜用亲和图法。

（2）收集语言、文字资料　收集时，要尊重事实，找出原始思想。收集这种资料的方法有3种。

①直接观察法：到现场去看、听、摸，吸取感性认识，从中得到某种启发，立即记下来。

②面谈阅览法：即通过与有关人谈话、开会、访问、查阅文献，集体头脑风暴法（集体BS法）来收集资料。

③个人思考法（个人BS法）：通过个人自我回忆，总结经验来获得资料。

（3）把所有收集到的资料，都写成卡片。

（4）整理、综合卡片　把那些内容相似或比较接近的卡片汇总在一起。

（5）制作标签卡片　根据分类、综合卡片的内容，通过简单的表达制作成标签卡片。

（6）制图　编组工作结束后，把它们的总体结构用容易理解的图形来表示。

（7）总结　按照思路，进行口头发表或写成文章。

3. 亲和图案例

[**例 2-12**] 如何让蛋糕店红火起来，企业召集相关部门人员，通过以上 7 步绘制了亲和图（图 2-16）。

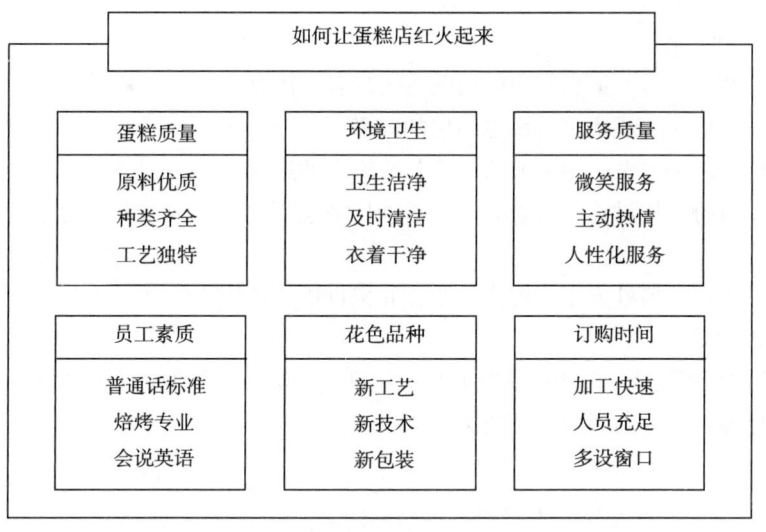

图 2-16　如何让蛋糕店红火起来的亲和图

二、关联图

关联图，又称关系图，是指将现象与问题有关系的各种因素串联起来的图形，通过找出与目标问题有关系的一切要因，明确其因果关系并寻求解决对策的图形工具。如图 2-17 所示，图中各种因素 A，B，C，D，E，F，G 之间有一定的因果关系。其中因素 B 受到因素 A、C、E 的影响，它本身又影响到因素 F，而因素 F 又影响因素 C 和 G，……这样，找出因素之间的因果关系，便于统观全局、分析研究以及拟定出解决问题的措施和计划。

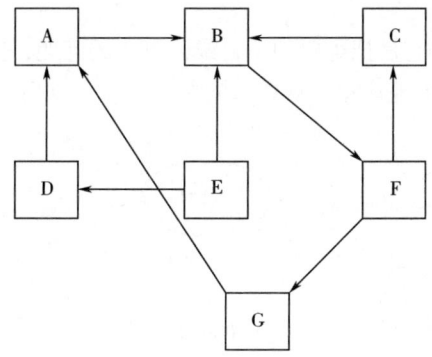

图 2-17　关联示意图

关联图的箭头方向反映的是各项之间的逻辑关系，一般从原因指向结果，手段指向目的。

1. 关联图的应用

①制定质量管理的目标、方针和计划。

②产生不合格品的原因分析。
③制定质量故障的对策。
④规划质量管理小组活动的展开。
⑤用户索赔对象的分析。

2. 关联图的绘制步骤

①召集各部门相关人员，提出与目标问题有关的各种因素。
②用简明而确切的文字或语言表示总结出的因素。
③把因素之间的因果关系，用箭头符号进行逻辑上的连接。
④根据图形，进行分析讨论，检查有无不够确切或遗漏之处，复核和认可上述各种因素之间的逻辑关系。
⑤指出重点，确定从何处入手来解决问题，并拟订措施计划。

3. 关联图的绘制形式

（1）中央集中型关联图　它是尽量把重要的项目或要解决的问题，安排在中央位置，把关系最密切的因素尽量排在它的周围，见图 2-18。

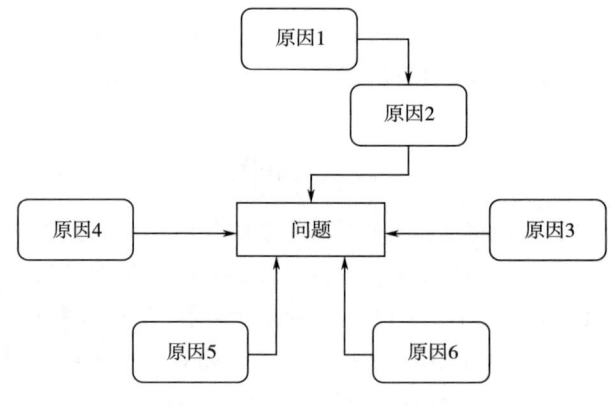

图 2-18　中央集中型关联图

（2）单向汇集型关联图　它是把重要的项目或要解决的问题，安排在右边（或左边），把各种因素按主要因果关系，尽可能地从左（从右）向右（或左）排列，见图 2-19。

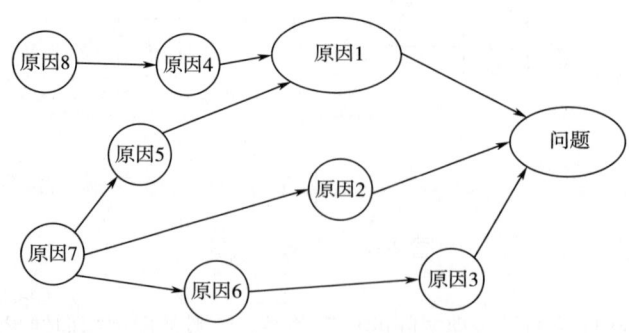

图 2-19　单向汇集型关联图

4. 关联图案例

[**例 2-13**] 某果汁厂通过关联图分析其果汁为何发生变质，结果如图 2-20。

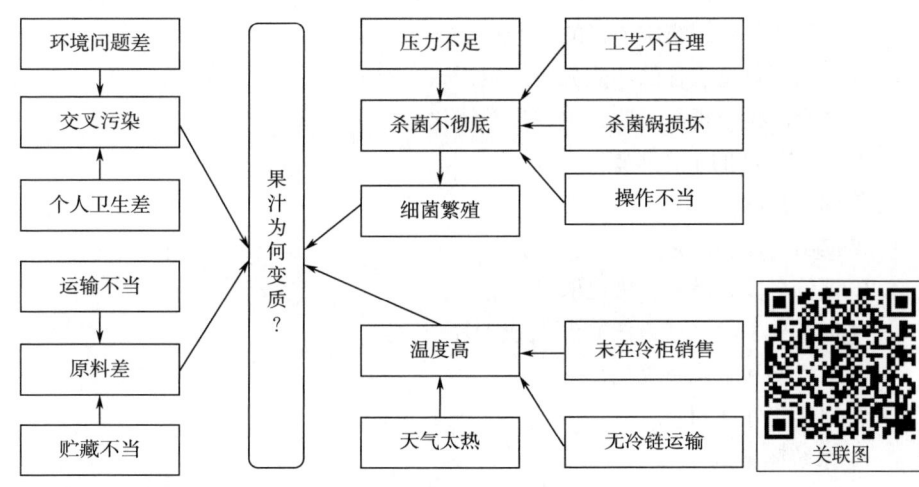

图 2-20　果汁为何变质的关联图

三、系统图

系统图，是把要实现的目的与需要采取的措施或手段，系统地展开，并绘制成图，以明确问题的重点，寻求解决问题的最佳手段或措施的图形工具。

在质量管理中，为了达到某种目的，就需要选择和考虑某一种手段；而为了采取这一手段，又需考虑它下一级的相应的手段。这样，上一级手段就成为下一级手段的行动目的。如此，把要达到的目的和所需要的手段，按照系统来展开，按照顺序来分解，作出图形，就能对问题有一个整体的认识。然后，从图形中找出问题的重点，提出实现预定目的最理想途径。它是系统工程理论在质量管理中的一种具体运用。

系统图一般可分为对策型和原因型两种。原因型系统图以"结果—原因"方式展开，如图 2-21；对策型系统图以"目的—方法"方式展开，如图 2-22。

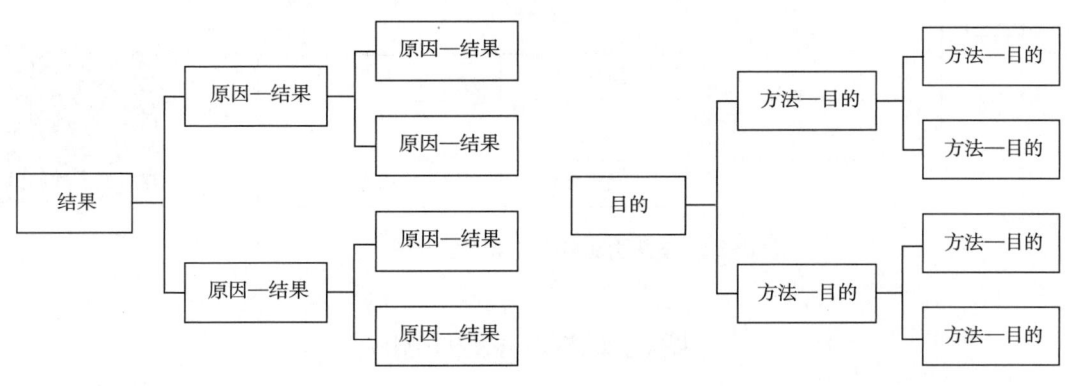

图 2-21　原因型系统图　　　　　　　　图 2-22　对策型系统图

1. 系统图法的应用

① 在新产品研制开发中,应用于设计方案的展开。
② 在质量保证活动中,应用于质量保证事项和工序质量分析事项的展开。
③ 应用于目标、实施项目的展开。
④ 应用于价值工程的功能分析的展开。
⑤ 结合因果分析图,使之进一步系统化。

2. 系统图法的工作步骤

① 确定目的。
② 提出手段和措施。
③ 评价手段和措施,决定取舍。
④ 把各种手段(或方法)都写成卡片。
⑤ 把目的和手段系统化。
⑥ 制定实施计划。

3. 系统图案例

[**例 2-14**] 吃罐头引发食物中毒,通过系统图分析其原因及对策,如图 2-23 所示。

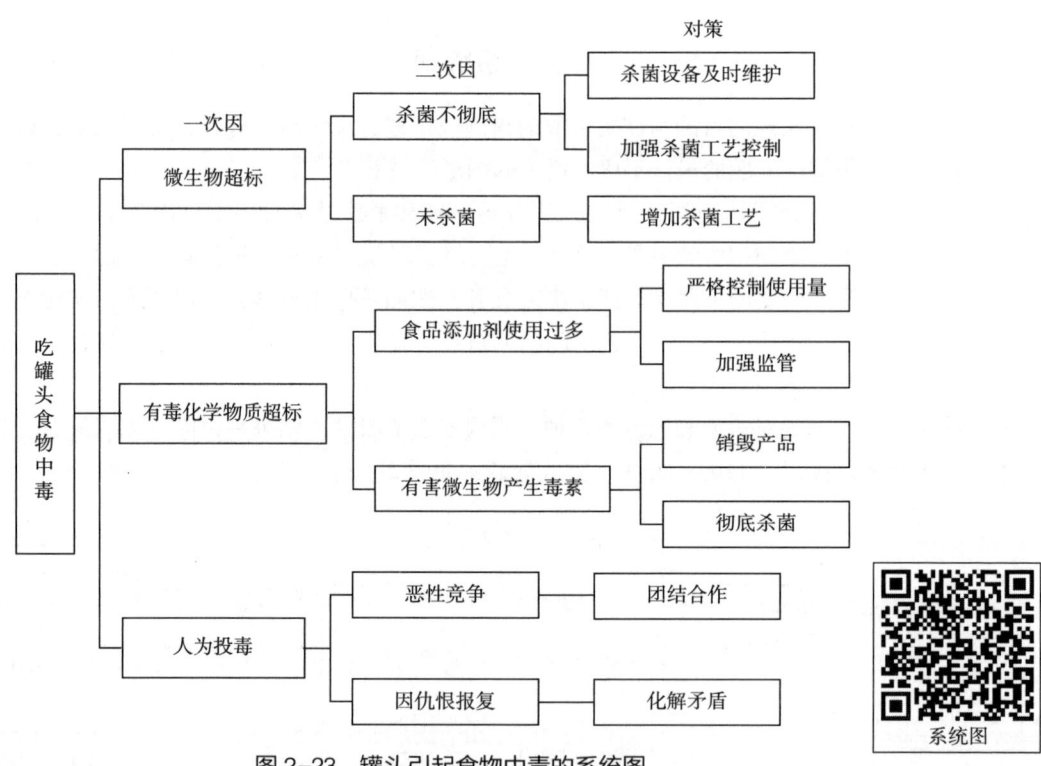

图 2-23 罐头引起食物中毒的系统图

四、过程决策程序图

过程决策程序图,又称 PDPC 图,是在制定达到研制目标的计划阶段,对计划执行过程中可能出现的各种障碍及结果,作出预测,并相应地提出多种应变计划的一种图形工具,如

图 2-24 所示。这样，在计划执行过程中，遇到不利情况时，仍能有条不紊地按第二、第三或其他计划方案。

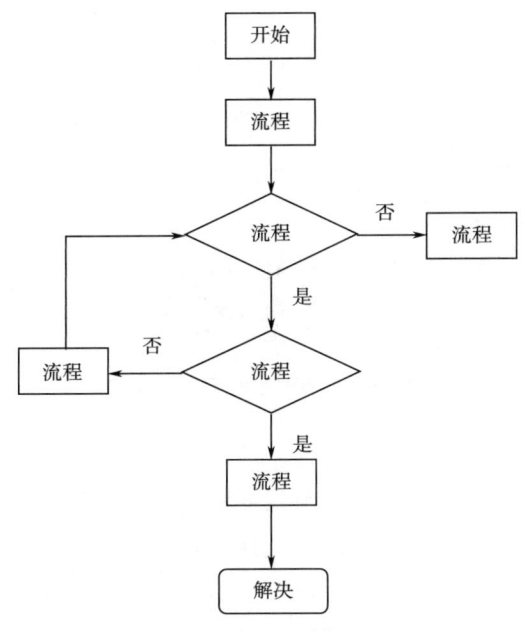

图 2-24 PDPC 图示意

1. PDPC 图的应用

为了完成某个任务或达到某个目标，在制定行动计划或进行方案设计时，预测可能出现的各种不同的障碍和结果，并相应地提出多种应变计划的一种方法，毫无疏漏地预先采取措施，然后再根据问题的发展预测下一步结果，逐步完善，尽可能地把结果引导到理想方向。

2. PDPC 图的步骤

PDPC 法是为了实现研究开发目标，在制定计划或进行系统设计时，预测事先可以考虑到的不理想事态或结果，把过程的特性尽可以引向理想方向的方法。一般情况下 PDPC 图有以下两种制作方法。

（1）依次展开法 一边进行问题解决作业，一边收集信息，一旦遇上新情况或新作业，即刻标示在图表上。

（2）强制连接法 在进行作业前，为达到目标，在所有过程中被认为有阻碍的因素事先提出，并且制定出对策或回避对策，将它标示在图表上。

例如，假定 A 表示不合格品率较高，计划通过采取种种措施，要把不合格品率降低到 Z 水平。具体方法如下：

先制定出从 A 到 Z 的措施是 A_1，A_2，A_3，…，A_p 的一系列活动计划。在讨论中，考虑到技术上或管理上的原因，要实现措施 A，有不少困难。于是，从 A 开始制定出应变计划（即第二方案）经 A_1，A_2，B_1，B_2，…，B_q，到达 Z 目标。同时，还可以考虑同样能达到目标 Z 的 C_1，C_2，C_3，…，C_r 或者 C_1，C_2，C_2，D_1，…，D_s 的另外两个系列的活动计划。这样，当前面的活动计划遇到问题，难以实现 Z 水平时，仍能及时采用后面的活动计划，达到 Z 的水平，如

图 2-25 所示。

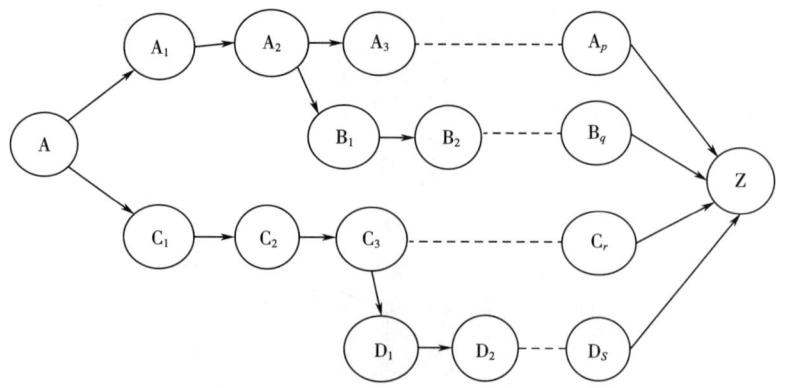

图 2-25　强制连接法 PDPC 图

3. PDPC 案例

[例 2-15] 某食品厂苹果利用 PDPC 图确定苹果气调保鲜过程，如图 2-26 所示。

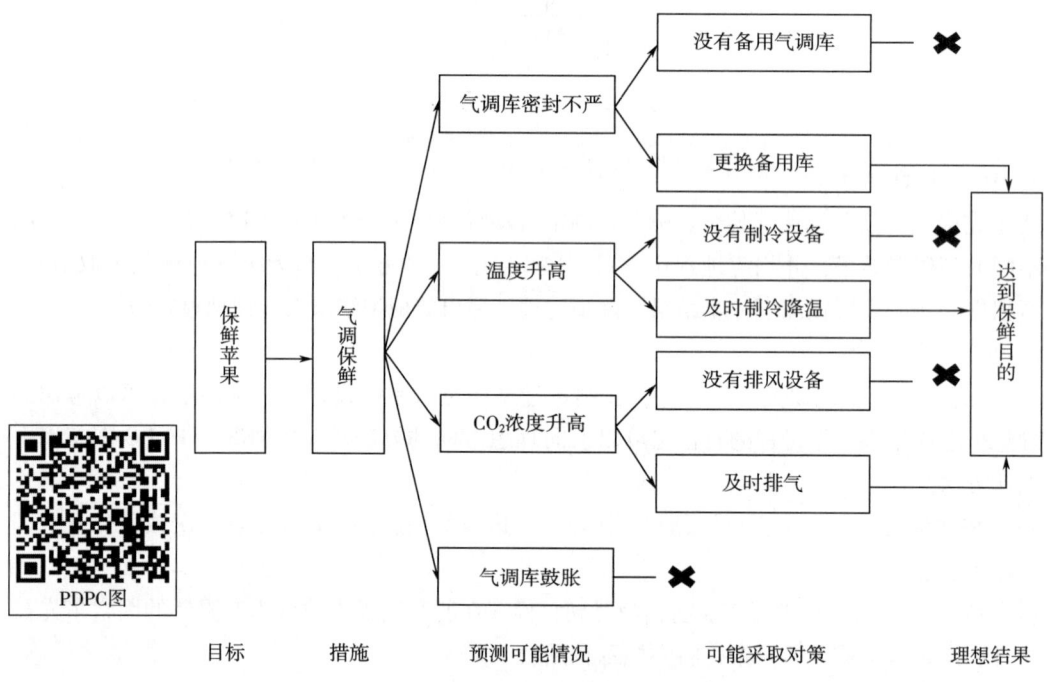

图 2-26　利用 PDPC 法确定苹果气调保鲜过程

五、箭形图

箭形图，又称矢线图、网络计划图，是利用统筹的方法，将任务的工作过程细分为不同层次和不同阶段，按照任务的相互关联和先后顺序，用图或网络的形式解决工程问题或管理问题的图形工具（图 2-27）。

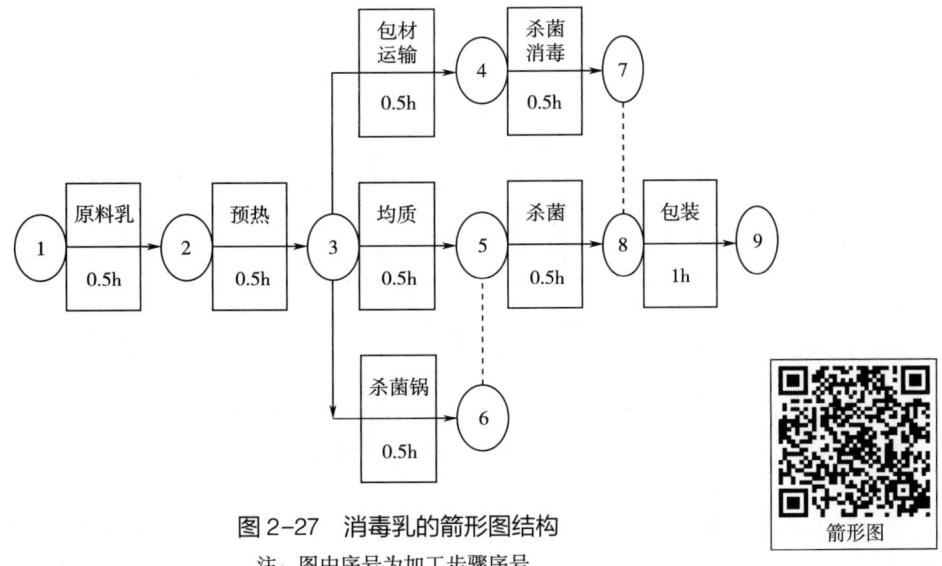

图 2-27　消毒乳的箭形图结构

注：图中序号为加工步骤序号。

六、矩阵图

企业中存在的质量问题大多影响因素较多且各因素之间存在相互关联。因此，在寻找解决问题的途径时就必须明确各因素间的关系，从中确定关键点。

矩阵图法是在多个导致质量问题的因素中，找出相互联系的成对因素，分别排列成行和列，在其交叉点处表示其关系程度，据此来分析质量问题并确定关键点的方法。

1. 矩阵图类型

矩阵图依其所使用的形态可分类为 L 形矩阵、T 形矩阵、Y 形矩阵、X 形矩阵、C 形矩阵五大类。C 形矩阵图不常用，故这里不作介绍。

(1) L 形矩阵图　是一种最基本的矩阵图，它将一组对应数据用行和列排列成二元表格形式，如图 2-28 是 A、B 因素对应的 L 形矩阵图。

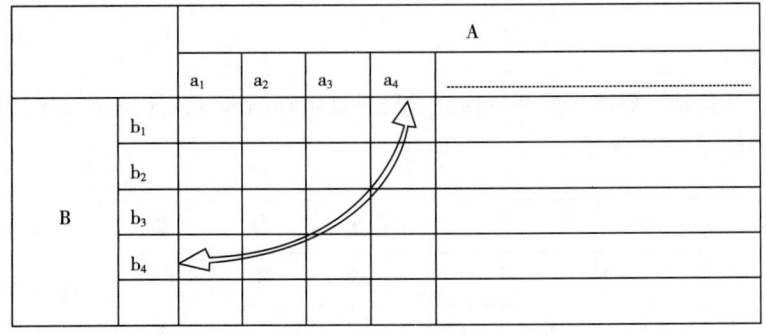

图 2-28　L 形矩阵图

(2) T 形矩阵图　是由 A 因素为中线，分别与 B 因素和 C 因素组成两个 L 形矩阵结构，如图 2-29 所示。

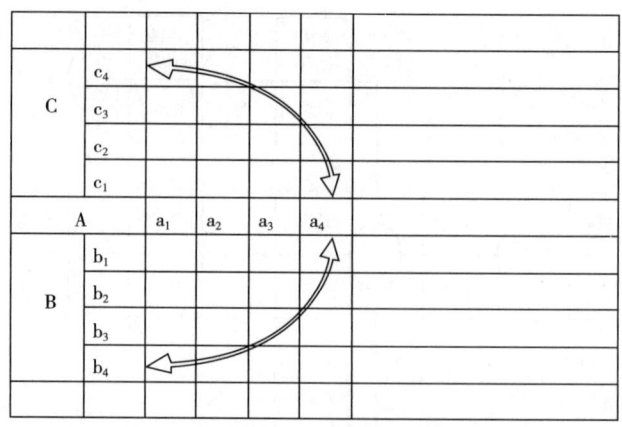

图 2-29 T 形矩阵图

（3）X 形矩阵图　是把 A 与 B、B 与 C、C 与 D、D 与 A 4 个 L 形矩阵图组合在一起形成的矩阵图，如图 2-30 所示。

（4）Y 形矩阵图　是由 A 与 B、B 与 C、C 与 A 3 个 L 形矩阵图组合而成，如图 2-31 所示。

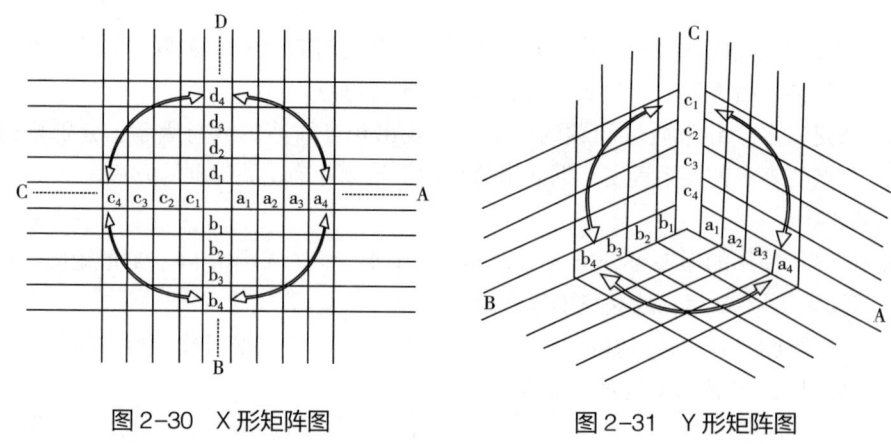

图 2-30　X 形矩阵图　　　　　图 2-31　Y 形矩阵图

2. 矩阵图案例

[例 2-16] 某蛋糕厂想改进奶油蛋糕，于是通过矩阵图来寻找影响奶油蛋糕质量的各因素之间的相关性，如图 2-32 所示。

矩阵图

	价格	尺寸	热量	食盐	脂肪	
味道			▲	○	●	○ 强相关
营养			◉	●	◉	● 相关
视觉效果	▲	◉			▲	▲ 弱相关
高价值	○	●				

图 2-32　奶油蛋糕质量改进矩阵图

七、矩阵数据解析法

矩阵数据解析法是将已知的庞大资料，经过整理、计算、判断、解析得出结果，以决定新产品开发或品质改善重点的一种方法。

矩阵数据分析是一种定量分析问题的方法，也是多变量质量分析的一种方法。矩阵数据分析法与矩阵图类似，其区别在于在矩阵图上不填符号，而是填数据，形成一个数据分析的矩阵。

矩阵数据解析法的实施步骤如下。

①整理资料成矩阵。
②计算行间或列间的相关系数。
③计算定出特征值、贡献率、累积贡献率。
④决定主成分。
⑤对应主成分，算出固有向量、因子负荷量。
⑥依各个主成分，算出主成分得分。
⑦作成图表。

[例 2-17] 5人对 A，B、C 和 D 四种碳酸饮料的评价，评价标准：3 分为佳；2 分为中；1 分为劣。具体评分见表 2-19。

表 2-19　　　　　　　　　　碳酸饮料感官评分表

评价人	碳酸饮料			
	A	B	C	D
1	3	2	3	2
2	1	3	2	2
3	2	1	1	3
4	3	2	1	1
5	1	2	3	2
平均值	2	2	2	2

①计算相关系数：根据相关系数计算公式（2-11），整理 A 与 B 的相关数据，见表 2-20。

$$r = \frac{\sum (X_i - \overline{X})(Y_i - \overline{Y})}{\sqrt{\sum (X_i - \overline{X})^2 \sum (Y_i - \overline{Y})^2}} \quad (2-11)$$

表 2-20　　　　　　　　　　碳酸饮料的相关数据表

项目		A_i	$A_i - \overline{A}$	$(A_i - \overline{A})^2$	B_i	$B_i - \overline{B}$	$(B_i - \overline{B})^2$	$(A_i - \overline{A})(B_i - \overline{B})$
		3	1	1	2	0	0	0
		1	−1	1	3	1	1	−1
评分		2	0	0	1	−1	1	0
		3	1	1	2	0	0	0
		1	−1	1	2	0	0	0
Σ		10	0	4	10	0	2	−1

则，A 与 B 的相关系数 $r = \dfrac{\sum (A_i - \overline{A})(B_i - \overline{B})}{\sqrt{\sum (A_i - \overline{A})^2 \sum (B_i - \overline{B})^2}} = \dfrac{-1}{\sqrt{4 \times 2}} = -0.35$。

同理，分别计算 A 与 C，A 与 D 的相关系数。

②作成矩阵图：如图 2-33 所示。

③判断：在本例中，A 与 C 相关系数 $r = 0.9$，B 与 D 相关系数 $r = 0.85$，显示强正相关；A 与 D 相关系数 $r = -0.60$ 显示负相关。

矩阵数据解析法

饮料	A	B	C	D
A	1	−0.35	0.90	−0.60
B	−0.35	1	0.00	0.85
C	0.90	0.00	1	−0.43
D	−0.60	0.85	−0.43	1

图 2-33 碳酸饮料的相关系数矩阵图

质量管理七种新工具中，亲和图法可以从杂乱的语言资料中汲取信息，PDPC 法可以预测设计中可能出现的障碍和结果，箭形图可以合理制定进度计划，矩阵图法可多角度考察存在的问题，关联图法可以理清复杂因素间的关系，系统图法可以系统地寻求实现目标的手段，矩阵数据解析法可以把多变量转化少变量的数据分析。

旧七法和新七法使用范围概括如表 2-21 所示。

表 2-21　　　　　　　　　　　新旧七法使用范围

序号	程序	旧七法							新七法				
		调查表	分层法	排列图	因果图	直方图	控制图	散布图	系统图	关联图	亲和图	矩阵图	矩阵数据分析法	PDPC图	箭形图
1	选题	●	●		○	○			○	△					
2	现状调查	●	○	●		○	○								
3	目标设定				△	△									
4	原因分析				●			●	●						
5	确定主要原因	○		○	○				○	△					
6	制定对策	○	○					△		△				●	○
7	对策实施	○						△		△				●	○
8	效果检验	○		○		○	○								
9	制定巩固措施	○				△	△								
10	总结及下一步打算														

注：●表示特别有效；○表示有效；△表示有时采用。

思考题

1. 质量管理常用的7种工具是什么？
2. 简述质量控制图的基本原理。
3. 某食品公司对某新产品进行市场调查，反映价格高的有12条，风味不好的有52条，色泽不好的有16条，包装不好的有37条，质地不好的有6条，形状不好的有4条。请画出排列图，并指出改进意见。
4. 简述直方图的不同图形与过程质量的关系。
5. 分层法的作用是什么？它可以用在什么场合？
6. 调查表的用途是什么？
7. 常规控制图的判异准则是什么？
8. 采用亲和图分析如何开设一家特色食品店。

第三章
食用农产品质量安全认证

学习目标

1. 通过本章学习了解我国认证认可活动的管理和运行情况；
2. 掌握我国农产品食品认证的种类、申请流程和意义；
3. 通过对我国主要农产品认证标准的学习，进而理解可持续发展和环境友好型生产模式对于做强地域经济，提升产业竞争力，践行"绿水青山就是金山银山"理念的益处。

第一节 认证概述

一、认证的概念

认证是指由认证机构证明产品、服务、管理体系符合相关规范、相关技术规范的强制性要求或者标准的合格评定活动。

认证类型按认证对象一般分为体系认证、产品认证和服务认证3大类。按强制程度分为自愿性认证和强制性认证2种。自愿性认证按照认证制度所有者，可分为国家推行自愿性认证（以下简称国推自愿性认证）和认证机构推行自愿性认证（以下简称机推自愿性认证）。

二、认证活动的近代起源和发展

早在19世纪下半叶，伴随着工业革命的蒸汽机、柴油机、汽油机和电的发明及国际贸易日益全球化，工业化生产发展所带来的产品质量安全问题日益突出，加上产品的结构性能日趋复杂，生产厂家和商家对产品质量的保证越来越变得不可靠，而在买方识别能力不高，很难判定优劣、安全性能的情况下，工业化国家率先建立起了对产品评价、监督活动的认证机制。认证制度的良好实施，可以有效解决市场资源配置中存在的信息不对称问题。因此，认证是随着工业化生产的发展，在工业化国家率先开展起来的一种对产品的评价、监督活动。

1903年，英国工程标准委员会为了鉴别钢轨是否符合标准，第一次使用"风筝"标志，以证明标有该标志的钢轨是合格品，开创了产品认证的先河。1919年，英国政府制定的《商标法》明确规定，产品经指定的第三方检验符合标准后，方可使用"风筝"标志，它成为世界上第一个受法律保护的认证标志。从20世纪20年代开始，产品认证在世界范围内得到了较快的发展，许多国家的老牌认证机构都是在这个时期产生的。"二战"后，由于广泛的经贸联系，要求有统一标准和相应的评价方式及评价结果，产品认证得到了进一步的发展，20世纪50年代基本普及工业发达国家。20世纪60年代起，苏联和东欧国家陆续效仿。其他发展中国家多数在20世纪70年代逐步推行。1971年，ISO成立了"认证委员会"（CERTICO），1985年，更名为"合格评定委员会"（CASCO），促进了各国产品认证制度的发展。认证活动和相关机构的逐步增多，日益引起了政府的重视。一些工业化国家为了保护人身安全，开始制定法律或技术法规，以规范相关产品认证机构的运作，并演化形成了产品认证制度。

体系认证是由质量保证活动发展起来的。1959年，美国国防部向国防部供应局下属的军工企业提出了质量保证要求，针对承包商的质量保证体系规定了两种统一的模式：军标MIL-Q-9858A《质量大纲要求》和军标IL-I-45208《检验系统要求》。承包商要根据这两个模式编制"质量保证手册"，并组织实施。政府要对照文件逐步检查、评价实施情况。这实际上就是现代的第二方质量体系审核的雏形。这种办法促使承包商进行全面的质量管理，取得了极大成功。1979年，ISO根据英国标准协会（BSI）的建议，决定在ISO认证委员会的"质量保证工作组"的基础上成立"质量保证委员会"。1980年，ISO正式批准成立了"质量保证技术委员会"（TC 176），该委员会着手这一工作。1987年ISO 9000系列标准问世，很快形成了一个世界性的潮流。进入20世纪90年代后，体系认证类型也不断丰富起来。

1996年，ISO又制定并发布了ISO 14000环境管理体系标准，目前，该体系已被80多个国家和地区所采用。在ISO 9000和ISO 14000的基础上，许多行业为了满足本行业的特殊要求，自行开发出极具特色的管理体系标准，如QS 9000汽车行业标准、AS 9000航天行业标准、TL 9000电信行业质量体系标准、SA 8000社会责任管理体系标准、OHSMS 18000职业安全与卫生管理体系标准、HACCP食品安全控制体系、HSE石化行业管理体系标准、欧洲的两大森林认证体系等。全球掀起了如火如荼的质量、安全、卫生和环境管理体系标准化与认证热潮，有力地增进了人们的质量意识、安全意识和环境保护意识。从体系认证发展的脉络看，美国MIL-Q-9858A标准、英国BS 5750标准和ISO 9000系列标准是体系认证发展过程中的3个关键节点。

我国认证认可制度的建立起步晚，但起点高，其发展的过程可划分为3个阶段。

第一阶段，我国认证认可工作的试点和起步阶段（1981—1991年）。1978年9月我国加入国际标准化组织。从20世纪80年代中期至90年代初期，我国开始在更广泛的领域推行认证制度，建立了包括食品在内的认证制度。在管理体系认证领域，我国标准化行政主管部门参考1987版ISO 9000系列标准，于1988年制定发布了GB/T 10300《质量管理和质量保证》国家标准系列。这一时期，中国逐步形成依托原国家技术监督局系统，以电工认证（CCEE）为标志，以及依托原国家商检局系统，以进出口检疫（CCIB）为标志的2套产品认证系统。

第二阶段，我国认证认可工作全面推行阶段（1991—2001年）。1991年5月，国务院颁布了《中华人民共和国产品质量认证管理条例》，标志着我国的质量认证工作进入了全面推行的阶段。这一阶段，除全面建立和实施针对国内市场进行CCEE认证和针对进出口进行CCIB认证、全面推广强制性产品认证外，在管理体系认证领域也取得了重要进展。1992年10月，国家技术监督局按照等同采用的原则发布了 GB/T 19000《质量管理体系 基础和术语》等一系列标准，并在全国范围内进行宣传贯彻。1996 年，ISO 14000 环境管理体系系列标准发布后，我国将其等同转化为 GB/T 24001—1996《环境管理体系规范及使用指南》。1997 年，中国环境管理体系认证指导委员会成立，负责统一指导和管理我国的环境管理体系认证的宣传、实施和推广工作，实施了 5 个环境管理体系标准。1999 年，国家经贸委参照职业健康安全管理体系（OHSAS）18001《职业健康安全管理体系规范》的要求，于 1999 年 10 月发布了《职业安全卫生管理体系试行标准》，并在安全生产领域实施职业健康安全管理体系认证活动。随着认证活动的广泛开展，我国的认可制度在这一时期也逐步建立并得到快速发展。1992 年，国家进出口商品检验局联合国务院机电产品出口办公室等 9 个部门成立了"出口商品生产企业（ISO 9000）工作委员会"，负责质量体系认证机构的认可工作，1997 年更名为中国国家进出口企业认证机构认可委员会（CNAB），同时负责认证机构的认可和认证人员注册工作。1994 年，国家技术监督局成立了中国质量管理体系认证机构国家认可委员会（CNACR）、中国认证人员国家注册委员（CRBA）、中国实验室国家认可委员会（CNACL）、中国产品认证机构国家认可委员会（CNACP），开始对从事质量管理体系认证的认证机构、检验实验室和认证人员进行注册。1997 年 7 月，国家环保局成立了环境管理体系认证机构认可委员会（CACEB），开展环境管理体系认证机构认可和审核员注册工作。2000 年，CNACR 和 CRBA 也开始开展环境管理体系认证的评审和审核员注册工作。1999 年，职业安全卫生管理体系认证认可委员会成立，对认证机构和审核员进行认可和评审、注册。2000 年 1 月，国家出入境检验检疫局要求出口企业开展 OHSAS 18001 认证，并认可了一批认证机构。在我国认证认可工作起步和发展的同时，认证认可的法制化工作也得到了加强。我国于 1988 年颁布实施了《中华人民共和国标准化法》，1989 年颁布实施了《中华人民共和国进出口商品检验法》，1990 年颁布实施了《中华人民共和国标准化法实施条例》，1991 年颁布了《中华人民共和国产品质量认证管理条例》，1992 年颁布实施了《中华人民共和国进出口商品检验法实施条例》，1993 年颁布实施了《中华人民共和国产品质量法》等。上述法律法规的实施，在很大程度上保障了我国认证认可工作在改革开放的大环境下迅猛拓展的势头。20 世纪 80—90 年代我国认证认可工作的发展，与我国标准化工作所取得的成果是密不可分的。2001 年，我国已制定国家标准 19744 项，其中强制性国家标准 2792 项、推荐性国家标准 16952 项。我国标准化工作的成果，为我国认证认可工作发展奠定了坚实的基础。

第三阶段，我国统一的认证认可制度的建立和形成阶段（2001 年至今）。以国家认监委成立为标志，中国认证认可事业发展进入了统一管理和监管的新阶段。在此阶段，建立了集中统一的认可制度，实施了强制性产品认证制度，加强了认证认可相关法律制度的建设，成立了认证认可行业自律组织等。同时，我国认证认可的国际化程度日益提高，认证认可活动领域向纵深发展、认证认可活动的吸收，消化和创新机制增强，认证认可的功能在许多重要领域彰显。2001 年 4 月，成立国家认证认可监督管理委员会，负责统一管理、监督和综合协调全国认证认可工作，并建立了认证认可部际联席会议制度。2001 年 7 月，国家整合了分散于有关行政主管部门的认可组织，成立了统一的中国实验室国家认可委员会、中国国家认证机构国家认可委员会、中国认证人员和培训机构国家认可委员会。2006 年 3 月，为适应国际认可组织的要求和变化[国际标准化组织合格评定委员会（ISO/CASCO）已将认证机构、检查机构和实验室的认可要求进行整合，并形成了一个统一的认可机构国际准则（ISO/IEC 17011）]，国家合并中国实验室国家认可委员会和中国认证机构国家认可委员会，成立了中国合格评定国家认可委员会。2002年5月，国家正式实施了新的强制性产品认证制度。制度的核心是"四个统一"，即统一产品目录，统一适用的国家标准、技术规则和实施程序，统一标志，统一收费标准，以此取代进口安全质量许可制度和长城认证制度，实现了在产品认证领域的国民待遇原则和一致性原则。2003年11月，国务院颁布实施了《认证认可条例》，该条例既适应国际通行规则，又符合我国实际情况的认证认可管理制度和相关的法律规范。2005年9月，中国认证认可协会成立，认证人员的注册和培训机构的管理职能纳入中国认证认可协会，标志着以政府监管、认可约束、行业自律互为补充的具有中国特色的认证认可工作体制和机制的进一步完善。2006年，中国合格评定国家认可委员会（CNAS）成立，国务院首次将认证认可工作写入国家战略规划。2009年，《食品安全法》颁布，明确食品检验机构资质认定制度。2018年，认证认可及检验检测服务被列入国家战略性新兴产业。

认证认可的制度发展和广泛应用，背景是工业化大生产对于质量控制和安全保障的需要，是国际贸易发展对贸易规则的需要，是市场经济运行对信用工具的需要。

三、食品农产品认证的管理和流程

（一）认证管理

我国食品农产品认证的监管主要由国家市场监督管理总局（以下简称市场监管总局）认证监督管理司负责。认证监督管理司作为全国认证认可工作主管机构，负责认证机构的设立、审批，检查员的注册，企业认证产品的生产销售等活动的监督管理。

1. 认证机构的行政审批

根据《认证机构管理办法》的规定，认证机构的设立应事先获得行政审批，未经批准，任何单位和个人不得从事认证活动。拟开展认证活动的申请人，应向认证监督管理司提交符合条件的证明文件，包括取得法人资格，有固定的办公场所和必要的设施，有符合认证认可要求的管理制度，注册资本不得少于人民币300万元，有10名以上相应领域的专职认证人员等。拟从事产品认证活动的认证机构还应当具备与从事相关产品认证活动相适应的检测、检查等技术能力。外商投资企业在中华人民共和国境内取得认证机构资质，除符合上述条件外，还应当符合《认证认可条例》规定的其他条件。符合要求的申请人，认证监督管理司向其出具"认证机构批准书"，有效期为6年。

2. 认证机构的认可

认证机构在获得批准后，可在12个月内，向中国合格评定国家认可委员会（CNAS）申请认可，以证明其具备实施相应认证活动的能力。获准认可的认证机构，可在其认可的认证业务范围内按照《认可标识和认可状态声明管理规则》（CNAS-R01）颁发带有CNAS认可标识的认证证书。在认可证书的有效期内，CNAS对获准认可的认证机构实施监督评审，确定其是否持续符合认可委认可规范的要求。认证机构也可不向CNAS申请认可，而是自行向认监委提交能力证明文件。但是，在贸易过程中，带有CNAS认可标志的认证证书更易获得相关方的认可。

3. 食品农产品认证监管

党的十八大以来，在以习近平同志为核心的党中央领导下，对市场监管体制进行了系统的顶层设计。市场监管理念、监管规则不仅影响我国的社会主义市场经济运行，也成为影响国家竞争力和国际影响力的重要因素。健全以"双随机、一公开"为基本手段，以重点监管为补充，以信用监管为基础的新型监管机制，推动"互联网+监管"模式，是当前市场监管的主要方法。

4. 认证结果查询

为保证认证信息的准确性，配合各职能部门的监管工作，认监委自 2006 年启用了"中国食品农产品认证信息系统"，认证机构应当在对认证委托人实施现场检查 5 日前，将认证委托人、认证检查方案等基本信息报送至该信息系统，并在获证后及时将产品获证情况以及产品认证防伪标志的购买情况上传该系统，以方便监管。认证委托人可通过该系统查询、跟踪认证进展；消费者如对购买的产品存在疑虑的，可登录该网站进行查询、核实。

5. 食品农产品认证申诉投诉管理

根据《认证认可申诉投诉处理办法》，任何组织或个人均有权依据该办法向认监委提出申诉、投诉。申诉是指当事人直接受到有关认证认可工作机构作出决定的影响时提出的异议。投诉是指任何组织或个人认为有关认证认可工作机构、工作人员或者获证组织存在违法违规问题的举报。

（二）认证流程

从企业的角度看，一个完整的认证周期中的认证活动基本包括：确定认证标准（或认证领域），选择认证机构，提出认证申请，签署认证合同，现场审核，不符合项整改，认证证书和认证标志使用，保持认证要求，信息沟通，申请再认证。审核一般指审核、检查、评审等审核活动。不同的认证制度对于认证流程的要求有明显的差异，其中包括认证申请提交资料的不同、现场审核不同阶段要求的不同、证书有效期的不同、监督审核频次不同、产品抽样的方式不同、认证标志的使用要求不同等。

本节以食品农产品领域的认证通用流程为基础，阐述相关内容。以食品安全管理体系（FSMS）认证为例，具体的认证流程详见图 3-1。

1. 确定认证标准

认证申请人（即申请认证的企业）应根据产品类型、生产方式、产品销售目标市场、顾客要求等因素综合考虑，选择所要申请的认证标准。确定了所要申请的认证标准后，还应了解相应的认证管理办法和认证实施规则等要求。

2. 选择认证机构

企业选择认证机构应进行综合考虑，具体因素包括认证机构的合法性、认可状态、认证机构的技术和管理能力、认证机构的品牌影响力、企业所选择相应认证制度的市场占有率、企业所在行业或产业的主要客户等。

3. 提出认证申请

企业可通过登录认证机构网站或联系认证机构相关人员，了解具体认证制度的公开文件，熟悉认证申请需提供的文件、认证合同文本样本、认证证书样本、认证证书有效期、认证收费标准、认证申诉和投诉要求等内容。企业应按照认证机构要求提供相应的认证申请资料，认证机构会对其所提供申请资料的合法合规性进行评审，以确定申请企业是否具备被认证的资格。当相关资料有缺陷时，会要求企业继续补充并完善，直至符合要求后，与其签署认证合同。反之，会拒绝企业的认证申请。

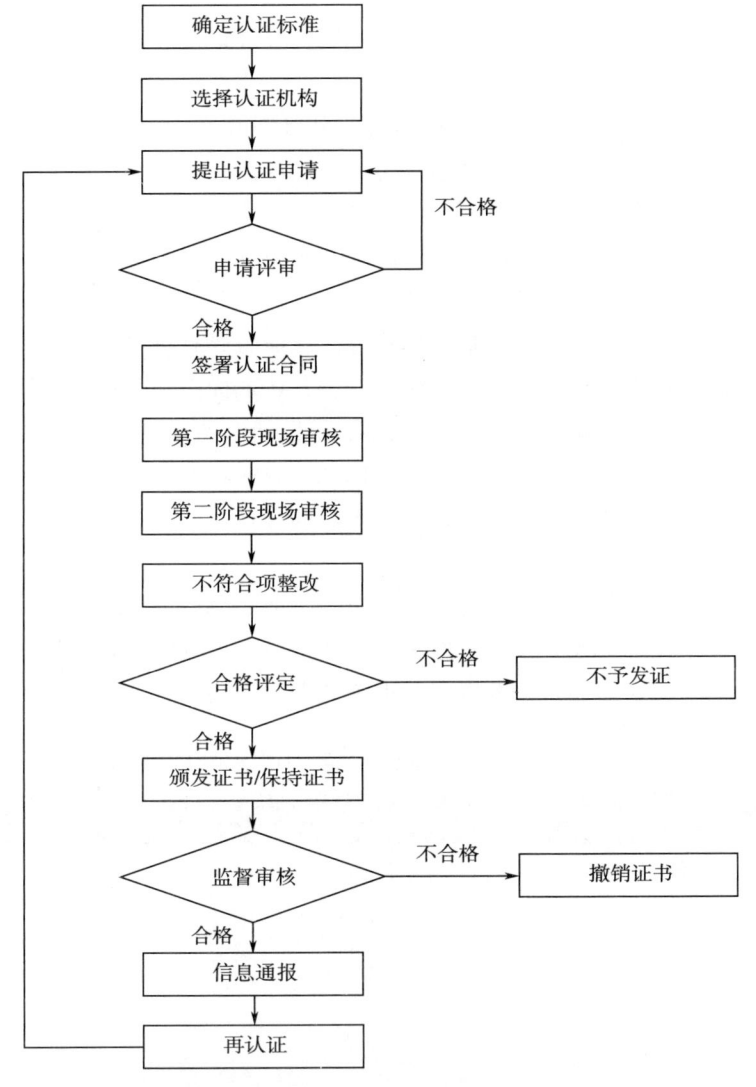

图 3-1 食品安全管理体系认证流程图

4. 签署认证合同

企业根据了解到的情况，与认证机构沟通相关合同内容，如认证收费标准、认证费用收费方式等，如果涉及产品检测费的问题，也应在认证合同或其他认证申请文件中进行明确。

5. 现场审核

在正式的现场审核前，企业控制（管理）体系应至少运行 3 个月以上。现场审核应在申请认证产品的生产期间进行，对于非季节性生产的产品，现场审核一般选择在产品生产风险较高的期间进行；对于季节性生产的产品，企业应加强同认证机构的沟通，确保现场审核时有生产活动。

6. 不符合项整改

企业应重视审核组在现场审核中发现的不符合项，应认真分析不符合项发生的深层次原因，举一反三，提出纠正措施或纠正措施计划，应按照相应认证实施规则的时间要求实施整改，提交整改证据。同时，企业还应在下一次的管理评审中对不符合项整改的有效性进行评审。

不符合项整改合格不代表企业已通过认证，认证机构会对认证审核档案进行合格评定，是否颁发证书以认证机构最终的合格评定结果为准。

7. 认证证书和认证标志使用

认证证书是指产品、服务、管理体系通过认证所获得的证明性文件。认证证书包括产品认证证书、服务认证证书和管理体系认证证书。

认证标志是指证明产品、服务、管理体系通过认证的专有符号、图案或者符号、图案以及文字的组合。认证标志包括产品认证标志、服务认证标志和管理体系认证标志。

对于获证企业来说，不同的认证制度对于认证证书和标志的使用还有着额外的详细规定，鉴于认证标志还包括认证机构自行制定的标志，企业在产品包装宣传和使用认证证书和标志信息时，务必联系认证机构，确认使用方式的合理性。

8. 保持认证

不同的认证制度，证书有效期不同，一般为1~3年。为保持认证证书资格，企业需要在一定时间间隔内接受现场监督审核，监督审核通过后方可继续保持认证要求。表3-1简要列出了目前我国食品农产品认证制度的证书有效期与现场监督审核频次和要求。

表3-1 食品农产品认证有效期及现场监督审核频次和要求

序号	认证领域	证书有效期	现场监督审核频次和要求
1	有机产品认证	1年	12个月
2	绿色食品认证	1年	12个月
3	食品安全管理体系认证	3年	12个月
4	危害分析与关键控制点（HACCP）体系认证	3年	12个月
5	良好农业规范（GAP）认证	1年	12个月
6	乳制品生产企业良好操作规范（GMP）认证	2年	至少一次不通知监督审核，首次监督审核应在初次认证审核后的6个月内实施

9. 信息通报

企业应按照具体的认证实施规则、认证合同的约定，根据认证机构的要求，当发生重大食品安全事故或组织经营发生重大变化等情况时，积极联系认证机构，沟通相关事件信息，以满足认证相关法规的要求。

企业未能按照认证相关规定进行信息通报，会导致证书暂停或撤销。

10. 申请再认证

在认证证书有效期满前3个月，企业应向认证机构提交再认证相关资料。再认证程序一般同初次认证流程一致，具体认证制度要求有细微差别。

四、认证的意义

1. 促进企业管理持续改进

认证有利于帮助企业识别质量控制关键环节和风险因子，持续改进质量管理，不断提高产品和服务质量。有利于持续保证管理体系的有效运行，从而切实加强质量管理。有利于管控风险，提高科学生产水平；有利于强化农业技术服务体系建设，加快产业科技创新步伐。

2. 增进市场经济信任传递

当前，世界上大多数国家已建立了以食品农产品质量安全为中心的标准化管理制度，通过质量认证来保证标准化管理要求的实施，在市场中传递权威可靠信息。这有助于建立市场信任机制，提高市场运行效率，引导市场优胜劣汰。食品农产品认证制度能有效减缓生产企业和消费者的信息不对称，进而提升消费者信心，缓解公众对食品农产品质量安全的担忧，并作为提升食品农产品质量安全的重要举措。

3. 保障国际贸易顺利进行

随着关税壁垒对贸易的影响逐步减弱，技术壁垒已逐渐成为各国争相采用的维护该国利益的手段，尤其在农产品贸易方面。而我国是农产品出口大国，受技术性贸易壁垒影响严重。若出口的产品未能达到目的国采用的认证标准，则失去了参与竞争的可能性或降低了竞争力，甚至可能被拒之门外。在一定程度上这些认证已经演变为发达国家的贸易保护工具。因此，企业通过认证产品才能得到大型连锁经营组织的青睐，并通过认证产品的市场溢价实现可持续发展。食品农产品的认证标准经过多年发展，从最初小众人群的追求，到全民认可的大众产品，进一步推动了相关标准和认证的发展。

4. 构建经济与环境协同共进

以有机认证为例。随着人们生活水平的提高，消费者对环境保护意识的增强和对高品质农产品需求的增多，经过有机认证的产品安全性更强，品质更好，价格更高，市场前景可观，而且生态环境友好，低碳绿色，减少资源浪费和消耗。

食品农产品认证要求对生态环境进行评估策划，以确保产品符合认证标准的要求。正好契合绿水青山规划先行的前提，用行动实现了金山银山。生态的持续优化，有助于乡村振兴，夯实了技术基础，提升了产业竞争力，做强了地域经济，展现出"绿水青山就是金山银山"的独特魅力。

第二节　食品农产品认证

一、中国食品农产品认证种类

随着经济全球化的发展、社会文明程度的提高，人们越来越关注食品的安全问题，要求生产和供应食品的组织证明自己有能力控制食品安全危害和那些影响食品安全的因素。顾客的期望和社会的责任，使食品生产和供应的组织逐渐认识到，应当有标准来指导、保障、评价食品安全。这些专门针对初级农产品和食品相关的认证，一般称为食品农产品认证。

目前我国国推自愿性食品农产品认证种类已有 10 余种。其中产品类认证主要有绿色食品认证、有机产品认证、良好农业规范（GAP）认证等；体系类认证主要有食品良好操作规范（GMP）认证、食品安全管理体系（FSMS）认证、危害分析与关键控制点（HACCP）体系认证等，图 3-2 为食品链中各环节可以进行的食品农产品认证推荐。

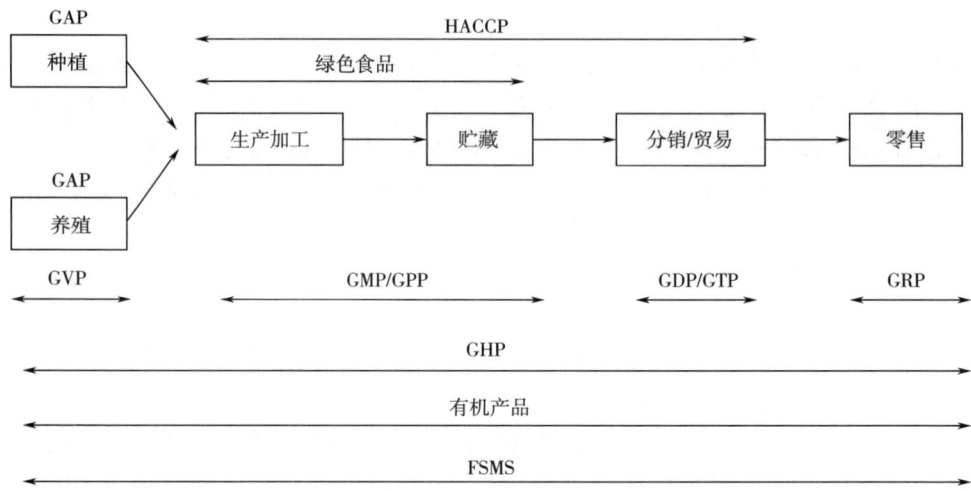

图 3-2　食品链中各环节食品农产品认证推荐

注：GAP—良好农业规范；HACCP—危害分析与关键控制点；GVP—良好兽医操作规范；GMP—良好操作规范；GPP—良好生产规范；GDP—良好分销规范；GTP—良好贸易规范；GRP—良好零售规范；GHP—良好卫生规范；FSMS—食品安全管理体系。

1. 绿色食品认证

绿色食品是指产自优良生态环境，按照绿色食品标准生产，实行全程质量控制并获得绿色食品标志使用权的安全、优质食用农产品及相关产品。绿色食品认证依据的是原农业部绿色食品农业行业标准。

绿色食品并不是"绿颜色"的食品，而是对无污染的安全、优质、营养型食品的一种形象表述。随着绿色食品事业发展的不断壮大，制度规范不断健全，标准体系不断完善，其概念和内涵也不断丰富和深化。

图 3-3　绿色食品标志

注：上方代表太阳初升；中间代表蓓蕾待放；下方代表嫩芽萌生。

绿色食品标志是经原国家工商行政管理局商标局核准注册的证明商标。申请使用绿色食品标志的产品限于商标注册使用的商品类别。商标局核准商品为《商标注册用商品和服务性国际分类》中第 1、2、3、5、29、30、31、32、33 类。

1990 年，绿色食品事业创建之初，开拓者们认为绿色食品应该有区别于普通食品的特殊标志，因此根据绿色食品的发展理念构思设计出了绿色食品标志图形（图 3-3）。

该图形由三部分构成，上方的太阳、下方的叶片和中心的蓓蕾，象征自然生态；颜色为绿色，象征着生命、农业、环保；图形为正圆形，意为保护。绿色食品标志图形描绘了一幅明媚阳光照耀下的和谐生机，意欲告诉人们绿色食品正是出自优良生态环境的安全、优质食品，同时还提醒人们要保护环境，通过改善人与自然的关系，创造自然界新的和谐。

绿色食品标志商标作为特定的产品质量证明商标，1996年已由中国绿色食品发展中心在国家工商行政管理局注册，从而使绿色食品标志商标专用权受《中华人民共和国商标法》保护，这样既有利于约束和规范企业的经济行为，又有利于保护广大消费者的利益。目前，绿色食品商标已在国家知识产权局商标局注册了10种形式。

2. 有机产品认证

有机产品是指生产、加工、销售过程符合中国有机产品国家标准GB/T 19630—2019《有机产品　生产、加工、标识与管理体系要求》，获得有机产品认证证书，并加施中国有机产品认证标志的供人类消费、动物食用的产品。有机产品主要包括粮食、蔬菜、水果、乳制品、畜禽产品、水产品及调料等食品，以及棉、麻、竹、服装、饲料等非食品。

认监委2019年11月发布的新版《有机产品认证目录》包括了135大类有机产品。《有机产品认证目录》将根据农业生产技术、市场需求、风险评估结果等进行动态调整，具体产品目录可在认监委网站查询。

3. 中国良好农业规范（ChinaGAP）认证

2003年4月认监委首次提出在中国食品链源头建立"良好农业规范"体系，并于2004年启动了中国良好农业规范（ChinaGAP）系列标准的编写和制定工作，标准起草主要参照欧盟良好农业规范（EurepGAP）标准，并结合中国国情和法规的要求编写而成，目前良好农业规范系列国家标准共包含19项。主要针对未加工和最简单加工（生的）出售给消费者和加工企业的大多数果蔬的种植、采收、清洗、包装和运输过程中常见的危害控制，其关注的是新鲜果蔬的生产和包装，但不限于农场，包含从农场到餐桌的整个食品链的所有步骤。

目前认监委公布的《良好农业规范产品认证目录》内，GAP认证产品包括作物种植、畜禽养殖、水产养殖、蜜蜂养殖4个模块。

4. 食品安全管理体系（FSMS）认证

FSMS是食品安全管理体系（Food Safety Management System）的英文缩写。食品安全管理体系认证以GB/T 22000—2006《食品安全管理体系　食品链中各类组织的要求》为认证依据，目前该标准等同采用了ISO 22000标准，所以又称ISO 22000认证。GB/T 22000—2006《食品安全管理体系　食品链中各类组织的要求》规定了一个食品安全管理体系的要求，并结合生产过程的关键元素，以确保从食品链前端至最后消费者的全产业链食品安全。

FSMS将国际食品法典委员会（CAC）给出的HACCP原理作为食品安全危害分析方法，明确了危害分析作为安全食品实现策划的核心。其认证范围广泛，适用于所有在食品链中期望建立和实施有效的食品安全管理体系的组织，不限于饲料加工者，农作物种植者，辅料生产者，食品生产者，零售商，食品服务商，配餐服务，提供清洁、运输、贮存和分销服务的组织，以及设备、清洁剂、包装材料以及其他与食品接触材料的企业。

5. 危害分析与关键控制点（HACCP）体系认证

危害分析与关键控制点（HACCP）体系认证是指以GB/T 27341—2009《危害分析与关键控制点（HACCP）体系　食品生产企业通用要求》、GB 14881—2013《食品安全国家标准　食品生产通用卫生规范》《危害分析与关键控制点（HACCP 体系）认证补充要求 1.0》等系列标准为主要认证依据，对申请认证企业进行的食品安全认证。

以 HACCP 为基础的食品安全管理体系是一种科学、简便、实用的预防性食品安全质量控制体系，在国际上得到越来越广泛的关注和认可，已成为当今国际食品行业安全质量管理的必然要求。HACCP 体系认证范围包括：①易腐烂动物产品的加工；②易腐烂植物产品的加工；③易腐烂动植物混合产品的加工；④环境温度下稳定产品的加工和餐饮业。

二、国际食品农产品认证介绍

全球针对食品农产品所开展的认证业务有 190 多种，而这些认证往往缺乏国家间的相互认可。2000 年 5 月，来自全球 70 多个国家 650 多家零售生产服务商以及利益相关方的首席执行官及高级管理层，共同创建了全球食品安全倡议组织（GFSI），其目的是通过设立基准标准（标准的标准），以协调现有食品安全标准，减少食品链的重复审核。目前，获得 GFSI 认可的认证标准主要有 BRC 全球标准（BRCGS）食品安全全球标准（第九版）、国际特定标准（IFS）（第六版）、食品安全体系认证（FSSC）22000（第五版）、食品安全与质量（SQF）标准（第八版）等。

1. BRCGS 认证

1998 年，英国零售协会（British Retail Consortium，BRC）应行业需要，发起并制定了《BRC 食品技术标准（第一版）》，用以对零售商自有品牌食品的制造商进行评估。之后 BRC 更名为 BRCGS，最新一版的 BRCGS（第九版）已于 2022 年 8 月正式发布。

BRCGS 认证适用于已经过审核的工厂所制造或制作的产品，而且包括受生产工厂管理层所直接控制的贮藏设施。该标准详细阐述了对贸易产品的要求，这些产品通常由工厂购买和贮藏，但并不在工厂进行生产、再加工或包装。该标准不适用于在公司直接控制之外的与食品批发、进口、分销或贮藏相关的活动。

BRCGS 目前有 6 个认证领域，对应 6 个认证标准，各类认证标准标志见图 3-4，它们并非产品认证标志，不能使用在产品包装上，同时产品或产品包装上也不得提及 BRCGS。获得认证的任何工厂如被发现误用 BRCGS 名称，将受到 BRCGS 投诉/查证程序的约束，而且可能会面临认证证书被注销或撤销的危险。未在审核范围内涵盖全部产品的公司也不得使用 BRCGS 标志。

图 3-4 BRCGS 各类认证标准标志

2. 国际特定标准认证

为了用统一的标准评估供应商的食品安全与产品质量管理体系，起草了关于零售商品牌食品的产品质量与食品安全标准：国际食品标准（International Food Standard）。这个标准适用于所有农场生产后的食品加工。后因这套标准所涉及的范围还有非食品，所以改名为国际特定标准（International Featured Standard）。IFS 认证标志见图 3-5。

图 3-5　IFS 认证标志

IFS 食品标准仅适用于涉及加工的食品，或在初级包装过程中存在风险的食品。因此，IFS 食品标准不适用于食品进口商（办事处，如贸易公司），食品运输、仓储及配送。审核范围应包括企业的完整活动。如不同生产线生产同一种产品，但是该产品既是认证申请人的自有品牌产品，也是其向客户提供的贴牌产品时，就不能仅审核其向客户提供贴牌产品的生产线。

3. FSSC 22000

食品安全认证基金会于 2009 年 5 月 15 日正式发布了 FSSC 22000 项目，其认证依据主要基于国际标准 ISO 22000 食品安全管理体系和针对食品链各部分的技术规范，如 ISO/TS 22002—1《食品加工业的食品安全前提方案》、BSI—PAS 223《食品包装业的食品安全前提方案》以及项目的一些附加要求。目前 FSSC 22000 认证领域包含：动物饲养、食品制造、动物饲料的生产、餐饮业、零售和批发、运输和贮存、食品包装和包装材料的生产、生物化学品生产等。FSSC 2200 认证标志见图 3-6。

图 3-6　FSSC 2200 认证标志

4. SQF 认证

SQF 是食品安全与质量（Safety Quality Food）的英文缩写。最初于 1994 年开发并加以实施。2004 年 SQF 2000 标准获得全球食品安全倡议组织（GFSI）的认可。SQF 标准为食品供应商提供了一整套以 HACCP 为基础的食品安全与质量管理认证方案，使他们能够满足产品追溯、法规、食品安全和质量标准要求。SQF 认证的范围包括初级生产乃至食品零售与食品包装生产。

图 3-7　SQF 认证标志

SQF 认证不仅适用于大型供货商，从农场到餐厅，食品产业各个层面的每个供货商都可以获得 SQF 认证。SQF 认证标志见图 3-7。

5. MSC 认证

MSC 是海洋管理委员会（Marine Stewardship Council）的英文缩写。MSC 是一家独立的、全球性的、非营利的组织，其目标是通过改善海洋环境，保护渔民的生活等方法改变海产品市场，逆转全球鱼类种样的退化现象，使其可持续性发展。

MSC 的标准由渔业企业、生态环境保护专家和利益相关方合作共同制定。包括《MSC 渔业标准》《MSC 产销监管链标准》和《ASC-MSC 海藻标准》。《MSC 渔业标准》对野生捕捞渔业的可持续性进行评估，其对所有野生捕捞渔业均通用，包括发展中国家的渔业。《MSC 产销监管链标准》确保带有 MSC 蓝色生态标签的海产品可追溯至 MSC 认证的可持续渔业的源头。《ASC-MSC 海藻标准》适用于环境可持续和对社会负责的海藻生产，其对世界各地的养殖和野生捕捞海藻作业均适用。

三、 食品农产品认证标准的获取

任何企业和社会公众都可以通过国家标准化管理委员会（以下简称标准委）官方网站国家标准全文公开系统查阅国家标准文本或在线预览。

但采用了 ISO 、IEC 等国际国外组织标准的国家标准，由于涉及版权保护，暂不提供在线阅读服务。国家标准全文公开系统所提供的电子文本仅供参考，必要时应以正式标准出版物为准。

第三节 食用农产品承诺达标合格证制度

一、 食用农产品质量安全监管概述

2001 年，经国务院批准，我国农业部组织实施了"无公害食品行动计划"，并以此为重要抓手，全面推进农产品质量安全监管工作，经过十多年的发展，在推进农业标准化生产、保障农产品质量安全等方面取得明显成效。但是随着我国农业进入高质量发展新阶段，无公害农产品的内外部形势和要求发生了深刻变化，目标定位滞后、市场导向不突出、推动手段不足等问题逐步显现。针对无公害农产品面临的新情况、新问题，中共中央办公厅、国务院办公厅印发了《关于创新体制机制推进农业绿色发展的意见》，明确提出要改革无公害农产品认证制度。

2018 年 1 月 1 日至 2018 年 3 月 31 日，暂停无公害农产品认证（包括复查换证）申请、受理、审核和颁证等工作，原颁发证书有效期顺延。

在此过渡期间，农业农村部颁布并实施了一系列暂行管理办法。如《关于做好无公害农产品认证制度改革过渡期间有关工作的通知》（农办质〔2018〕15 号），规定了由省级农业农村行政部门及其所属工作机构负责无公害农产品的认定审核、专家评审、颁发证书和证后监管等工作。中国绿色食品发展中心负责无公害农产品的标志式样、证书格式、审核规范、检测机构的统一管理。

2016 年农业部按照当年 7 月 22 日施行的《食用农产品合格证管理办法（试行）》要求，在河北、黑龙江、浙江、山东、湖南、陕西六省开展食用农产品合格证管理试点工作，农业部官网也给出了食用农产品合格证的参考样式（图3-8）。

2019 年，农业农村部印发了《全国试行食用农产品合格证制度实施方案》，决定在全国试行食用农产品合格证制度，在农业农村部官网给出了新的食用农产品合格证基本样式（图3-9），并组织开展了农产品合格证制度替代无公害农产品认证的研究工作。

2021 年 11 月 4 日，农业农村部办公厅发布了《关于加快推进承诺达标合格证制度试行工

```
                        合格证

产品名称和重量：
生产者：
确保合格的方式：
生产者盖章或签名：
开具日期：
```

图 3-8　食用农产品合格证参考样式

```
                    食用农产品合格证

食用农产品名称：
数量（重量）：
生产者盖章或签名：
联系方式：
产地：
开具日期：
我承诺对产品质量安全及合格证真实性负责：
□不使用禁限用农药兽药
□不使用非法添加物
□遵守农药安全间隔期、兽药休药期规定
□销售的食用农产品符合农药兽药残留食品安全国家标准
```

图 3-9　食用农产品合格证基本样式

作的通知》，将合格证名称由"食用农产品合格证"调整为"承诺达标合格证"（图 3-10）。

2022 年 9 月 2 日，新版《农产品质量安全法》（第十三届全国人民代表大会常务委员会第三十六次会议修订）发布。同年 9 月 24 日，农业农村部办公厅发出了"农业农村部办公厅关于深入学习贯彻《中华人民共和国农产品质量安全法》的通知"，在通知中明确指出：

（1）停止无公害农产品认证　新修订的《农产品质量安全法》，不再规定"生产者可以申请使用无公害农产品标志"，我部正会同有关部门研究废止相关管理办法。各地农业农村部门要按照新法精神和政策要求，稳妥做好有关工作。一是自本通知印发之日起，停止无公害农产品认证受理（包括复查换证）。二是对目前已受理的申请，应当最晚不迟于 2022 年 12 月 31 日完成审查颁证工作。三是证书在有效期内的无公害农产品，可继续使用无公害农产品标志，证书到期后不再开展无公害农产品认证。具体要求另行通知。

（2）停开农产品产地证明　按照国务院关于政策性文件清理工作的要求，2016 年 5 月农业部已废止《关于印发〈农产品产地证明管理规定（试行）〉的通知》（农办市〔2008〕23 号）。2022 年 8 月，中共中央办公厅、国务院办公厅印发《关于规范村级组织工作事务、机制牌子和

```
┌─────────────────────────────────────┐
│         承诺达标合格证                │
│ 我承诺对生产销售的食用农产品：        │
│ □不使用禁用农药兽药、停用兽药和非法添加物 │
│ □常规农药兽药残留不超标              │
│ □对承诺的真实性负责                  │
│ 承诺依据：                           │
│ □委托检测           □自我检测        │
│ □内部质量控制       □自我承诺        │
│ - - - - - - - - - - - - - - - - - - │
│ 产品名称：          数量（重量）：    │
│ 产  地：                             │
│ 生产者盖章或签名：                   │
│ 联系方式：                           │
│ 开具日期：    年    月    日         │
└─────────────────────────────────────┘
```

图 3-10　食用农产品承诺达标合格证基本样式

证明事项的意见》，明确不得要求村委会出具缺乏法律法规或国务院决定等依据的证明事项。各地农业农村部门要对本辖区内农产品产地证明开具情况进行全面排查，告知村委会和所有农业生产经营主体农产品产地证明制度已废止，承诺达标合格证不仅体现了对质量安全的要求，也提供生产主体和产地等可溯源信息，是替代农产品产地证明的新制度。要组织乡镇农产品质量安全监管员、村级协管员进村入户解读法规制度变化，提醒村委会不再开具农产品产地证明。

（3）加强承诺达标合格证工作指导　我部正会同有关部门抓紧制定农产品质量安全承诺达标合格证管理办法。在办法出台前，各地农业农村部门要继续按照试行方案，持续加大推进力度。一是督促农产品生产企业、农民专业合作社应开尽开，创造条件鼓励支持农户开具承诺达标合格证。二是对从事农产品收购的单位或个人，要开展针对性宣传，引导他们尽快熟悉法律规定。对其收购的农产品混装或者分装后销售的如何开具承诺达标合格证，相关办法正在研究。三是积极会同市场监管部门，推动农产品批发市场尽快建立健全农产品承诺达标合格证查验等制度。四是对未按规定开具承诺达标合格证的，要加强批评教育、督促整改，引导其自觉守法。

至此，在《农产品质量安全法》的法律层面上，我国的无公害食用农产品认证（认定）制度基本被新的食用农产品承诺达标合格证制度彻底取代，食用农产品的质量安全监管进入了新时代。

二、食用农产品承诺达标合格证制度

目前，我国已经颁布实施了一系列与食用农产品承诺达标合格证相关的要求和法规，主要有农业农村部在 2021 年 11 月 3 日颁布的《农业农村部办公厅关于加快推进承诺达标合格证制度试行工作的通知》，在 2022 年 9 月 24 日颁布的《农业农村部办公厅关于深入学习贯彻〈中华人民共和国农产品质量安全法〉的通知》，在 2023 年 1 月 1 日生效的《农产品质量安全法》，以及出于对食用农产品在市场销售环节的相应衔接监管要求，国家市场监督管理总局将在 2023 年 12 月 1 日起，正式实施的《食用农产品市场销售质量安全监督管理办法》。在这几部法规和要求中，明确提出了在农产品的生产、流通和最终销售环节要鼓励和支持开具承诺达标合格证。

例如，《农产品质量安全法》第五章第三十八条规定，农产品生产企业、农民专业合作社以及从事农产品收购的单位或者个人销售的农产品，按照规定应当包装或者附加承诺达标合格证等标识的，须经包装或者附加标识后方可销售。包装物或者标识上应当按照规定标明产品的品名、产地、生产者、生产日期、保质期、产品质量等级等内容；使用添加剂的，还应当按照规定标明添加剂的名称。具体办法由国务院农业农村主管部门制定。

第三十九条规定，农产品生产企业、农民专业合作社应当执行法律、法规的规定和国家有关强制性标准，保证其销售的农产品符合农产品质量安全标准，并根据质量安全控制、检测结果等开具承诺达标合格证，承诺不使用禁用的农药、兽药及其他化合物且使用的常规农药、兽药残留不超标等。鼓励和支持农户销售农产品时开具承诺达标合格证。法律、行政法规对畜禽产品的质量安全合格证明有特别规定的，应当遵守其规定。

从事农产品收购的单位或者个人应当按照规定收取、保存承诺达标合格证或者其他质量安全合格证明，对其收购的农产品进行混装或者分装后销售的，应当按照规定开具承诺达标合格证。

农产品批发市场应当建立健全农产品承诺达标合格证查验等制度。

县级以上人民政府农业农村主管部门应当做好承诺达标合格证有关工作的指导服务，加强日常监督检查。

农产品质量安全承诺达标合格证管理办法由国务院农业农村主管部门会同国务院有关部门制定。

第四十条规定，农产品生产经营者通过网络平台销售农产品的，应当依照本法和《中华人民共和国电子商务法》《中华人民共和国食品安全法》等法律、法规的规定，严格落实质量安全责任，保证其销售的农产品符合质量安全标准。网络平台经营者应当依法加强对农产品生产经营者的管理。

第六章第五十二条规定，县级以上地方人民政府农业农村主管部门应当加强对农产品生产的监督管理，开展日常检查，重点检查农产品产地环境、农业投入品购买和使用、农产品生产记录、承诺达标合格证开具等情况。国家鼓励和支持基层群众性自治组织建立农产品质量安全信息员工作制度，协助开展有关工作。

第七章第七十三条规定，违反本法规定，有下列行为之一的，由县级以上地方人民政府农业农村主管部门按照职责给予批评教育，责令限期改正；逾期不改正的，处一百元以上一千元以下罚款：

①农产品生产企业、农民专业合作社、从事农产品收购的单位或者个人未按照规定开具承

诺达标合格证；

②从事农产品收购的单位或者个人未按照规定收取、保存承诺达标合格证或者其他合格证明。

又如《食用农产品市场销售质量安全监督管理办法》第九条：从事连锁经营和批发业务的食用农产品销售企业应当主动加强对采购渠道的审核管理，优先采购附具承诺达标合格证或者其他产品质量合格凭证的食用农产品，不得采购不符合食品安全标准的食用农产品。对无法提供承诺达标合格证或者其他产品质量合格凭证的，鼓励销售企业进行抽样检验或者快速检测。

除生产者或者供货者出具的承诺达标合格证外，自检合格证明、有关部门出具的检验检疫合格证明等也可以作为食用农产品的产品质量合格凭证。

第十二条规定，销售者销售食用农产品，应当在销售场所明显位置或者带包装产品的包装上如实标明食用农产品的名称、产地、生产者或者销售者的名称或者姓名等信息。产地应当具体到县（市、区），鼓励标注到乡镇、村等具体产地。对保质期有要求的，应当标注保质期；保质期与贮存条件有关的，应当予以标明；在包装、保鲜、贮存中使用保鲜剂、防腐剂等食品添加剂的，应当标明食品添加剂名称。

销售即食食用农产品还应当如实标明具体制作时间。

食用农产品标签所用文字应当使用规范的中文，标注的内容应当清楚、明显，不得含有虚假、错误或者其他误导性内容。

鼓励销售者在销售场所明显位置展示食用农产品的承诺达标合格证。带包装销售食用农产品的，鼓励在包装上标明生产日期或者包装日期、贮存条件以及最佳食用期限等内容。

第二十三条规定，集中交易市场开办者应当查验入场食用农产品的进货凭证和产品质量合格凭证，与入场销售者签订食用农产品质量安全协议，列明违反食品安全法律法规规定的退市条款。未签订食用农产品质量安全协议的销售者和无法提供进货凭证的食用农产品不得进入市场销售。

集中交易市场开办者对声称销售自产食用农产品的，应当查验自产食用农产品的承诺达标合格证或者查验并留存销售者身份证号码、联系方式、住所以及食用农产品名称、数量、入场日期等信息。

对无法提供承诺达标合格证或者其他产品质量合格凭证的食用农产品，集中交易市场开办者应当进行抽样检验或者快速检测，结果合格的，方可允许进入市场销售。

鼓励和引导有条件的集中交易市场开办者对场内销售的食用农产品集中建立进货查验记录制度。

第三十六条规定，市、县级市场监督管理部门发现下列情形之一的，应当及时通报所在地同级农业农村主管部门：

①农产品生产企业、农民专业合作社、从事农产品收购的单位或者个人未按照规定出具承诺达标合格证；

②承诺达标合格证存在虚假信息；

③附具承诺达标合格证的食用农产品不合格；

④其他有关承诺达标合格证违法违规行为。

农业农村主管部门发现附具承诺达标合格证的食用农产品不合格，向所在地市、县级市场监督管理部门通报的，市、县级市场监督管理部门应当根据农业农村主管部门提供的流向信息，及时追查不合格食用农产品并依法处理。

由以上内容可以看出，虽然开具、验收和保持农产品承诺达标合格证的工作要求已经被列入了法规中，但是作为主管部门的农业农村部尚未配套出台《农产品包装和标识管理办法》《农产品质量安全承诺达标合格证管理办法》和《农产品质量安全追溯管理办法》等一系列具体的操作规章，详见农业农村部农产品质量安全监管司在 2023 年 8 月 24 日的《关于政协第十四届全国委员会第一次会议第 00777 号（农业水利类 068 号）提案答复的函》中第三部分的内容。

因此，各地在推行该制度时，虽有法可依，却无章可循。在实际操作层面有很多问题在等待规范指导。例如，电商或网络平台如何对其经营的农产品开具承诺达标合格证？贸易商应该如何对分销的农产品进行承诺达标？已经被专管的农产品（如原粮、生乳、生猪、其他可食用动物产品）如何体现承诺达标？是否能够完全覆盖原无公害认证（认定）的承诺范围？电子承诺达标合格证如何开具？承诺达标合格证与各地现行的电子追溯平台如何衔接？等等。尽管如此，这依然是一次农产品质量安全监管方面的重大改革，应该抱着积极心态，共同参与到其中。

目前对"农产品生产企业、农民专业合作社以及从事农产品收购的单位或者个人销售的农产品"的承诺达标合格证要求，是本着鼓励、支持和积极引导的态度对待的，尚未强制执行。从这个角度来看，农产品承诺达标合格证的实施现状，尚处于生产者和经营者的自愿承诺阶段。此时的农产品承诺合规证，与三方认证中的符合性验证证明功能相似，不同的是前者由生产经营者自行开具，后者需要专业第三方机构审核后出具。所以在本书中，将其列入食用农产品质量安全认证的章节中进行介绍。

第四节　绿色食品及认证

根据《绿色食品标志管理办法》规定，绿色食品指产自优良生态环境，按照绿色食品标准生产，实行全程质量控制并获得绿色食品标志使用权的安全、优质食用农产品及相关产品。经过近 30 年的探索和实践，绿色食品从安全、优质和可持续发展的基本理念出发，立足打造精品，满足高端市场需求，创建并落实"从土地到餐桌"的全程质量管理模式。

一、绿色食品标准体系

绿色食品标准体系包括产地环境质量标准，生产过程标准，产品质量标准和包装、贮运标准 4 个组成部分，涵盖绿色食品产业链中各个环节标准化要求。绿色食品标准质量安全要求达到国际先进水平，一些安全指标甚至超过日本、美国、欧盟等国家及地区水平。

截至 2020 年 12 月 31 日，农业农村部累计发布绿色食品标准 779 条，现行有效标准 500 条。绿色食品标准体系为指导和规范绿色食品的生产行为、质量技术检测、标志许可审查和证后监督管理提供了依据和准绳，为绿色食品事业持续健康发展提供了重要技术支撑。同时，也为不断提升我国农业生产和食品加工水平树立了标杆。

二、申请绿色食品认证的条件

1. 资质要求

申请使用绿色食品标志的生产主体，应当具备以下条件：

①能够独立承担民事责任，如企业法人、农民专业合作社、个人独资企业、合伙企业、家庭农场，以及国有农场、国有林场和兵团团场等生产单位；

②具有稳定的生产基地，且具有一定生产规模；

③具有绿色食品生产的环境条件和生产技术；

④具有完善的质量管理体系，并至少稳定运行 1 年；

⑤具有与生产规模相适应的生产技术人员和质量控制人员；

⑥申请前 3 年内无质量安全事故和不良诚信记录；

⑦与绿色食品工作机构或检测机构不存在利益关系；

⑧完成国家农产品质量安全追溯管理信息平台注册。

2. 认证申请要求

绿色食品申请产品应满足以下条件：

①应符合《食品安全法》和《农产品质量安全法》等法律规定；

②应为现行《绿色食品产品标准适用目录》范围内产品；

③产品本身或产品配料成分属于原卫生部发布的《可用于保健食品的物品名单》中的产品，取得国家相关保健食品或新食品原料的审批许可后方可进行申报。

三、绿色食品生产全程质量控制要求

1. 产品及产品原料产地环境质量要求

农业生态环境是指影响农业生产与可持续发展的水资源、土地资源、生物体及气候资源等要素的总和，是农业存在和发展的根本前提，是人类生存和社会发展的物质基础。绿色食品生产基地对生态环境的要求包括以下几点：

①应选择在生态环境良好、无污染的地区，远离工矿区和公路铁路干线，避开污染源；

②绿色食品生产地和常规生产区域之间设置有效的缓冲带或物理屏障，防止绿色食品生产地受到污染；

③建立生物栖息地，保护基因多样性、物种多样性和生态多样性，维持生态平衡；

④应保证基地具有可持续生产能力，不对环境或周边其他生物产生污染。

产品及产品原料产地环境质量（土壤、空气、灌溉用水、加工用水、养殖用水等）应按 NY/T 1054—2021《绿色食品　产地环境调查、监测与评价规范》检测评价，符合 NY/T 391—2021《绿色食品　产地环境质量》及绿色食品相关规定。

2. 肥料、农药、兽药、饲料、食品添加剂等投入品要求

绿色食品产品包括农林产品及其加工产品、畜禽类产品、水产品类、饮品类及其他产品 5 大类，产品生产加工过程会涉及肥料、农药、兽药、食品添加剂等投入品的使用。投入品的使用应符合 NY/T 393—2020《绿色食品　农药使用准则》、NY/T 394—2021《绿色食品　肥料使用准则》、NY/T 471—2023《绿色食品　饲料及饲料添加剂使用准则》、NY/T 472—2022《绿色食品　兽药使用准则》和 NY/T 392—2023《绿色食品　食品添加剂使用准则》等相应的标准规

定，生产中严格按照标准中规定的投入品品种、使用方法和使用剂量进行生产操作。

（1）绿色食品生产中肥料施用原则　绿色食品生产中肥料施用要遵循持续发展原则、安全优质原则、化肥减控原则和有机为主原则。核心是在保障植物营养有效供给的基础上减少化肥用量，增施有机肥，兼顾元素之间的比例平衡，无机氮素用量不得高于当季作物需求量的一半，增加土壤肥力，提高生物活性，保护生态环境。需要特别注意的是避免使用存在以下几种情况的肥料：一是添加有稀土元素的肥料；二是成分不明确的、含有安全隐患成分的肥料；三是未经发酵腐熟的人畜粪尿；四是生活垃圾、污泥和含有害物质（如毒气、病原微生物、重金属等）的工业垃圾；五是转基因品种（产品）及其副产品为原料生产的肥料；六是国家法律法规规定不得使用的肥料。

（2）绿色食品生产中农药使用原则　绿色食品生产中农药使用要从保护农业生态环境出发，病虫草害防治优先考虑采用农业、物理和生物措施，必要时优先选择低毒低风险农药品种，提倡兼治和不同作用机理农药交替使用，尽量减少施用次数和延长安全间隔期。农药剂型宜选用悬浮剂、微囊悬浮剂、水剂、水乳剂、微乳剂、颗粒剂、水分散粒剂和可溶性粒剂等环境友好型剂型。NY/T 393—2020《绿色食品　农药使用准则》中明确了绿色食品生产中允许使用的农药品种，且农药使用要严格按照农药登记使用范围、产品标签和农药合理使用准则使用。此外，绿色食品生产中允许使用的农药，其残留量要求不高于 GB 2763—2021《食品安全国家标准　食品中农药最大残留限量》，其他不允许使用农药的残留不应超过 0.01mg/kg。

（3）绿色食品生产中兽药使用原则　绿色食品兽药使用应遵循以下基本原则：一是生产者应供给动物充足的营养，应按照 NY/T 391—2021《绿色食品　产地环境质量》提供良好的饲养环境，加强饲养管理，采取各种措施以减少应激，增强动物自身的抗病力；二是应按《中华人民共和国动物防疫法》的规定进行动物疾病的防治，在养殖过程中尽量不用或少用药物，确需使用兽药时，应在执业兽医指导下进行；三是所用兽药应来自取得生产许可证和产品批准文号的生产企业，或者取得进口兽药登记许可证的供应商；四是兽药的质量应符合《中华人民共和国兽药典》《兽药质量标准》《兽用生物制品质量标准》《进口兽药质量标准》的规定；五是兽药的使用应符合《兽药管理条例》和《兽药停药期规定》等有关规定，建立用药记录。

（4）绿色食品生产中饲料和饲料添加剂使用原则　绿色食品饲料及饲料添加剂的使用应遵循安全优质、绿色环保及以天然原料为主的原则。绿色食品生产中所使用的饲料和饲料添加剂应对养殖动物机体健康无不良影响，所生产的动物产品品质优，对消费者健康无不良影响，对环境无不良影响，在家禽和水产动物产品及排泄物中存留量对环境也无不良影响，有利于生态环境和养殖业可持续发展。提倡优先使用微生物制剂、酶制剂、天然植物添加剂和有机矿物质，限制使用化学合成饲料和饲料添加剂。

3. 绿色食品现场检查要求

绿色食品现场检查是指经中国绿色食品发展中心（以下简称中心）核准注册且具有相应专业资质的绿色食品检查员依据绿色食品技术标准和有关法规对绿色食品申请人提交的申请材料、产地环境质量、产品质量等实施核实、检查、调查、风险分析和评估并撰写检查报告的过程。

检查时间应安排在申请产品的生产、加工期间（如从种子萌发到产品收获的时间段、从母体妊娠到屠宰加工的时间段、从原料到产品包装的时间段）的高风险阶段进行，不在生产、加工期间的现场检查为无效检查。

现场检查应覆盖所有申请产品，因生产季等原因未能覆盖的，应在未覆盖产品的生产季节内实施补充检查。省级绿色食品工作机构根据申请产品类别，委派至少2名具有相应资质的检查员组建检查组，必要时会配备相应领域的技术专家。现场检查包括首次会议、实地检查、查阅文件记录、随机访问和总结会5个环节，其中查阅文件记录、随机访问2个环节贯穿现场检查的始终。申请人要根据现场检查计划做好人员安排，现场检查期间，主要负责人、绿色食品生产负责人、技术人员、内检员、库管人员要在岗，各相关记录、档案随时备查阅。对于现场检查中发现的问题，申请人应在规定的期限内予以整改，由于客观原因（如农时、季节、生产设备改造等）在短期内不能完成整改的，申请人应对整改完成的时限作出承诺。

4. 绿色食品产品质量标准要求

绿色食品应按相应的产品质量标准确定项目和指标并检测合格。绿色食品产品质量标准是根据产品的生物学属性、功能属性和生产工艺属性等分类制定的。目前有效的产品质量标准有126项，基本涵盖商标局核准的绿色食品标志商品范围。每项产品质量标准分别与产地环境、投入品使用准则和包装、贮运标准相协调，制定每类产品的感官、理化、农药残留、兽药残留、食品添加剂和微生物等具体项目和指标。项目和指标的确定除与国家食品安全标准相协调外，主要参考CAC标准、欧盟标准、美国标准和日本标准等国际先进标准，指标限值严于或相当于国家标准。经多年实际应用，绿色食品产品的高标准要求在技术上切实可行，为提升我国食品安全整体水平提供了技术依据。

5. 绿色食品预包装食品标签或设计样张要求

绿色食品预包装应符合《食品标识管理规定》、GB 7718—2011《食品安全国家标准 预包装食品标签通则》、GB 28050—2011《食品安全国家标准 预包装食品营养标签通则》等标准要求；标签上生产商名称、产品名称、商标、产品配方等内容应与申请材料一致；标签上绿色食品标志设计应符合《中国绿色食品商标标志设计使用规范手册》等绿色标识管理文件要求，且应标示企业信息码。申请人可在标签上标示产品执行的绿色食品标准，也可标示其执行的其他标准，非预包装食品不需提供产品包装标签。绿色食品标志常见形式见图3-11。

图3-11 绿色食品标志常见形式

6. 产品包装、贮藏和运输要求

产品包装、贮藏和运输要符合NY/T 658—2015《绿色食品 包装通用准则》和NY/T 1056—2021《绿色食品 贮藏运输准则》的规定。在NY/T 658—2015《绿色食品 包装通用准则》中要求包装减量化，包装材料可重复利用、可回收或可降解，包装表面不允许涂蜡、上油等，突出环境友好和食品安全要求。NY/T 1056—2021《绿色食品　贮藏运输准则》是对绿色食品贮藏和运输条件的要求，确保绿色食品避免贮藏流通环境的二次污染。

四、绿色食品认证流程

申请人申请使用绿色食品标志通常经过申请人提出申请、省级绿色食品工作机构受理审查、检查员现场检查、产地环境和产品检测、省级工作机构初审、中国绿色食品发展中心综合审查、绿色食品专家评审及颁证决定8个环节。绿色食品申报流程见图3-12。

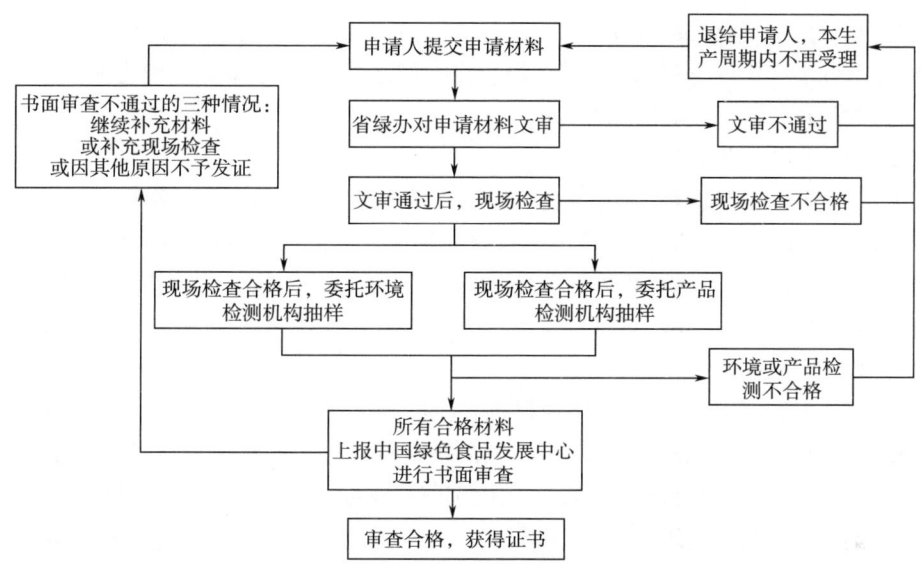

图3-12　绿色食品申报流程

（一）初次申请流程

1. 申请人提出申请

申请时间：申请人至少在产品收获、屠宰或捕捞前3个月，向所在绿色食品省级工作机构提出申请。

申请方式：申请人登录中国绿色食品发展中心网站，下载《绿色食品标志使用申请书》及相关调查表，按照绿色食品相关要求组织材料，并向省级工作机构提交书面申请。绿色食品省级工作机构和定点检测机构的联系方式，可登录中心网站查询。

2. 省级工作机构受理审查

省级工作机构收到上述申请材料之日起10个工作日内完成对申请材料的审查，重点审查申请人和申报产品条件和申请材料的完备性。符合要求的，予以受理，向申请人发出《绿色食品申请受理通知书》；材料不完备的，需在规定时限内补充相关材料；不符合要求的，不予受理，书面通知申请人本生产周期不再受理其申请，并告知理由。

3. 检查员现场检查

申请人申请材料审查合格后，省级工作机构根据申请产品类别，在材料审查合格后45个工作日内组织至少2名具有相应专业资质的检查员对申请人产地进行现场检查（受作物生长期影响可适当延后）。现场检查前，省级工作机构应提前告知申请人并发出《绿色食品现场检查通知书》，明确现场检查计划。

现场检查结束后，检查组应在10个工作日内完成现《绿色食品现场检查报告》并提交至省级工作机构。省级工作机构根据《绿色食品现场检查报告》向申请人发出《现场检查意见通知书》，对于现场检查合格的，可持《现场检查意见通知书》委托绿色食品环境与产品检测机构实施检测工作；现场检查不合格的，《现场检查意见通知书》将告知申请人"现场检查不合格，本生产周期内不再受理你单位的申请"。

4. 产地环境和产品检测与评价

申请人按照《绿色食品现场检查意见通知书》要求委托中心指定的检测机构对产地环境、产品进行检测和评价。检测机构应严格遵循绿色食品相关要求进行抽样检测，环境检测应自环境抽样之日起30个工作日内完成，产品检测应自抽样之日起20个工作日内完成，并将检测结果报送绿色食品省级工作机构和申请人。

5. 省级工作机构初审

绿色食品省级工作机构自收到《绿色食品现场检查报告》《环境质量监测报告》和《产品检验报告》之日起20个工作日内完成申报材料的初审。申报材料可信、现场检查报告真实规范、环境和产品检验报告合格有效的材料报送中心，完成网上录入。不合格的，通知申请人本生产周期不再受理其申请，并告知理由。

6. 中心综合审查

中心自收到省级工作机构报送的申请材料之日起30个工作日内完成综合审查，并出具审核意见。需要补充材料的，申请人应在《绿色食品审查意见通知书》规定时限内补充相关材料，逾期视为自动放弃申请。需要现场核查的，由中心委派检查组进行再次检查核实。审查不合格的（如材料造假、违规使用投入品、产品质量不合格等严重问题）及审查合格的材料，进入绿色食品专家评审环节。

7. 绿色食品专家评审

中心在完成综合审查的20个工作日内组织召开专家评审会。专家评审意见是最终颁证与否的重要依据。

8. 颁证决定

中心根据专家评审意见，在5个工作日内作出颁证决定，并通过省级工作机构通知申请人。同意颁证的，进入证书颁发程序；不同意颁证的，告知理由。

（二）续展申请

续展是指绿色食品生产企业的产品在绿色食品标志使用许可期满，按规定的时限和要求提出申请，经认证许可在该产品上继续使用绿色食品标志。

证书有效期为3年。证书有效期满，需要继续使用绿色食品标志的，标志使用人应当在有效期满3个月前向省级工作机构提出续展申请，同时完成网上在线申报。标志使用人逾期未提出续展申请，或者续展未通过的，不得继续使用绿色食品的标志。绿色食品省级工作机构负责本行政区域绿色食品续展申请的受理、初审、现场检查、书面审查及相关工作，中心负责续展申请材料的备案登记、监督抽查和颁证工作。省级工作机构收到符合相关要求的申请材料后，应在40个工作日内完成材料审查、现场检查和续展初审。初审合格的，应在证书有效期满25个工作日前将续展申请材料报送中心，同时完成网上报送。逾期未能报送的，不予续展。中心以《绿色食品省级工作机构初审报告》作为续展决定依据，随机抽取10%续展申请材料进行监督抽查，监督抽查意见与审查结论不一致时，以监督抽查意见为准。

因不可抗力不能在有效期内进行续展检查的，省级工作机构应在证书有效期内向中心提出书面申请，说明原因。经中心确认，续展检查应在有效期后 3 个月内实施。

（三）申诉申请

申请人如对受理、现场检查、初审、综合审查或颁证决定等有异议，应在收到书面通知后 10 个工作日内向中心提出书面申诉并提交相关证据。中心成立申诉处理小组负责申诉的受理、调查和处置。申诉方如对处理意见有异议，可向上级主管部门申诉或投诉。

五、绿色食品生产企业管理要求

1. 绿色食品企业年度检查

绿色食品企业年度检查（以下简称年检）是指绿色食品工作机构对辖区内获得绿色食品标志使用权的企业在一个标志使用年度内的绿色食品生产经营活动、产品质量及标志使用行为实施的监督、检查、考核、评定等。

年检工作由省级工作机构负责组织实施，省级工作机构应根据本地区的实际情况，制定年检工作实施办法，并报中心备案。建立完整的年检工作档案，年检档案至少保存 3 年。省级工作机构应于每年 12 月 20 日前，将本年度年检工作总结和《核准证书登记表》电子版报中心备案。中心对各地年检工作进行督导、检查。

2. 绿色食品标志市场监察

绿色食品标志市场监察是对市场上绿色食品标志使用情况的监督检查。中心负责全国绿色食品标志市场监察工作，省及省级以下工作机构负责本行政区域的绿色食品标志市场监察工作。

市场监察工作在中心统一组织下进行，每年集中开展一次，原则上每年监察工作于 4 月 15 日启动，11 月底结束。每次行动由各地工作机构按照中心规定的固定市场监察点，以及各地省级工作机构自主选择的流动市场监察点，对各市场监察点所售标志绿色食品的产品实施采样监察。

3. 绿色食品产品质量年度抽检

产品抽检是指中心对已获得绿色食品标志使用权的产品采取的监督性抽查检验。产品抽检工作由中心制定抽检计划，委托相关绿色食品产品质量检测机构按计划实施，省及市、县绿色食品工作机构予以配合。

4. 绿色食品质量安全预警

绿色食品质量安全预警工作以维护绿色食品品牌安全为目标，坚持"重点监控，兼顾一般，快速反应，长效监管，科学分析，分级预警"的原则，是对绿色食品审核评审和获证后可能存在的质量安全风险所做的防范工作。绿色食品质量安全信息主要来源于绿色食品专业监测机构和绿色食品质量安全预警信息员以及有关政府部门质量安全监管等。绿色食品专业监测机构通过分析有关监测数据，结合对行业生产现状的调研情况，编写《季度行业质量安全信息分析报告》于下季度第一个月的 15 日前报送中心，对于突发性或重大的行业质量安全信息，随时上报。

5. 绿色食品公告和通报

为加强绿色食品标志管理工作，中心建立了绿色食品公告和通报制度。绿色食品公告是指通过媒体向社会发布绿色食品重要事项或法定事项，中心对获得绿色食品标志使用许可的产品

绿色食品及认证

及被中心取消或主动放弃标志使用权的产品进行公告。绿色食品通报是以文件形式向绿色食品工作系统及有关企业告知绿色食品重要事项或法定事项，例如，因产品抽检不合格限期整改的，绿色食品产品质量年度抽检结果，绿色食品监管员注册、考核结果等。

第五节 有机食品及认证

有机农业生产是遵照特定的生产原则，在生产中不采用基因工程获得的生物及其产物，不使用化学合成的农药、化肥、生长调节剂、饲料添加剂等物质，遵循自然规律和生态学原理，协调种植业和养殖业的平衡，采用一系列可持续的农业技术，以维持持续稳定的农业生产体系的一种农业生产方式。近几年我国有机农业、有机产业、有机产品得到了迅猛发展。

截至2021年底，我国共有94家认证机构经批准开展有机产品认证活动，共有1.4万家企业获得有机产品认证证书2.27万张。按照中国有机产品标准在境内进行生产的有机作物种植面积为275.6万 hm^2，有机作物总产量为1798.9万 t；野生采集总生产面积为200.4万 hm^2，野生采集总产量为92.8万 t；有机畜禽及动物产品239.3万 t，有机水产品55.6万 t。有机加工产品总产量为538.7万 t；粮食加工品、乳制品和饲料的加工量位列前三，占有机加工产品产量的64.96%。2021年有16家中国认证机构在境外进行国际认证，为境外288家企业颁发有机证书561张。

一、有机产品标准体系

我国有机产品认证体系由《有机产品认证管理办法》《有机产品认证实施规则》和 GB/T 19630—2019《有机产品 生产、加工、标识与管理体系要求》等文件组成。GB/T 19630—2019《有机产品 生产、加工、标识与管理体系要求》是现行有效的国家标准，规定了有机产品认证的基本要求。

二、申请有机产品认证条件

1. 资质要求

（1）认证委托人及其相关方应取得相关法律法规规定的行政许可（适用时），其生产、加工或经营的产品应符合相关法律法规、标准及规范的要求，并应拥有产品的所有权。企业的合法经营资质证明一般包括营业执照、生产许可证、土地使用权证明、排污许可证、捕捞证、养殖证、种畜禽生产许可证、动物防疫合格证等。

（2）认证委托人建立并实施了有机产品生产、加工和经营管理体系，并有效运行3个月以上。

（3）申请认证的产品应在认监委公布的《有机产品认证目录》内。

（4）认证委托人及其相关方在5年内未因以下情形被撤销有机产品认证证书：

①提供虚假信息；

②使用禁用物质；

③超范围使用有机认证标志；

④出现产品质量安全重大事故。

（5）认证委托人及其相关方1年内未因除（4）所列情形之外其他情形被认证机构撤销有机产品认证证书。

（6）认证委托人未列入"国家企业信用信息系统"严重失信主体相关名录。

2. 认证申请要求

申请有机认证的流程如图3-13所示。

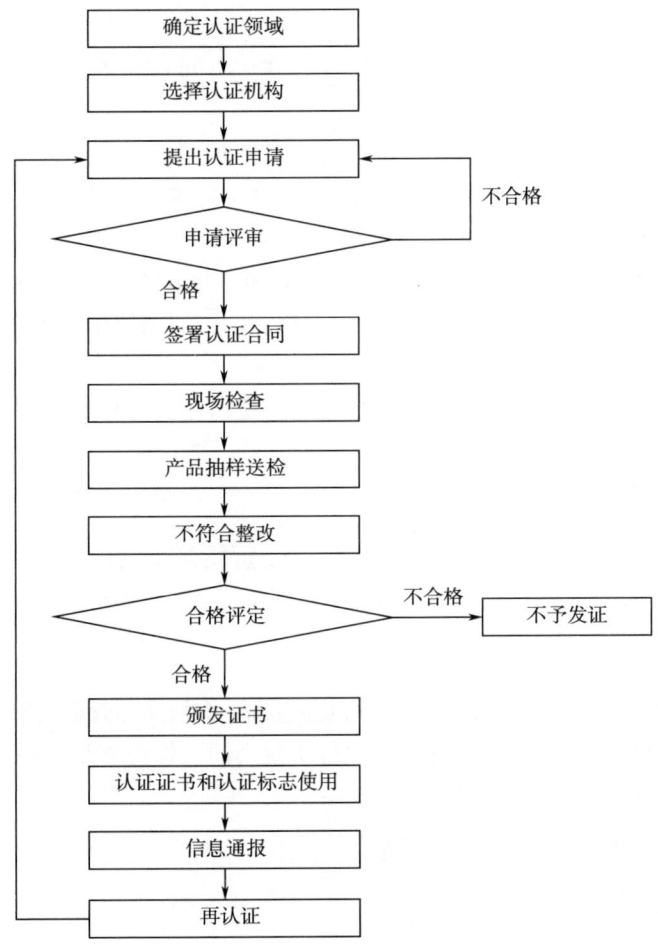

图3-13 申请有机认证流程图

根据《有机产品认证实施规则》的要求，有机产品生产经营企业应提交以下文件和资料：

（1）认证委托人的合法经营资质文件的复印件。

（2）认证委托人及其有机生产、加工、经营的基本情况。

①认证委托人名称、地址、联系方式；不是直接从事有机产品生产、加工的认证委托人，应同时提交与直接从事有机产品的生产、加工者签订的书面合同的复印件及具体从事有机产品生产、加工者的名称、地址、联系方式。

②生产单元/加工/经营场所概况。

③申请认证的产品名称、品种、生产规模，包括面积、产量、数量、加工量等；同一生产单元内非申请认证产品和非有机方式生产的产品的基本信息。

④过去3年间的生产历史情况说明材料，如植物生产的病虫草害防治、投入品使用及收获等农事活动描述；野生植物采集情况的描述；畜禽养殖、水产养殖的饲养方法、疾病防治、投入品使用、动物运输和屠宰等情况的描述。

⑤申请和获得其他认证的情况。

（3）产地（基地）区域范围描述，包括地理位置坐标、地块分布、缓冲带及产地周围临近地块的使用情况；加工场所周边环境描述、厂区平面图、工艺流程图等。

（4）管理手册和操作规程。

（5）本年度有机产品生产、加工、经营计划，上一年度有机产品销售量与销售额（适用时）等。

（6）承诺守法诚信，接受认证机构、认证监管等行政执法部门的监督和检查，保证提供材料真实、执行有机产品标准和有机产品认证实施规则相关要求的声明。

（7）有机转换计划（适用时）。

（8）野生采集需提供野生采集的许可证明文件以及采集者清单（包括姓名、采集区域、采收量），当地行业部门出具的野生区域有害生物控制措施及未使用禁用物质的证明（特别是采集区域发生飞播控制虫害时）。

（9）新开垦的土地必须出具监管部门的开发批复和过去3年内未使用违禁物质的情况证明。

（10）认证机构的其他要求。

三、生产、加工、经营管理要求

（一）质量管理体系要求

1. 体系文件

体系文件主要由4部分组成，即生产场所的位置图、有机产品管理手册、操作规程及记录。体系文件是有机生产的指导规范性文件，各岗位所使用的文件应该是统一的，并且是最新的、有效的。

（1）生产场所位置图　应包括以下内容。

①区域分布；

②水源；

③周边环境状况及常年主导风向；

④车间；

⑤仓库布局；

⑥隔离区域状况和表明生产单元特征的标识物。

在实际绘制位置图时，应不仅局限于上述6方面，还应根据当地的具体情况，对一些可能会对有机生产或加工带来影响的事物进行标注。地块图标识的内容：形状、面积、作物、比例、方向、风向、水源、水渠、图例、隔离带（种类和宽度）、农户和农户面积、主要的永久性的标识物等。需要注意位置图应按一定的比例绘制。当生产状况发生变化时，位置图应及时更新，并能反映出生产的实际状况及变化的情况。

（2）有机产品管理手册　有机产品管理手册是证实或描述文件化有机产品管理体系的主要文件的一般形式，是阐明企业相关有机管理方针和管理目标的文件。有机产品质量管理手册应涉及企业全部有机产品生产活动，应包括但不限于以下内容：有机产品生产、加工、经营者的简介；有机产品生产、加工、经营者的管理方针和目标；管理组织机构图及其相关岗位的责任和权限；有机标识的管理；可追溯体系与产品召回；内部检查；文件和记录管理；客户投诉的处理；持续改进体系等。

（3）操作规程　操作规程是用以描述集体岗位或工作现场如何完成某项工作任务的具体做法或规范的技术操作。操作规程应覆盖整个生产过程。

①有机产品作物生产规程（分作物）：品种选择和应用的程序应包含品种、品种特性、育种单位、种子经销商、种子选购的管理等；肥料应包含来源，处理方法（配料、堆肥和堆肥记录），成分，使用方法（时间、量和方式）；病虫害防治应包含病虫害调查方法，种类，发生规律，控制方法（针对性），药剂（种类、来源、依据、使用时间、使用数量、次数、交替和混用程序）；收获（采收）、运输、包装程序。

②有机产品养殖规程（分品种）：繁殖或引种规程；动物营养应包含饲料、饲料添加剂种类、来源、配方、比例（日粮和总量）、效果等；动物疾病应包含种类、影响因素、措施、药物等；动物福利应包含生活环境、生理满足、精神刺激、安全保障等。

③有机产品生产一般规程：平行生产管理规程；贮藏管理；包装管理；畜禽运输要求；畜禽屠宰要求；加工机械维护；清扫规定；标签使用规定；员工福利和劳动保护方面规定，如员工清洁要求、员工健康检查要求、员工着装要求等。

（4）记录　有机产品生产、加工、经营者应建立并保持记录，记录应清晰准确，能为有机生产、加工、经营活动提供有效证据，各项有机记录应至少保存5年。记录应包括但不限于以下内容：

生产单元的历史记录及使用禁用物质的时间及使用量；种子、种苗、种畜禽等繁殖材料的种类、来源、数量等信息；肥料生产过程记录；土壤培肥施用肥料的类型、数量、使用时间和地块；病、虫、草害控制物质的名称、成分、使用原因、使用量和使用时间；动物养殖场所有进入和离开该单元动物的详细信息（品种、来源、识别方法、数量、进出日期、目的地等）；动物养殖场所有药物的使用情况，包括产品名称、有效成分、使用原因、用药剂量、被治疗动物的识别方法、治疗数目、治疗起始日期、销售动物或其产品的最早日期；动物养殖场所有饲料和饲料添加剂的使用详情，包括种类、成分、使用时间及数量等；所有生产投入品的台账记录（来源、购买数量、使用去向与数量、库存数量等）及购买单据；植物收获记录，包括品种、数量、收获日期、收获方式、生产批号等；动物（蜂）产品的屠宰、捕捞、提取记录；加工记录，包括原料购买、入库、加工过程、包装、标识、贮存、出库、运输记录等；加工厂有害生物防治记录和加工、贮存、运输设施清洁记录；销售记录及有机标识的使用管理记录；培训记录；内部检查记录等。

2. 资源管理

为了确保有机生产活动能够按照相关法律法规和标准顺利进行，应具备必要的物质和人力资源，其中包括运营资金、田地、厂房、设备等物质条件，还有管理人员（管理者）、技术人员和生产操作者等。

3. 内部检查

企业要建立由内部检查员来承担的内部检查制度，以定期验证企业所进行的有机活动管理和有机生产、加工及经营等活动本身是否达到国家相关法律法规和标准对有机生产的要求。

4. 可追溯体系与产品召回

从事有机生产、加工及经营的申请人必须建立可追溯体系和召回制度。这一体系的建立是为了对生产过程和产品流向进行实时控制，即当产品出现问题时，可依据相关记录追踪到生产、运输、加工、贮藏、包装等所有环节并找到产生问题的原因，如地块图、农事活动记录、加工记录、仓储记录、出入库记录、销售记录等以及可跟踪的生产批号系统。产品召回管理规定应符合《食品召回管理办法》，每年度要至少进行产品召回演练一次。

5. 投诉

有机产品生产、加工、经营者应当建立起处理客户投诉的程序，配置人员负责处理投诉的工作，有效实施投诉的接受、登记、调查、跟踪、反馈等环节，对这些环节进行记录，并保存记录，要将处理投诉过程中得到的信息，反馈到生产、加工、经营环节，进一步提升产品和服务的质量。

6. 持续改进

有机产品生产、加工、经营者应当通过各种方式对管理体系的有效性进行持续改进。方式主要是通过利用预防措施和纠正措施，但不仅限于此。对比质量方针、质量目标的落实情况，生产数据的分析，内部检查和认证机构审核结果，以及管理评审等，都可以成为企业对自身管理体系进行持续改进的工具。持续改进可分为日常的渐进式改进和重大突破式改进。

（二）产地环境要求

（1）有机产品植物生产需要在适宜的环境条件下进行，生产基地应远离城区、工矿区、交通主干线、工业污染源、生活垃圾场等，并宜持续改进产地环境。产地的环境质量应符合以下要求：

①在风险评估的基础上选择适宜的土壤，并符合 GB 15618—2018《土壤环境质量 农用地土壤污染风险管控标准（试行）》的要求；

②农田灌溉用水水质符合 GB 5084—2021《农田灌溉水质标准》的规定；

③环境空气质量符合 GB 3095—2012《环境空气质量标准》的规定。

（2）畜禽饮用水水质应达到 GB 5749—2022《生活饮用水卫生标准》的要求。

（3）水产养殖的水域水质应符合 GB 11607—1989《渔业水质标准》的规定。

（4）有机食品加工厂应符合 GB 14881—2013《食品安全国家标准 食品生产通用卫生规范》的要求，其他有机产品加工厂应符合国家及行业部门的有关规定。

企业或其生产、加工操作的分包方应出具有资质的监测（检测）机构对产地环境质量进行的监测（检测）报告，对于产地环境空气质量可对县级以上（含县级）环境保护部门公布的当地环境空气质量信息或出具的其他证明性材料进行评估，以证明产地的环境质量状况符合 GB/T 19630—2019《有机产品 生产、加工、标识与管理体系要求》的规定。当地环境空气质量信息可在当地生态环境部门网站上获取。

（三）产品检测和评价要求

（1）应对申请生产、加工认证的所有产品抽样检验检测，必要时可对其生长期植物组织进行抽样检测，在风险评估基础上确定需检测的项目。如果企业生产的产品仅作为该委托人认证加工产品的唯一原料，且经认证机构风险评估后原料和终产品检测项目相同或相近时，则应至少对终产品进行抽样检测。认证证书发放前无法采集样品并送检的，应在证书有效期内安排检验检测并得到检验检测结果。

（2）应委托具备法定资质的检验检测机构进行样品检测。

（3）有机生产或加工中允许使用物质的残留量应符合相关法律法规或强制性标准等的规定。

（四）现场检查要求

1. 现场的检查

（1）对生产、加工过程、产品和场所的检查，如生产单元有非有机生产、加工或经营时，也应关注其对有机生产或加工的可能影响及控制措施。

（2）对生产、加工、经营管理人员、内部检查员、操作者进行访谈。

（3）对 GB/T 19630—2019《有机产品　生产、加工、标识与管理体系要求》所规定的管理体系文件与记录进行审核。

（4）对认证产品的产量与销售量进行衡算。

（5）对产品追溯体系、认证标识和销售证的使用管理进行验证。

（6）对内部检查和持续改进进行评估。

（7）对产地和生产加工环境质量状况进行确认，评估对有机生产、加工的潜在污染风险。

（8）采集必要的样品等。

2. 有机转换产品的检查

（1）多年生作物存在平行生产时，企业应制定有机产品转换计划，并事先获得认证机构确认。在开始实施有机产品转换计划后，每年须经认证机构派出的检查组核实、确认。未按转换计划完成转换并未经现场检查确认的地块不能获得认证。

（2）未能保持有机产品认证的生产单元，需重新经过有机产品转换才能再次获得有机产品认证。

（3）有机产品认证转换期起始日期不应早于认证机构受理申请之日。

3. 投入品的检查

有机产品生产或加工过程中允许使用 GB/T 19630—2019《有机产品生产、加工、标识与管理体系要求》附录列出的物质。

有机食品及认证

> **思考题**
>
> 1. 名词解释：认证、绿色食品、有机食品。
> 2. 认证的类型有哪些？
> 3. 简述绿色食品认证的流程。
> 4. 简述有机食品认证的流程。
> 5. 什么是食用农产品承诺达标合格证？

CHAPTER 4

第四章 食品良好操作规范（GMP）

> **学习目标**
>
> 1. 了解食品 GMP 的概念及其推广实施的意义；
> 2. 理解并掌握食品 GMP 的基本内容，培养分析和解决食品生产过程出现的质量安全问题的能力；
> 3. 通过案例培养爱国、敬业、诚信、友善的态度，树立正确的价值观，养成良好的职业道德。

第一节 食品良好操作规范概述

食品良好操作规范（Good Manufacturing Practice，GMP）是为保证食品质量安全而制定的贯穿于食品生产全过程的一系列方法、技术要求和监控措施。GMP 是一套强制性标准，要求食品企业从原料、人员、设施设备、生产过程、包装运输、质量控制等方面按国家有关法规达到卫生质量要求，形成一套可操作的作业规范帮助企业改善卫生环境，及时发现生产过程中存在的问题，并加以改善。

随着对食品质量问题的逐渐重视，各国已逐步按照 GMP 的要求进行食品生产管理和质量管理。各国的 GMP 内容基本上是一致的，但根据实际情况不同各具特点，按照不同产品特点制定有利的 GMP 是必要的。多年来的实践证明，GMP 是保障产品品质与质量安全行之有效的科学方法，其系统化的管理制度，对保证食品质量起到积极作用，已经得到国际普遍承认。

一、食品 GMP 的起源和发展概况

GMP 首次制定于 1961 年，起初是为了减少和防止因劣质医药品伤害赔偿事件的发生而制定的。1902 年，有 12 名以上儿童因使用被破伤风杆菌污染的白喉抗毒素而死亡。1922—1934

年，有 2000 多人死于使用氨基比林造成粒细胞缺乏的相关疾病。1935 年，有 107 人死于二甘醇代替酒精生产的口服磺胺制剂。1941 年，一家公司生产的磺胺噻唑片被镇静安眠药苯巴比妥污染，致使近 300 人死亡或受伤害。1955 年，一家公司预防脊髓灰质炎疫苗生产过程中未能将一批产品中的病毒完全灭活，导致约 60 人感染病毒而患病。20 世纪 60 年代，"反应停"事件导致联邦德国、澳大利亚、加拿大、日本以及拉丁美洲、非洲的共 28 个国家，发现畸形儿 12000 余例。在人们经历了数次较大的药物灾难之后，逐步认识到以成品抽样分析检验结果为依据的质量控制方法有一定缺陷，不能保证生产的药品都做到安全并符合质量要求。

1958 年，美国制药商协会（Pharmaceutical Manufactures Association，PMA）成立了质量保证委员会，并于 1961 年制定了 GMP。美国于 1962 年修订了《联邦食品、药品、化妆品法》，将药品质量管理和质量保证的概念制定成法定的要求。1969 年美国食品药品管理局（Food and Drug Administration，FDA）制定了《食品良好生产工艺通则》（Current Good Manufacturing Practice，CGMP），公布了《食品制造、加工、包装、贮运的现行良好操作规范》（FGMP），开始把 GMP 引用到食品生产的法规中。第 22 届世界卫生大会上，世界卫生组织（World Health Organization，WHO）向各成员国首次推荐了 GMP，1975 年 WHO 公布了实施 GMP 的指导方针。国际食品法典委员会（Codex Alimentation Commission，CAC）1981 年制定了《食品卫生通则》和 30 多种食品卫生实施法则，接着 1985 年制定了《食品卫生通用 GMP》，1997 年、1999 年、2003 年进行了修订，目前，已制定 41 个卫生或技术规范。

继美国之后，加拿大、日本、新加坡、德国、澳大利亚和中国等都在积极推行食品的 GMP。迄今为止，全世界已有 100 多个国家实施了 GMP 制度。

二、我国 GMP 的发展与现状

我国 GMP 体系的建立与发展，受到国内行业发展水平、政策环境、国民生活水平及国际 GMP 发展水平等诸多因素的影响。我国工业发展初期，生产水平较低，食品、药品市场处于计划经济时代，只能满足基本的供应需求，而对于产品的质量控制还处于萌芽阶段。随着对外开放、工业基础和市场经济的发展，且近年来一些营养型、保健型和特殊人群专用的食品生产企业迅速增加，食品花色品种日益增多，单纯控制卫生质量的措施已不适应企业品质管理的需要，GMP 这一概念逐渐引起人们重视。

1984 年，由国家商检局制定了类似 GMP 的卫生法规《出口食品厂、库最低卫生要求》，对出口食品生产企业提出了强制性的卫生要求。

1994 年，由国家进出口商品检验局发布了《出口食品厂、库卫生要求》。在此基础上，又陆续发布了 9 个卫生规范，即《出口畜禽肉及其制品加工企业注册卫生规范》《出口罐头加工企业注册卫生规范》《出口水产品加工企业注册卫生规范》《出口饮料加工企业注册卫生规范》《出口茶叶加工企业注册卫生规范》《出口糖类加工企业注册卫生规范》《出口面糖制品加工企业注册卫生规范》《出口速冻方便食品加工企业注册卫生规范》《出口肠衣加工企业注册卫生规范》，共同构成了我国出口食品 GMP 体系。

1988—2007 年，卫生部制定和颁布了 17 个食品企业卫生规范和 5 个良好生产规范，其中有 1 个通用规范和 21 个专用规范，并作为强制性标准予以发布。GB 14881—1994《食品企业通用卫生规范》规定了食品企业的食品加工过程、原料采购、运输、贮存、工厂设计与设施的基本卫生要求及管理准则，并作为制定各类食品厂的专业卫生规范的依据。

2004年，国家食品药品监督管理局制定新《保健食品注册管理办法》，规定保健食品应在符合 GB 17405—1998《保健食品良好生产规范》的车间生产，加工过程必须符合保健食品良好生产规范的要求。

2005年，在罐头食品、乳制品、饮料、低温肉制品、水产品加工等食品生产加工企业实施卫生部制定的 GMP 要求。

2009年6月1日开始实施的《食品安全法》第三十三条明确指出："国家鼓励食品生产经营企业符合良好生产规范要求，实施危害分析与关键控制点体系，提高食品安全管理水平"。为配合《食品安全法》的贯彻落实，促进经济、拉动内需，2009年国务院制定了《轻工业调整和振兴规划》，其中第六条明确指出："完善轻工业标准体系，制订、修改国家和行业标准1000项。生产企业资质合格，内部管理制度完善，规模以上食品生产企业普遍按照 GMP 要求组织生产。质量安全保障机制更加健全，产品质量全部符合法律以及相关标准的要求"。《轻工业调整和振兴规划》明确规定，食品生产企业普遍按照 GMP 要求组织生产。政府将支持食品生产企业建立 GMP 的生产过程。国家认证认可监督管理委员会2009年的重点工作之一就是在食品生产企业推动 GMP 认证，并将其认定为是推行2009年食品安全政策的重要措施之一。3月31日，国家认监委颁布了《乳制品生产企业良好生产规范（GMP）认证实施规划（试行）》，并于6月1日正式实施。截至2009年，在酿酒行业各酒种中，国家认监委依据国家标准的发布，首先在啤酒行业中推动 GMP 认证，其他酒种的 GMP 认证也随着各酒种 GMP 国家标准的发布，逐步实施。

随着《食品安全法》的实施，一系列的动作已经开始，食品各领域的 GMP 生产管理要求和认证制度正陆续推出。我国食品企业 GMP 在内容的全面性、严格性和具体化方面已基本与国际 GMP 接轨，这为中国食品产品步入国际市场创造了一定的条件。今后，有关部门将逐步对各类食品企业卫生规范进行修订，使之转化为食品企业的 GMP。

经过陆续修订后，目前共有食品卫生规范32个，包括1个 GB 14881—2013《食品生产通用的卫生规范》和31个专用的卫生规范（表4-1）。

表4-1　　　　　　　　　　　我国食品生产卫生规范

食品卫生规范名称	国标号	食品卫生规范名称	国标号
食品生产通用卫生规范	GB 14881—2013	食品安全国家标准　乳制品企业良好生产规范	GB 12693—2010
食品安全国家标准　食品经营过程卫生规范	GB 31621—2014	熟肉制品企业生产卫生规范	GB 19303—2003
食品安全国家标准　蒸馏酒及其配制酒生产卫生规范	GB 8951—2016	食品安全国家标准　饮料生产卫生规范	GB 12695—2016
食品安全国家标准　啤酒生产卫生规范	GB 8952—2016	食品安全国家标准　发酵酒及其配制酒生产卫生规范	GB 12696—2016
食品安全国家标准　糕点、面包卫生规范	GB 8957—2016	食品安全国家标准　谷物加工卫生规范	GB 13122—2016

续表

食品卫生规范名称	国标号	食品卫生规范名称	国标号
食品安全国家标准 食醋生产卫生规范	GB 8954—2016	食品安全国家标准 糖果巧克力生产卫生规范	GB 17403—2016
食品安全国家标准 食用植物油及其制品生产卫生规范	GB 8955—2016	食品安全国家标准 膨化食品生产卫生规范	GB 17404—2016
食品安全国家标准 蜜饯生产卫生规范	GB 8956—2016	食品安全国家标准 畜禽屠宰加工卫生规范	GB 12694—2016
食品安全国家标准 罐头食品生产卫生规范	GB 8950—2016	食品安全国家标准 酱油生产卫生规范	GB 8953—2018
食品安全国家标准 水产制品生产卫生规范	GB 20941—2016	食品安全国家标准 蛋及蛋制品生产卫生规范	GB 21710—2016
食品安全国家标准 肉及肉制品经营卫生规范	GB 20799—2016	食品安全国家标准 食品辐照加工卫生规范	GB 18524—2016
食品安全国家标准 原粮储运卫生规范	GB 22508—2016	食品安全国家标准 航空食品卫生规范	GB 31641—2016
食品安全国家标准 包装饮用水生产卫生规范	GB 19304—2018	食品安全国家标准 食品添加剂生产通用卫生规范	GB 31647—2018
食品安全国家标准 速冻食品生产和经营卫生规范	GB 31646—2018	食品安全国家标准 食品冷链物流卫生规范	GB 31605—2020
食品安全国家标准 即食鲜切果蔬加工卫生规范	GB 31652—2021	食品安全国家标准 餐饮服务通用卫生规范	GB 31654—2021
食品安全国家标准 餐(饮)具集中消毒卫生规范	GB 31651—2021	保健食品良好生产规范	GB 17405—1998

三、推行和实施 GMP 的意义

1. 确保食品质量

GMP 对从原料进厂直至成品的贮运及销售整个生产销售链的各个环节，均提出了具体控制措施、技术要求和相应的检测方法及程序，实施 GMP 管理系统是确保每件终产品合格的有效途径。

2. 有效地提高食品行业的整体素质

GMP 要求食品企业必须具有良好的生产设备，科学合理的生产工艺，完善先进的检测手段，高水平的人员素质，严格的管理体系和制度。在食品企业推广和实施 GMP 的过程中必然要对原有的落后生产工艺、设备进行改进，对操作人员、管理人员和领导干部进行重新培训，无疑对食品企业整体素质的提高有极大的推动作用。

3. 有利于食品参与国际贸易竞争

GMP 的原则已被世界上许多国家，特别是发达国家认可并采纳。推广和实施 GMP 在国际食品贸易中是必要条件，是衡量一个企业质量管理优劣的重要依据，因此实施 GMP 能提高食品产品在全球贸易中的竞争力。

4. 提高卫生行政部门对食品企业进行监督的水平

对食品企业进行 GMP 监督检查，可使食品卫生监督工作更具科学性和针对性。

5. 促进食品企业公平竞争

企业实施 GMP，势必会大大提高产品的质量，从而带来良好的市场信誉和经常效益，同时也能起到示范作用，调动落后企业实施 GMP 的积极性。通过加强 GMP 的监督检查，还可淘汰一些不具备生产条件的企业，起到扶优汰劣的作用。

6. 保障消费者利益

GMP 充分体现了保障消费者权利的观念，保证食品安全也就是保障消费者的安全权利。有明确 GMP 标志，保障了消费者的认知权利和选择权利。同时该制度提供了消费者申诉意见的途径，保障了消费者表达意见的权利。

第二节　食品 GMP 内容

GMP 的核心在于生产过程中对产品质量与卫生安全的自主性管理。食品企业依照 GMP 进行生产，有利于保证食品安全卫生，有利于提高企业的竞争力。GMP 体系要求食品企业在食品的生产、包装、贮存和运输环节分配相关人员，建筑、生产与卫生设备设施等科学设置，且卫生管理、生产过程管理和产品质量管理符合 GMP 要求。

GMP 的内容分为硬件和软件两部分。硬件是对食品加工企业提出的厂房、设备、卫生设施等方面的技术要求，软件是指可靠的生产工艺、规范的生产行为、完善的管理组织和严格的管理制度等规定和措施。前文提到过食品加工企业要遵循一个最基本的 GMP，即 GB 14881—2013《食品生产通用卫生规范》，这项规范规定了食品企业的食品工厂设计与设施、原料采购、运输、贮存、加工过程等基本卫生要求及管理准则，适用于食品生产、经营的企业，并作为制定各类食品厂卫生规范的依据。

一、厂址选择

食品工厂的建设中，厂址选择是关键，厂址条件选择是项目建设条件分析的核心内容。食品工厂的厂址选择合理与否，不但与投资规模、建设进度、配套设施完善程度及投产后能否正常生产有关，而且与企业的食品安全、生产环境、卫生条件和生产成本关系密切。由于不同地区环境状况和"三废"治理水平不尽相同，其周围的土壤、大气和水资源受污染程度不同，因此，在选址时既要考虑来自外部环境的有毒有害因素对工厂的污染，又要避免生产过程中产生的"三废"对区域环境造成不良影响。

为保证食品安全，选址工作应遵循以下原则。

1. 原料供应方便

原料供应的保证程度是选址的重要依据。例如，以大豆为原料进行油脂加工的厂址，最好建在大豆主产区；如果采用进口大豆为原料，则最好建在航运条件较好的港口城市。

2. 厂区具有良好的自然条件

良好自然条件包括通风、日照条件良好，空气清新，地势高燥，排水方便，自然地面坡度不宜过大。对丘陵地区，宜用山坡地、土质坚实。尽可能远离可能或潜在的污染源，不建在水库下游和防洪堤坝附近。厂区不宜选择在易发生洪涝灾害的地区，难以避开时应设计必要的防范措施。

3. 水源充足，水质好

水质符合或接近 GB 5749—2022《生活饮用水卫生标准》。如利用城市自来水，宜尽量靠近自来水主干管网，供水量、水压应满足全厂生产、生活要求。如以地下水、水库等作为水源，须事先进行水质全分析，为选址和水处理提供科学的依据。

4. 厂区要远离有害场所

厂区周围不得有粉尘、烟雾、灰沙、有害气体、放射性物质及其他扩散性污染源；不得有垃圾场、废渣场、粪场以及昆虫大量滋生的场所。

5. 交通运输条件方便

可以采用公路、铁路、水路等多种运输方式，但无论采用何种交通工具，原则是方便、快捷、经济合理、节约运输成本，但要防止交通运输区对食品厂区环境的污染。

二、原料采购、运输及贮存卫生要求

食品原料是影响食品质量的重要因素，如果使用带有质量问题的食品原料，即使生产加工过程符合标准，也无法生产出质量可靠的产品，因此把好食品原料关是首要也是最重要的一步。食品生产的原材料一般分为主要原料和辅料，其中主要原料是通过种植、养殖而获取的水果、蔬菜、粮油、畜肉、禽肉、乳品、蛋品、鱼贝类等，辅料主要有香辛料、调味料、食品添加剂等。这些原料大多数是动植物体生产出来的，在种植、饲养、收获、运输、贮藏等过程中很容易受到微生物与有害物质的污染。一般来说，食品生产者都不是直接的原料生产者，而是通过采购获得食品加工所需的原料，进而对其进行运输和贮藏。因此，食品生产者必须加强对原料采购、运输和贮藏的卫生管理。

（一）食品原料的采购

1. 对采购人员的要求

负责采购工作的人员应对本企业所用的各种食品原料、食品添加剂、食品包装材料有全面的了解，对其安全标准和卫生管理方法有清楚的认识。采购人员必须具备鉴别原材料质量安全情况的知识和技能，能够轻松确定原材料的质量安全状况，了解不同原材料可能存在或发生的安全问题。

采购食品原材料时，必须经过初步的感官检查，要求原料新鲜，具有该品种应有的色、香、味、形，无毒无害，未被污染。采收后，某些农副产品原料要经过简单的处理，以便于加工、运输和贮存，这些加工处理必须是卫生和安全的，不能污染食品或造成潜在的危害。重复使用的包装或容器的设计必须便于清洗和消毒，并且必须仔细检查是否有污染。对可疑污染的原材料应随机抽样进行检验，合格后方可采购。

在采购食品原材料和辅料时，供应商必须提供同批次产品的检验证书或化验单，采购食品添加剂时，还必须同时索取定点生产证明材料。采购的原辅材料入库前必须验收合格，并按类型分批入库保存。原辅料的采购必须根据食品加工和贮存设施的能力进行规划，以避免一次性采购过多导致原材料的堆积和变质。

2. 对采购原辅材料的要求

（1）应建立食品原料、食品添加剂和食品相关产品的采购、验收、运输和贮存的管理制度，确保所使用的食品原料、食品添加剂和食品相关产品符合国家有关要求。

（2）采购的食品原料、食品添加剂和食品相关产品应当查验供货者的许可证和产品合格证明文件，经过验收合格后方可使用。对无法提供合格证明文件的食品原料，应当依照食品安全标准进行检验。

（3）加工前应对食品原料进行感官检验，必要时应进行实验室检验；检验发现涉及食品安全项目指标异常的，不得使用。

（二）食品原料的运输

1. 运输工具

食品原辅材料必须使用专用的车、船等运输工具运输，并定期清洗、消毒，保持清洁卫生。

2. 运输要求

运输工具（车厢、船舱）等应符合卫生要求，应备有防雨、防尘设施，根据原料特点和卫生需要，还应配备保温、冷藏、保鲜等设施。例如，大米、面粉、油料等原料，可用普通常温车（车厢）和船运输；运输水果、蔬菜等生鲜植物原辅材料时应分隔放置，避免因挤压撞伤而腐烂，如果是在炎热的季节，应采用冷藏车，气温较低时应采取一定的保温措施，以防冻伤；运输家畜等动物的车、船应分层设置铁笼，确保通风透气的生存环境同时应供给足够的饲料和饮水，防止挤压；运载肉、鱼等易腐烂食品时，最好用冷藏车。

（三）食品原料的贮藏

食品企业必须创造一定的条件，采取合理的方法来贮藏食品原辅材料，确保其卫生安全。

1. 贮藏设施

食品原料贮藏设施的要求依据食品种类不同而不同，主要取决于原辅材料本身的性质。例如，要用到生肉、水产品等原料的食品企业应设置低温冷库。对于新鲜果蔬原料的贮存场地应通风良好，不被太阳直射，地面平整，且有一定坡度，便于清洗、排水，及时剔除腐败、霉烂原料，防止污染其他食品和原料。还要依品种或材料特性的不同采取冷藏或气调贮藏等。对于油料、面粉、大米等干燥原料，贮藏设施要具有防潮功能。

2. 贮藏要求

原料场地和仓库应加强管理，设专人定期检查质量和卫生情况，按时清扫、消毒、通风换气，有防鼠、防虫设施。入库的原料应建立入库登记制度，做到同一物资先入先出，防止原料长时间积压。贮藏食品原辅材料还不能忽略温度问题，贮藏温度合适与否会直接影响原辅材料的卫生质量。温度过高会造成原辅材料萎蔫，有害化学反应加速，微生物增殖迅速；温度过低又可能导致原辅材料发生冻伤或冷害。除了控制适宜的温度外，控制温度相对稳定也非常重要，贮藏温度的大幅度变化，往往会对贮藏原辅材料产生不利的影响。不同原辅材料分批分空间贮藏，同一库内不得贮存有相互影响作用的原材料，不同物理形态的原辅材料也要尽量分隔放置。

原材料存放时要离地、离墙，也不要靠近屋顶，垛与垛之间也应有适当间隔。先进先出，及时剔除不符合质量和卫生标准的原料，防止污染。

三、厂房及车间

1. 设计和布局

（1）厂房和车间的内部设计和布局应满足食品卫生操作要求，避免食品生产中发生交叉污染。

（2）厂房和车间的设计应根据生产工艺合理布局，预防和降低产品受污染的风险。

食品厂布局

（3）厂房和车间应根据产品特点、生产工艺、生产特性以及生产过程对清洁程度的要求合理划分作业区，并采取有效分离或分隔。例如，通常可划分为清洁作业区、准清洁作业区和一般作业区；或清洁作业区和一般作业区等。一般作业区应与其他作业区域分隔。

（4）厂房内设置的检验室应与生产区域分隔。

（5）厂房的面积和空间应与生产能力相适应，便于设备安置、清洁消毒、物料存储及人员操作。

2. 车间内部建筑设计卫生要求

（1）防止污染　建筑物及各项设施应根据生产工艺卫生要求和原材料贮存等特点，设置有效的防鼠、防蝇、防尘、防虫等设施，防止受其危害和污染。

①防鼠：车间门窗结构要紧密，缝隙不能大于1cm，所有出入口包括排水沟出入口，下水道出入口都应安装金属网罩（规格为1.0cm）。地基的深度应深入地下0.5~0.8m，地面上60cm之下部分均应用坚固砖、石等的鼠类不能进入的材料砌成。墙身光滑，墙角有一定的弧形，可防止老鼠上屋顶活动。

②防蝇、防虫：所有门、窗及其他与外界的开口通道均应安装纱门、纱窗、塑料门窗等防虫设施（防护网规格为0.5mm）。在通道口安装风幕，以防止害虫进入。如果安装灭蝇灯，安装位置必须离开有暴露产品、设备或包装材料10m，无暴露情况下应保证3m。

③防尘：在北方冬季应加强防风措施，可设二重门、二层窗或加设防风、门斗、热空气幕、外室等。厂区进行硬化和绿化。

（2）便于消毒

①地面：地面材料应满足无毒、不渗水、不吸水、防滑，地面应平整、无裂缝、易于清洗消毒。地面具有适当的倾斜角度（大于1%）以利于排水。排水出口应有防止有害动物进入的装置，屋内排水沟的流向应由高清洁区流向低清洁区，并采用防止逆流的设计。

②屋顶：顶棚应使用无毒、无味、与生产需求相适应、易于观察清洁状况的材料建造；若直接在屋顶内层喷涂涂料作为顶棚，应使用无毒、无味、防霉、不易脱落、易于清洁的涂料。顶棚应易于清洁、消毒，在结构上不利于冷凝水垂直滴下，防止虫害和霉菌滋生。蒸汽、水、电等配件管路应避免设置于暴露食品的上方；如确需设置，应有能防止灰尘散落及水滴掉落的装置或措施。

③墙壁：墙面、隔断应使用无毒、无味的防渗透材料建造，在操作高度范围内的墙面应光滑、不易积累污垢且易于清洁；若使用涂料，应无毒、无味、防霉、不易脱落、易于清洁。墙壁、隔断和地面交界处应结构合理、易于清洁，能有效避免污垢积存。例如，设置漫弯形交界面等。

④门窗：门窗应闭合严密。门的表面应平滑、防吸附、不渗透，并易于清洁、消毒。应使用不透水、坚固、不变形的材料制成。清洁作业区和准清洁作业区与其他区域之间的门应能及时关闭。窗户玻璃应使用不易碎材料。若使用普通玻璃，应采取必要的措施防止玻璃破碎后对原料、包装材料及食品造成污染。窗户如设置窗台，其结构应能避免灰尘积存且易于清洁。可开启的窗户应装有易于清洁的防虫害窗纱。

⑤通道：通道要宽畅，便于运输和卫生防护设施的设置。楼梯、电梯传送设备等要便于维护和清扫、洗刷和消毒。

（3）保证采光照明要求　食品生产车间或工作地方应有充足的自然采光或人工照明。车间的亮度不仅影响产品的卫生质量，更重要的是光对人体的心理情绪也有很大影响，在光亮不足或光质不良的环境中工作，可使视觉机能降低，容易引起全身疲劳，特别是目测验质时，照度不够易产生视力疲劳影响验质工作的正常进行。因此，在建筑设计上必须保证采光照明方面的需要。一般生产车间的采光系数不低于 1∶5（窗户玻璃面积与地板面积之比），检验场所工作面混合照度不应低于 540lx，加工场所工作面不应低于 220lx，其他场所一般不应低于 110lx。

位于工作台、食品和原料上方的照明设备应加防护罩。

（4）通风换气良好　生产车间、仓库应有良好通风，用自然通风时通风面积与地面积之比不应小于 1∶16；采用机械通风时换气量不应小于每小时换气 3 次。机械通风管道进风口要距地面 2m 以上，并远离污染源和排风口，开口处应设防护罩。饮料、熟食、成品包装等生产车间或工序必要时应增设水幕、风幕或空调设备。

四、设施与设备

（一）设施

1. 供水设施

（1）食品加工用水的水质应符合 GB 5749—2022《生活饮用水卫生标准》的规定，对加工用水水质有特殊要求的食品应符合相应规定。

（2）间接冷却水、锅炉用水等食品生产用水的水质应符合生产需要。

（3）食品加工用水及其他不与食品接触的用水（如间接冷却水、污水或废水等）应以完全分离的管路输送，避免交叉污染。各管路系统应明确标识以便区分。

（4）自备水源及供水设施应符合有关规定。供水设施中使用的涉及饮用水卫生安全产品还应符合国家相关规定。

2. 排水设施

（1）排水系统的设计和建造应保证排水畅通，便于清洁维护；应适应食品生产的需要，保证食品及生产、清洁用水不受污染。

（2）排水系统入口应安装带水封的地漏等装置，以防止固体废弃物进入及浊气逸出。

（3）室内排水的流向应由清洁程度要求高的区域流向清洁程度要求低的区域，且应有防止逆流的设计。

（4）污水在排放前应经适当方式处理，以符合国家污水排放的相关规定。

3. 清洁消毒设施

应配备足够的食品、工器具和设备的专用清洁设施，必要时应配备适宜的消毒设施。应采取措施避免清洁、消毒工器具带来的交叉污染。

4. 废弃物存放设施

（1）应配备防止渗漏、易于清洁的存放废弃物的专用设施；车间内存放废弃物的设施和容器。

（2）应标识清晰。必要时应在适当地点设置废弃物临时存放设施，并依废弃物特性分类存放。

5. 个人卫生设施

（1）生产场所或生产车间入口处应设置更衣室；必要时特定的作业区入口处可按需要设置更衣室。更衣室应保证工作服与个人服装及其他物品分开放置。

（2）生产车间入口及车间内必要处，应按需设置换鞋（穿戴鞋套）设施或工作鞋靴消毒设施。如设置工作鞋靴消毒设施，其规格尺寸应能满足消毒需要。

（3）应根据需要设置卫生间，易于保持清洁；卫生间内的适当位置应设置洗手设施。卫生间不得与食品生产、包装或贮存等区域直接连通。

（4）应在清洁作业区入口设置洗手、干手和消毒设施；如有需要，应在作业区内适当位置加设洗手和（或）消毒设施；与消毒设施配套的水龙头其开关应为非手动式。

（5）洗手设施的水龙头数量应与同班次食品加工人员数量相匹配，必要时应设置冷热水混合器。洗手池应采用光滑、不透水、易清洁的材质制成，其设计及构造应易于清洁消毒。应在临近洗手设施的显著位置标示简明易懂的洗手方法。

（6）根据对食品加工人员清洁程度的要求，必要时应可设置风淋室、淋浴室等设施。

6. 通风设施

（1）应具有适宜的自然通风或人工通风措施；必要时应通过自然通风或机械设施有效控制生产环境的温度和湿度。通风设施应避免空气从清洁度要求低的作业区域流向清洁度要求高的作业区域。

（2）应合理设置进气口位置，进气口与排气口和户外垃圾存放装置等污染源保持适宜的距离和角度。进、排气口应装有防止虫害侵入的网罩等设施。通风排气设施应易于清洁、维修或更换。

（3）若生产过程需要对空气进行过滤净化处理，应加装空气过滤装置并定期清洁。

（4）根据生产需要，必要时应安装除尘设施。

7. 照明设施

（1）厂房内应有充足的自然采光或人工照明，光泽和亮度应能满足生产和操作需要；光源应使食品呈现真实的颜色。

（2）如需在暴露食品和原料的正上方安装照明设施，应使用安全型照明设施或采取防护措施。

8. 仓储设施

（1）应具有与所生产产品的数量、贮存要求相适应的仓储设施。

（2）仓库应以无毒、坚固的材料建成；仓库地面应平整，便于通风换气。仓库的设计应能易于维护和清洁，防止虫害藏匿并应有防止虫害侵入的装置。

（3）原料、半成品、成品、包装材料等应依据性质的不同分设贮存场所或分区域码放，并有明确标识，防止交叉污染。必要时仓库应设有温度、湿度控制设施。

（4）贮存物品应与墙壁、地面保持适当距离，以利于空气流通及物品搬运。

（5）清洁剂、消毒剂、杀虫剂、润滑剂、燃料等物质应分别安全包装，明确标识，并应与原料、半成品、成品、包装材料等分隔放置。

9. 温控设施

（1）应根据食品生产的特点，配备适宜的加热、冷却、冷冻等设施，以及用于监测温度的设施。

（2）根据生产需要，可设置控制室温的设施。

(二) 设备

1. 生产设备

（1）一般要求　应配备与生产能力相适应的生产设备，并按工艺流程有序排列，避免引起交叉污染。

（2）材质要求　与原料、半成品、成品接触的设备与用具，应使用无毒、无味、抗腐蚀、不易脱落的材料制作，并应易于清洁和保养。设备、工器具等与食品接触的表面应使用光滑、无吸收性、易于清洁保养和消毒的材料制成，在正常生产条件下不会与食品、清洁剂和消毒剂发生反应，并应保持完好无损。

（3）设计要求　所有生产设备应从设计和结构上避免零件、金属碎屑、润滑油或其他污染因素混入食品，并应易于清洁消毒、易于检查和维护。设备应不留空隙地固定在墙壁或地板上，或在安装时与地面和墙壁间保留足够空间，以便清洁和维护。

设施与设备

2. 监控设备

用于监测、控制、记录的设备，如压力表、温度计、记录仪等，应定期校准、维护。

3. 设备保养和维修

应建立设备保养和维修制度，加强设备的日常维护和保养，定期检修，及时记录。

五、 工厂卫生管理

1. 卫生管理制度

（1）制定食品加工人员和食品生产卫生管理制度。

（2）根据食品的特点以及生产、贮存过程的卫生要求，建立对保证食品安全具有显著意义的关键控制环节的监控制度，良好实施并定期检查，发现问题及时纠正。

（3）制定针对生产环境、食品加工人员、设备及设施等的卫生监控制度，确立内部监控的范围、对象和频率。记录并存档监控结果，定期对执行情况和效果进行检查，发现问题及时整改。

（4）建立清洁消毒制度和清洁消毒用具管理制度。清洁消毒前后的设备和工器具应分开放置妥善保管，避免交叉污染。

2. 厂房及设施卫生管理

（1）厂房内各项设施应保持清洁，出现问题及时维修或更新；厂房地面、屋顶、天花板及墙壁有破损时，应及时修补。

（2）生产、包装、贮存等设备及工器具、生产用管道、裸露食品接触表面等应定期清洁消毒。

3. 食品加工人员健康管理与卫生要求

（1）食品加工人员健康管理　应建立并执行食品加工人员健康管理制度。食品加工人员每年应进行健康检查，取得健康证明；上岗前应接受卫生培训。食品加工人员如患有痢疾、伤寒、甲型病毒性肝炎、戊型病毒性肝炎等消化道传染病，以及患有活动性肺结核、化脓性或者渗出性皮肤病等有碍食品安全的疾病，或有明显皮肤损伤未愈合的，应当调整到其他不影响食品安全的工作岗位。

（2）食品加工人员卫生要求　进入食品生产场所前应整理个人卫生，防止污染食品。进入作业区域应规范穿着洁净的工作服，并按要求洗手、消毒；头发应藏于工作帽内或使用发网约束；不应佩戴饰物、手表，不应化妆、染指甲、喷洒香水；不得携带或存放与食品生产无关的个人用品。使用卫生间，接触可能污染食品的物品，或从事与食品生产无关的其他活动后，再次从事接触食品、食品工器具、食品设备等与食品生产相关的活动前应洗手消毒。

（3）来访者　非食品加工人员不得进入食品生产场所，特殊情况下进入时应遵守和食品加工人员同样的卫生要求。

4. **虫害控制**

（1）保持建筑物完好、环境整洁，防止虫害侵入及滋生。

（2）生产车间及仓库应采取有效措施（如纱帘、纱网、防鼠板、防蝇灯、风幕等），防止鼠类昆虫等侵入，并定期检查。若发现有虫鼠害痕迹时，应追查来源，消除隐患。

（3）准确绘制虫害控制平面图，标明捕鼠器、粘鼠板、灭蝇灯、室外诱饵投放点、生化信息素捕杀装置等放置的位置。

（4）采用物理、化学或生物制剂进行处理，除虫灭害工作应有相应的记录。

（5）使用各类杀虫剂或其他药剂前，应做好预防措施避免对人身、食品、设备工具造成污染；不慎污染时，应及时将被污染的设备、工具彻底清洁，消除污染。

5. **废弃物处理**

应制定废弃物存放和清除制度，有特殊要求的废弃物，其处理方式应符合有关规定。废弃物应定期清除；易腐败的废弃物应尽快清除；必要时应及时清除废弃物。车间外废弃物放置场所应与食品加工场所隔离防止污染；应防止不良气味或有害有毒气体溢出；应防止虫害滋生。

6. **工作服管理**

（1）工作服的设计、选材和制作应适应不同作业区的要求，降低交叉污染食品的风险。

（2）合理选择工作服口袋的位置、使用的连接扣件等，降低内容物或扣件掉落污染食品的风险。

（3）应制定工作服的清洗保洁制度，必要时应及时更换；生产中应注意保持工作服干净完好。

工厂的卫生管理

六、生产过程食品安全控制

1. **产品污染风险控制**

（1）应通过危害分析方法明确生产过程中的食品安全关键环节，并设立食品安全关键环节的控制措施。在关键环节所在区域，应配备相关的文件以落实控制措施，如配料（投料）表、岗位操作规程等。

(2) 鼓励采用危害分析与关键控制点体系（HACCP）对生产过程进行食品安全控制。

2. 生物污染控制

(1) 制定有效的清洁消毒制度，并如实记录；及时验证消毒效果，发现问题及时纠正。

(2) 食品加工过程的微生物监控，包括生产环境和过程产品的微生物监控；微生物监控应包括致病菌监控和指标菌监控，食品加工过程的微生物监控结果应能反映食品加工过程中微生物污染的控制水平。

3. 化学污染控制

(1) 按照 GB 2760—2014《食品安全国家标准　食品添加剂使用标准》的要求使用食品添加剂，不得在食品加工中添加食品添加剂以外的非食用化学物质和其他可能危害人体健康的物质。

(2) 生产设备上可能直接或间接接触食品的活动部件若需润滑，应当使用食用油脂或能保证食品安全要求的其他油脂。

(3) 建立清洁剂、消毒剂等化学品的使用制度。除清洁消毒必需和工艺需要，不应在生产场所使用和存放可能污染食品的化学制剂。

(4) 食品添加剂、清洁剂、消毒剂等均应采用适宜的容器妥善保存，且应明显标示、分类贮存；领用时应准确计量，做好使用记录。

(5) 应当关注食品在加工过程中可能产生有害物质的情况，鼓励采取有效措施减低其风险。

4. 物理污染控制

(1) 应采取设置筛网、捕集器、磁铁、金属检查器等有效措施降低金属或其他异物污染食品的风险。

(2) 当进行现场维修、维护及施工等工作时，应采取适当措施避免异物、碎屑等污染食品。

生产过程的食品安全控制

5. 包装

(1) 食品包装应能在正常的贮存、运输、销售条件下最大限度保护食品，保证安全性和食品品质。

(2) 使用包装材料时应核对标识，避免误用；应如实记录包装材料的使用情况。

七、检验

1. 检验的意义

《食品安全法》第四十六条规定，食品生产企业应当进行原料检验、半成品检验、成品出厂检验等检验控制，保证所生产的食品符合食品安全标准。因此，食品检验工作对有效保障食品安全，提高企业竞争力，保证消费者健康具有重要意义。

2. 检验的要求

(1) 应通过自行检验或委托具备相应资质的食品检验机构对原料和产品进行检验，建立食品出厂检验记录制度。

(2) 自行检验应具备与所检项目适应的检验室和检验能力；由具有相应资质的检验人员按规定的检验方法检验；检验仪器设备应按期检定。

（3）检验室应有完善的管理制度，妥善保存各项检验的原始记录和检验报告。应建立产品留样制度，及时保留样品。

（4）应综合考虑产品特性、工艺特点、原料控制情况等因素合理确定检验项目和检验频次以有效验证生产过程中的控制措施。净含量、感官要求以及其他容易受生产过程影响而变化的检验项目的检验频次应大于其他检验项目。

（5）同一品种不同包装的产品，不受包装规格和包装形式影响的检验项目可以一并检验。

八、食品贮存和运输卫生管理

1. 食品贮存过程卫生管理

我国每年因粮食霉变，水果、蔬菜腐烂及水产品腐败变质而造成的经济损失相当可观。因此，食品贮存过程的卫生管理是食品卫生管理的重要环节，要做好食品贮存过程的卫生管理。

（1）根据不同规模和操作需要设置食品贮存库房和存放设施，如冰箱、存放架（柜）等。

（2）食品仓库实行专间专用，不得存放有毒有害物品（如杀鼠杀虫剂、洗涤剂、消毒剂等），不得存放药品、杂品及个人生活用品等物品。食品成品、半成品及食品原料应分开存放。

（3）库房应用无毒、坚固、易清扫材料建成。库房可分常温库和冷库，冷库又包括高温冷库（冷藏库）和低温冷库（冷冻库）。

（4）常温库应设置防鼠、防虫、防蝇、防潮、防霉的设施，并能正常使用；必须设置机械通风设施，并应经常开窗通风，定期清扫，保持干燥和整洁，清库时应做好清洁消毒工作。

（5）冷库（包括冰箱）应注意保持清洁，及时除霜；冰箱、冰柜和冷藏设备必须正常运转并标明生、熟用途，冷藏库、冰箱（柜）应设外显式温度（指示）计并正常显示。

（6）低温冷库（冷冻库）温度必须低于$-18℃$，高温冷库（冷藏库）温度必须保持在$0\sim10℃$；冷藏设备、设施不能有滴水，结霜厚度不能超过1cm。

（7）冷库内不可存放腐败变质食品和有异味食品。食品之间应有一定空隙，直接入口食品与原料应分库存放。

（8）食品要分类、分架、隔墙离地上架存放，各类食品有明显标志，有异味或易吸潮的食品应密封保存或分库存放，易腐食品要及时冷藏、冷冻保存。

（9）建立食品进出库专人验收登记制度。要详细记录入库食品的名称、数量、产地、进货日期、生产日期、保质期、包装情况、索证情况等，并按入库时间先后分类存放。

（10）食品贮存要做到先进先出，尽量缩短贮藏时间，定期清仓检查，防止食品过期、变质、霉变、生虫，及时清理不符合卫生要求的食品。

2. 食品运输过程卫生管理

食品的运输对保证食品的卫生质量有很大关系，特别对易腐食品。食品在运输过程中，是否受到污染或腐败变质与运输时间长短、包装材料质量和完整性、运输工具的卫生情况以及食品种类有关。

（1）必须有专门采购食品的运输车辆。

（2）运输食品的车辆和船舱要严格执行清洁消毒制度。

（3）应备有防晒、防雨、防尘、加盖、加垫等设施和安全包装材料。

（4）搬运时应轻拿轻放，防止破损造成污染；不得与有毒有害物质、有异味、易挥发的物质共同运输；直接入口食品与半成品或原料不得混放运输。

食品的贮存与运输

（5）随着运输条件的改善及根据食品类别，应尽量采用冷冻或冷藏运送食品，应定时检查温度与制冷设备是否处于良好的工作状态。

（6）防止食品在运输过程中腐败变质，应尽量缩短运送时间，控制适当的温度。

（7）运输人员应保持个人卫生，遵守运输规范性要求，讲究职业道德，发现可能对所运输食品造成污染的应当积极采取有效措施。

九、产品召回管理

检验和产品召回管理

应根据国家有关规定建立产品召回制度。当发现生产的食品不符合食品安全标准或存在其他不适于食用的情况时，应当立即停止生产，召回已经上市销售的食品，通知相关生产经营者和消费者，并记录召回和通知情况。对被召回的食品，应当进行无害化处理或者予以销毁，防止其再次流入市场。对因标签、标识或者说明书不符合食品安全标准而被召回的食品，应采取能保证食品安全且便于重新销售时向消费者明示的补救措施。应合理划分记录生产批次，采用产品批号等方式进行标识，便于产品追溯。

第三节　食品 GMP 文件的编制

依据政府颁布的有关食品生产过程中原料采购、加工、包装、贮存和运输等环节的场所、设施、人员的基本要求和管理准则，食品生产组织（企业）为了达到政府强制性卫生标准的要求，参照 GB 14881—2013《食品安全国家标准　食品生产通用卫生规范》，结合本组织（企业）的实际情况，编写自己的食品 GMP，或者质量管理手册。

一、编制食品 GMP 文件的作用和原则

1. 编制食品 GMP 文件的作用
（1）规定、指导生产活动的依据。
（2）记录、证实生产活动的依据。
（3）评价管理效能的依据。
（4）保证质量改进的依据。
（5）员工工作培训的依据。
通过编制食品 GMP 文件，并进行有效实施和管理，达到查有据、行有迹、追有踪。

2. 食品 GMP 文件编制的原则
（1）必须内容符合国家法律法规和食品良好操作规范的原则，用词确切、易懂；言简意赅，可操作性强。
（2）文件中涉及的关键词、专业名词术语、代号、有效数字等，应按国家有关标准规定或国际法规准则书写，避免使用已废弃的术语、代号等。

（3）文件避免涉及他人专利、防止侵权。凡涉及本单位保密项目的文件不应归入企业质量管理手册，在工作现场出现。

二、食品 GMP 文件编制的基本内容

1. 前言

明确编制食品 GMP 是根据《食品安全法》、GB 14881—2013《食品安全国家标准　食品生产通用卫生规范》等，结合本组织（企业）实际情况编制的本企业良好操作规范（GMP）。

2. 规范性引用文件

企业建立良好操作规范（GMP）所引用的所有国家标准，标准编号按从小到大的顺序排列。

3. 术语与定义

解释企业建立良好操作规范（GMP）所涉及的术语。

4. 食品 GMP 要素及描述

根据 GB 14881—2013《食品安全国家标准　食品生产通用卫生规范》，食品 GMP 的要素有选址及厂区环境，厂房及车间，设施与设备，卫生管理，食品原料、食品添加剂和食品相关产品，生产过程的食品安全控制，检验，食品的贮存和运输，产品召回管理，培训，管理制度和人员，记录和文件管理 12 项。

企业根据实际情况，可以调整要素的顺序，并对每个要素进行详细描述，描述的内容要规范，根据文件管理时可操作。

第四节　食品 GMP 应用案例

以《食品安全法》、GB 14881—2021《食品安全国家标准　食品生产通用卫生规范》、GB 12694—2016《食品安全国家标准　畜禽屠宰加工卫生规范》为依据，某企业建立了畜禽屠宰加工企业良好作业规范，如下文所示。

一、规范性引用文件

GB/T 191—2008《包装储运图示标志》

GB 2760—2014《食品安全国家标准　食品添加剂使用卫生标准》

GB 5749—2022《生活饮用水卫生标准》

GB 7718—2011《食品安全国家标准　预包装食品标签通则》

GB 8978—1996《污水综合排放标准》

GB 12694—2016《食品安全国家标准　畜禽屠宰加工卫生规范》

GB 13271—2014《锅炉大气污染物排放标准》

GB 14881—2013《食品安全国家标准　食品企业通用卫生规范》

GB/T 15091—1994《食品工业基本术语》

GB/T 18204.3—2013《公共场所卫生检验方法　第 3 部分：空气微生物》

二、 术语和定义

1. 规模以上畜禽屠宰加工企业

实际年屠宰量生猪在 2 万头、牛在 0.3 万头、羊在 3 万只、鸡在 200 万羽、鸭鹅在 100 万羽以上的企业。

2. 畜禽

供人类食用的家畜和家禽。

3. 肉类

供人类食用的,或已被判定为安全的、适合人类食用的畜禽的所有部分,包括畜禽胴体、分割肉和食用副产品。

4. 肉制品

指以猪、牛、羊、鸡等畜、禽肉及内脏为主要原料,经酱、卤、熏、烤、腌、蒸、煮等任何一种或多种加工方法而制成的肉类加工品。包括:腌腊制品类、火腿制品类、酱卤制品类、熏烤制品类、干制品类、油炸制品类、香肠制品类、罐头制品类及其他制品类。

5. 肠衣

制造香肠制品类时装肉用的材料,分为天然肠衣、人造肠衣及塑料肠衣。

6. 原材料

指原料、配料和包装材料。

7. 内包装材料

指与食品直接接触的食品容器,如瓶、罐、盒、袋等,及直接包裹或覆盖食品的包装材料,如箔、膜、纸、蜡纸等,其材质必须符合食品卫生标准。

8. 外包装材料

指不与食品直接接触的包装材料,包括标签、纸箱、捆包材料等。

9. 产品

包括半成品、最终半成品及成品。

(1) 半成品 指任何成品制造过程中的产品,经后续的制造过程,可制成成品。

(2) 最终半成品 指经过完整的加工过程但未包装标示完成的产品。

(3) 成品 指经过完整的加工制造过程并包装标示完成的待销售产品。

(4) 易腐败即食食品 指以常温或冷藏流通,保质期短,不需再经任何方式处理或仅经简单加热,即可直接供人食用的成品,如低温肉制品、酱卤烧烤肉制品等。

10. 厂房

指用于食品加工、制造、包装、贮存等或与其有关的全部或部分建筑及设施。

(1) 生产作业场所(车间) 指直接处理食品的区域。包括原材料预处理、加工制造、半成品贮存及成品包装等场所。

①原材料处理场所(车间):指进行原材料的整理、准备、解冻、选别、清洗、修整、分切、剥皮、去壳、去内脏、撒盐等处理过程的场所。

②加工制造场所(车间):指进行切割、磨碎、混合、调配、整形、成形、烹调及成分萃取、改进食品特性或保存性(如提油、淀粉分离、搅拌、乳化、凝固或发酵、杀菌、冷冻或干燥等)等加工过程的场所。

③包装场所（车间）：指成品包装的场所，包括内包装室和外包装室。内包装室指进行与产品内容物直接接触的内包装作业场所。外包装室指进行不与产品内容物直接接触的外包装作业场所。

④内包装材料准备室：指不必经任何清洗消毒程序即可直接使用的内包装材料，进行拆除外包装或成型等的作业场所。

⑤缓冲室：指原材料或半成品没有经过生产流程而直接进入管制作业区时，为避免管制作业区直接与外界相通，在入口处所设置的缓冲场所。

(2) 管制作业区　指清洁度要求较高，对人员与原材料的进出及防止有害动物侵入等，必须有严格管制的作业区域，包括清洁区及准清洁区。

①清洁作业区：指半成品贮存、充填及内包装车间等清洁度要求高的作业区域。

②准清洁作业区：指生产车间清洁度要求低于清洁作业区的作业区域。

(3) 一般作业区指原料仓库、材料仓库、外包装车间及成品仓库等清洁度要求低于准清洁作业区的作业区域。

11. 辅助场所（车间）

指不直接处理食品的区域。包括检验室、原材料仓库、成品仓库、锅炉房、机修车间、更衣室、洗手消毒室、厕所和其他为生产服务的配套场所。

12. 清洗

指去除尘土、残屑、污物或其他可能污染食品的杂物的处理过程。

13. 食品级清洁剂

指直接用于清洁食品设备、器具、容器及包装材料，不得危害食品安全及卫生的物质。

14. 外来杂物

指除原料之外，在生产中混入或附着于原料、半成品、成品或内包装材料上的污染物或令人厌恶，甚至导致食品失去卫生及安全性的物质。

15. 有害动物

指直接或间接污染食品或传染疾病的小动物或昆虫，如老鼠、蟑螂、蚊、蝇、臭虫、跳蚤、虱子等。

16. 有害微生物

指造成食品腐败、变质或危害公共卫生的微生物。

17. 食品接触面

指直接或间接与食品接触的表面，包括器具及与食品接触的设备表面。

18. 隔离

场所与场所之间用有形的方法予以隔开，如隔墙等。

19. 区隔

场所与场所之间用有形或无形的方法予以分隔。区隔可以用下列一种或多种方法完成，如场所区隔、时间区隔、控制空气流向、采用密闭系统或其他方法。

20. 水分活度

食品中水的蒸气压和该温度下纯水的饱和蒸气压的比值。

(1) 高水分活度　指成品水分活度在 0.85 及以上。

(2) 低水分活度　指成品水分活度低于 0.85。

三、选址及厂区环境

其一般要求应符合 GB 14881—2013《食品安全国家标准 食品生产通用卫生规范》中第 3 章的相关规定。

1. 选址

（1）卫生防护距离应符合 GB/T 39499—2020《大气有害物质无组织排放卫生防护距离推导技术导则》及动物防疫要求。

（2）厂址周围应有良好的环境卫生条件。厂区应远离受污染的水体，并应避开产生有害气体、烟雾、粉尘等污染源的工业企业或其他产生污染源的地区或场所。

（3）厂址必须具备符合要求的水源和电源，应结合工艺要求因地制宜地确定，并应符合屠宰企业设置规划的要求。

2. 厂区环境

（1）厂区主要道路应硬化（如混凝土或沥青路面等），路面平整、易冲洗、不积水。

（2）厂区应设有废弃物、垃圾暂存或处理设施，废弃物应及时清除或处理，避免对厂区环境造成污染。厂区内不应堆放废弃设备和其他杂物。

（3）废弃物存放和处理排放应符合国家环保要求。

（4）厂区不得设于易遭受污染的地区，厂区周围不应有粉尘、有害气体、放射性物质和其他扩散性污染源，不得有昆虫大量滋生的潜在场所，否则应有严格的食品污染防治措施。

（5）厂区四周环境应易于随时保持清洁，地面不得有严重积水、泥泞、污秽等。厂区的空地应铺设混凝土、沥青或绿化。

（6）厂区邻近及厂内道路，应采用便于清洗的混凝土、沥青及其他硬质材料铺设，防止扬尘及积水。

（7）厂区内不得有发生不良气味、有害（毒）气体、煤烟或其他有碍卫生的设施。

（8）厂区内禁止饲养与生产无关的动物，试验动物、待加工禽畜的饲养区应适当管理，避免污染食品，其饲养区应与生产车间保持一定距离，且不得位于主导风向的上风向。

（9）厂区有顺畅的排水系统，不应有严重积水、渗漏、淤泥、污秽、破损或滋长有害动物而造成污染的可能。

（10）厂区周围应有适当防范外来污染源侵入的设计和建筑。若设置围墙，其距离地面至少 30cm 以下部分应采用密闭性材料建造。

（11）厂区如有员工宿舍及附设的餐厅等生活区，应与生产作业场所、贮存食品或食品原材料的场所隔离。

四、厂房及设施

1. 设计

新建、扩建、改建的工程项目（肉制品厂、车间等）宜按本规范进行设计和施工。

2. 厂房设置与布局

（1）厂房设置应包括生产作业场所和辅助场所。

（2）厂房设置应按生产工艺流程需要和卫生要求，有序、整齐、科学布局，工序衔接合理，应按饲养、屠宰、分割、加工、冷藏等顺序合理设置，避免原材料与半成品、成品之间交叉污染。

（3）厂区应划分为生产区和非生产区。活畜禽、废弃物运送与成品出厂不得共用一个大门，场内不得共用一个通道。

（4）生产区各车间的布局与设施应满足生产工艺流程和卫生要求。车间清洁区与非清洁区应分隔。

（5）屠宰车间、分割车间等的建筑面积与建筑设施应与生产规模相适应。车间内各加工区应按生产工艺流程划分明确，人流、物流互不干扰，并符合工艺、卫生及检疫检验要求。

（6）屠宰企业应设有待宰圈（区）、隔离间、急宰间、实验（化验）室、官方兽医室、化学品存放间和无害化处理间。屠宰企业的厂区应设有畜禽和产品运输车辆和工具清洗、消毒的专门区域。

（7）对于没有设立无害化处理间的屠宰企业，应委托具有资质的专业无害化处理场实施无害化处理。

（8）应分别设立专门的可食用和非食用副产品加工处理间。食用副产品加工车间的面积应与屠宰加工能力相适应，设施设备应符合卫生要求，工艺布局应做到不同加工处理区分隔，避免交叉污染。

（9）生产车间和贮存场所的配置及使用面积与产品质量要求、品种和数量相适应。生产车间人均占地面积（不包括设备占位）不能少于$1.50m^2$，净高不应低于3m。

（10）生产车间内设备与设备间、设备与墙壁之间，应有适当的通道或工作空间（其宽度一般应在90cm以上），保证使员工操作（包括清洗、消毒、机械维护保养）不致因衣服或身体的接触而污染肉制品或内包装材料。

（11）设立独立的、具有足够空间的理化检验室和微生物检验室，必要时设立独立的感观检验室和留样室，并配备相应的检验仪器设备。

3. 车间隔离

（1）车间应根据生产工艺流程、生产操作需要和生产操作区域清洁度的要求进行隔离，以防止相互污染。

（2）凡清洁度区分不同（如清洁、准清洁及一般作业区）的区域，应予以隔离。按GB/T 18204.3—2013《公共场所卫生检验方法　第3部分：空气微生物》中的自然沉降法测定，各生产作业区空气中的菌落总数应控制在：一般作业区≤500CFU/皿，准清洁作业区≤75CFU/皿，清洁作业区≤50CFU/皿。

4. 厂房结构

（1）厂房应用适合的建筑材料建造，坚固耐用、易于维修和保持清洁，并能防止原料、半成品、食品接触面及内包装材料遭受污染（如害虫的侵入、栖息、繁殖等）。

（2）为防止交叉污染，应分别设置人员通道及物料运输通道，各通道应装有空气幕（即风幕）或水幕、塑料门帘或双向弹簧门。不同清洁区之间人员通道和物料运输应有缓冲室。

（3）车间内如有楼梯或横越生产线的跨道，应避免污染附近的肉制品及食品接触面，并有安全设施。

5. 安全设施

（1）厂房内电源必须有接地线和漏电保护系统，不同电压的插座必须明确标示。

（2）高湿度环境使用的插座和电源应具有防潮、防水功能。

（3）防火、防爆及消防设施的设置满足消防法规要求。

（4）必要时，在适当且明显的场所设置急救器材。

（5）使用 CO_2 或 N_2 的场所，应加强排气装置。

（6）冷库内应有报警装置，以备库门误关时，可用于内外联络。

6. 屋顶与天花板

（1）车间和仓库的室内屋顶或天花板应选用不吸水、无异味、表面光洁、易清洗、耐腐蚀、耐温的浅色材料。屋顶要有适当的坡度或弧度，减少和防止冷凝水滴落。

（2）车间内空调风管的安装应符合食品卫生要求，原则上应安装于天花板的上方。

7. 墙壁与门窗

（1）管制作业区的墙壁应采用无毒、无异味、平滑、不透水、易清洗的浅色防腐材料，不得使用含铅涂料，并用白瓷砖或其他防腐蚀性材料装修高度不低于1.5m的墙裙。

（2）管制作业区和潮湿环境内，墙壁与墙壁之间、墙壁与天花板之间、墙壁与地面之间的连接处应有适当弧度（曲率半径应在3cm以上），以便于清洗和消毒。

（3）生产车间的所有门窗应采用防锈、防潮、易清洗的密封框架，不应使用木质门窗。

（4）作业时需要打开的窗户，应装设易拆卸清洗的26目以上的双层不生锈纱网。

（5）生产车间的窗户不宜设内窗台，若有窗台，则要设于地面1m以上，且台面应向内倾斜45°。

（6）管制作业区对外出入口应有隔离缓冲室，并装置缓冲设施（如空气帘、塑料门帘、能自动关闭的纱门等），及（或）清洗消毒鞋底的设备（需保持干燥的作业场所应设置换鞋设施），门应以平滑、易清洗、不透水的坚固材料制作，并经常保持关闭。

（7）车间保温材料不得使用含石棉材料。

8. 地面与排水

（1）地面应使用无毒、不渗水、不吸水、防滑、无裂缝、耐腐蚀、易于清洗消毒的建筑材料铺砌（如耐酸砖、水磨石、混凝土等），地面应有适当坡度（以1.0%~1.5%为宜）。

（2）屠宰与分割车间地面不应积水，车间内排水流向应从清洁区流向非清洁区。

（3）在生产时有液体流至地面、生产环境经常潮湿或以水洗方式清洗作业的区域，如屠宰场所等，其地面的坡度应根据流量大小设计在1.5%~3.0%。

（4）地面应设足够的排水口。排水口不得直接设在生产设备的下方。所有排水口均应设置存水弯头，并配有相应大小的滤网，以防产生异味及固体废弃物堵塞排水管道。

（5）排水沟的侧面与底面交接处应有适当的弧度（曲率半径在3cm以上），排水沟应有约3.0%的倾斜度，其流向应由高清洗区流向低清洁区，并有防止逆流的设计。

（6）应在明沟排水口处设置不易腐蚀材质格栅，并有防鼠、防臭的设施。

（7）废水应排至废水处理系统或经其他适当方式处理，排放应符合国家有关规定。

9. 供水供汽设施

（1）生产用水（冰）必须达到符合 GB 5749—2022《生活饮用水卫生标准》的规定。水质、水压、流量等指标满足正常生产所需，必要时，生产作业场所应有储水设备及提供适当温度的热水。供水系统要有防止虹吸和回流现象的措施，并有完备的供水网络图。

（2）储水设备（池、塔、槽），与水直接接触的供水管道和器具等应使用无毒、无异味、防腐的材料。供水设施出入口应设置安全卫生设施，防止有害动物及其他有害物质进入。

(3) 不使用自来水而使用自备水源的,应根据当地水质特点设置水质净化或消毒设施(如沉淀、过滤、除铁、除锰、除氟、消毒等),保证水质符合 GB 5749—2022《生活饮用水卫生标准》和其他相关标准规定。

(4) 不与肉制品接触的非饮用水(如冷却水,污水或废水等)的管道系统与生产原料用水及饮用水的管道系统应以不同颜色明显区分,并以完全分离的管道输送,不得有逆流或相互交接现象。

(5) 肉制品生产中的蒸汽不论其用途,必须符合食品卫生要求。直接喷射到食品和肉制品接触面的蒸汽,须经过滤,除去杂物。

10. 照明设施

(1) 车间内应有适宜的自然光线或人工照明。照明灯具的光泽不应改变加工物的本色,亮度应能满足检疫检验人员和生产操作人员的工作需要。

(2) 在暴露肉类的上方安装的灯具,应使用安全型照明设施或采取防护设施,以防灯具破碎而污染肉类。

11. 通风设施

(1) 加工、包装及贮存等场所应保持通风良好,防止室内温度过高、蒸汽凝结或产生异味。必要时,应装置通风设备。空气流向应从高清洁区域流向低清洁区域。

(2) 通入管制作业区的空气须经净化处理。清洁作业区应保持相对稳定的温度和湿度。

(3) 通风排气装置应易于拆卸清洗、维修或更换,通风口应装有耐腐蚀网罩。进气口必须距地面 2m 以上,并远离污染源和排气口。排气口要防止有害动物侵入。

(4) 在有臭味、气体(蒸汽及有毒有害气体)或粉尘产生而有可能污染肉制品的场所,应有排除、收集或控制装置。

12. 洗手设施和消毒池

(1) 洗手设施应以不锈钢或陶瓷等不透水材料制造,且易于清洗消毒。

(2) 洗手设施应设置在车间进口处和车间内适当的地点,采用非手动式水龙头(包括按压自动关水式、肘动式等)。必要时应提供适当温度的温水(或热水及冷水并装置可调节冷热水的水龙头)。水龙头数量能满足工人所需。

(3) 在洗手设施附近应备有液体清洁消毒剂及简明易懂的洗手方法说明。洗手设施中应包括免关式洗涤剂和消毒液的分配器、干手器或擦手纸巾等。手消毒,若使用氯系消毒剂,游离氯浓度应达到 50mg/kg。

(4) 不同清洁程度要求的区域应设有单独的更衣室,个人衣物与工作服应分开存放。

(5) 淋浴间、卫生间的结构、设施与内部材质应易于保持清洁消毒。卫生间内应设置排气通风设施和防蝇、防虫设施,保持清洁卫生。卫生间不得与屠宰加工、包装或贮存等区域直接连通。卫生间的门应能自动关闭,门、窗不应直接开向车间。

(6) 洗手设施的排水应直接接入下水管道,有防止逆流、有害动物侵入及臭味产生的装置。

(7) 管制作业区的入口处应设置鞋靴消毒池或鞋底清洁设施(设置鞋靴消毒池时,若使用氯系消毒剂,游离氯浓度应保持在 200mg/kg 以上)。需保持干燥的清洁作业场所应有换鞋设施。

(8) 鞋靴消毒池设置按 GB 14881—2013《食品安全国家标准 食品生产通用卫生规范》中

规定执行。

13. 更衣室

（1）更衣室应设于生产车间进口处，并靠近洗手设施。更衣室应男女分设，其大小与生产人员数量相适应，更衣室内照明、通风良好，有消毒装置。

（2）更衣室应分设外更衣室和内更衣室。

（3）更衣室内应有足够的储衣柜、鞋架，并有供生产人员自检用的穿衣镜。储衣柜应编号，柜顶呈45°以上坡形，柜内有不靠墙的工作服衣架。

（4）内更衣室内应设有独立的淋浴室。淋浴室按GB 14881—2013《食品安全国家标准 食品生产通用卫生规范》中规定设置。

14. 厕所

（1）厕所设置应有利于生产和卫生，其数量和便池坑位应根据生产需要和人员情况设置。

（2）不得使用大通道冲水式厕所。厂区设置坑式厕所时，应距生产车间25m以上，便于清扫、保洁，并设置防蚊、防蝇设施。

（3）生产车间的厕所应设置在车间外侧，与更衣室相连。出入口不得正对车间及车间出入口，厕所门不得朝外打开且有自动关闭装置。厕所内有洗手设施，有良好的排风及照明设施。

（4）厕所的地面、墙壁、天花板、隔板和门要用易清洗、不透气的材料。

（5）厕所排污管道应与车间排水管道分设，且有可靠的防臭气水封。

15. 仓库

（1）应设置与生产能力和产品贮存要求相适应的仓库（冷库），大小应能使作业顺畅进行并易于维持整洁。原辅料仓库及成品仓库应分开设置。同一仓库内贮存性质不同物品时，应适当区隔。

（2）仓库应以无毒、坚固的材料建成，并有防止贮存物品受到污染的措施。

（3）仓库须有防止有害动物侵入的装置（如仓库门口应设防鼠板或防鼠沟等）。

（4）仓库应设置数量足够的栈板或物品存放架。贮藏物品与墙壁、地面保持适当的距离，以利于空气流通及物品的搬运。

（5）仓库应根据贮存物品的不同贮存要求设置温度记录仪和湿度记录仪。

（6）应设置危险品专门贮存区，贮存杀虫剂、酸碱等有毒有害物品。贮存危险品的区域应远离生产车间和原辅料、产品仓库。

（7）各类冷库，应根据不同要求，按规定的湿度、温度设置。

16. 废弃物存放与无害化处理设施

（1）应在远离车间的适当地点设置废弃物临时存放设施，其设施应采用便于清洗、消毒的材料制作；结构应严密，能防止虫害进入，并能避免废弃物污染厂区和道路或感染操作人员。车间内存放废弃物的设施和容器应有清晰、明显标识。

（2）无害化处理的设备配置应符合国家相关法律法规、标准和规程的要求，满足无害化处理的需要。

五、机械设备

1. 设计

（1）所有食品加工设备包括管道、工器具等，其设计和结构应易于清洗消毒、易于检查，并有避免机器润滑油、金属碎屑、污水或其他污染物混入食品的设计和措施。

（2）食品接触面应平滑，边角圆滑，无死角和裂缝，以减少食品碎屑、污垢及有机物的聚积。

（3）贮存、运输系统的设计与制造应易于使其维持良好的卫生状况。

（4）在食品生产车间或处理区，不与食品接触的设备和器具，其结构也应能易于保持清洁状态。

2. 材质

（1）用于食品生产和可能接触食品的设备、操作台、传送带、运输车和工器具等辅助设施，应由无毒、无异味、非吸收性、耐腐蚀且可重复清洗和消毒的材料制作，并符合国家强制性标准的规定。

（2）与食品直接接触的表面不得使用有可能给食品带来潜在危害或可能污染的材料（避免使用竹、木制材料等）。

（3）与食品接触的设备所使用的润滑剂必须是食品级的。

（4）厂房内所有保温设施外层必须使用非吸水性材料。

3. 设置与安装

（1）设置按 GB 14881—2013《食品安全国家标准　食品生产通用卫生规范》规定执行。

（2）安装按 GB 14881—2013《食品安全国家标准　食品生产通用卫生规范》规定执行。

4. 生产设备

（1）检验设备种类　企业应具备与其生产的产品和加工工艺相适应的生产设备，不同设备的加工能力应互相配套。

（2）生产设备应排列有序，保证生产顺畅有序进行，避免引起交叉污染。

（3）用于测定、控制或记录的测量记录仪器，应数据准确，并定期校正。

（4）企业应有足够的供风设备，以保证干燥、输送、冷却和吹扫等工序的正常用风。清洁食品接触面及食品表面的压缩空气，应采取措施滤除油分、水分、灰尘、微生物、昆虫和其他杂物。

（5）下列设备（根据生产需要）中与食品接触部分的材质、设计、构造等应符合上述条件：输送设备，处理台或调理工具，洗涤设备，称量设备，日期、批号、号志标志设备，包装设备，金属检出设备。

（6）肉制品生产企业必须具备与其生产产品品种、产量及生产工艺相适应的生产设备。

5. 质量检验设备

（1）应根据原辅料、半成品及产品质量、卫生检验的需要配置检验仪器、设备。

（2）检验用的仪器、设备，必须定期检定，及时维修，确保检验数据准确。

（3）企业的检验设备能满足日常原料、半成品、成品的质量、卫生检验。必要时可委托具权威性的检验机构检验自身无法检测的项目。

（4）检验设备种类　企业应具备下列检验设备。

①腌腊制品、火腿制品类：分析天平、分光光度计、烘箱、计量器具、相应配套器皿及试剂。

②酱卤肉制品、干制肉制品、油炸肉制品：分析天平、分光光度计、烘箱、天平、灭菌设备、微生物培养箱、无菌室或超净工作台、显微镜、相应配套器皿及试剂。

③熏烧烤肉制品类：分析天平、分光光度计、烘箱、灭菌设备、微生物培养箱、无菌室或超净工作台、显微镜、相应配套器皿及试剂。

④香肠制品类（中式香肠、灌肠等）：分析天平、分光光度计、烘箱、灭菌设备、微生物培养箱、无菌室或超净工作台、显微镜、相应配套器皿及试剂。

六、管理机构与人员

1. 机构与职责

（1）应建立公司（厂）级领导（或集团公司直属企业最高领导）负责的质量管理机构，对企业质量管理负全面职责。

（2）企业应设置生产管理、质量管理、卫生管理等职能部门。生产管理负责人与质量管理负责人不得相互兼任。

①生产管理部门负责原材料处理、生产作业及成品包装等与生产有关的管理工作。

②质量管理部门负责原料、配料、包装材料、生产过程及成品质量控制标准的制定、抽样检验、质量追踪等与质量管理有关的工作。

③卫生管理部门负责各项卫生管理制度的制定、修订，厂内、外环境及厂房设施卫生、生产及清洗等操作卫生和人员卫生，组织卫生培训和从业人员健康检查等。

（3）质量管理部门应有执行质量管理职责的充分权限，其负责人应有停止生产和成品出厂的权力。

（4）质量管理部门应设置肉制品检验人员，负责原料、半成品、成品的质量、卫生检验分析工作。

（5）成立卫生管理领导小组，由卫生管理负责人及生产、质量管理等部门负责人组成，负责全厂卫生工作的规划、审核、监督、考核。

（6）卫生管理领导小组应配备经专业培训的专职或兼职的食品卫生管理人员，负责宣传贯彻食品卫生法规及有关规章制度，负责卫生制度执行情况的督查，并做好有关记录。

2. 人员要求

（1）企业负责人应了解《食品安全法》和《产品质量法》等有关法律法规内容，具有一定的食品安全卫生和生产、加工等专业知识。

（2）生产管理、质量管理、卫生管理负责人应熟悉《食品安全法》和《产品质量法》等有关法律法规内容；具备大专以上相关专业学历或中级以上职称，或具备中专相关专业学历并具备4年以上直接或相关管理经验。

（3）生产管理负责人应具有相应的工艺及生产技术与卫生知识。

（4）质量管理人员应具有发现、鉴别各生产环节、产品中不良状况发生的能力。

（5）肉制品检验人员应为大专以上相关专业学历，或中专学校毕业从事相关检验工作2年以上或经省级以上（包括省级）行政主管部门认可的专业培训后，取得相关专业检验资格。

（6）企业应有足够数量的质量管理及检验人员，以满足整个生产过程的现场质量管理和产品检验的要求。

（7）专职卫生管理人员应具备卫生或相关专业大专以上学历或同等学力，兼职卫生管理人员应具备卫生或相关专业中专以上学历或同等学力。

3. 教育培训

企业应制订培训计划,组织各部门负责人和从业人员参加各种职前、在职培训和学习,以增加员工的相关知识与技能。

七、卫生管理

1. 管理要求

(1) 企业各部门应按本规范内容制定相应的卫生管理制度,由卫生管理领导小组审核并监督执行。

(2) 卫生管理部门制定检查方案并负责实施。

①每日由班组卫生管理人员对本岗位的卫生制度执行情况进行检查。

②卫生管理部门组织相关的卫生管理人员,至少每月进行1次全厂范围内的生产和环境卫生检查。

③每次检查应有记录,并存档备案。

2. 厂区环境卫生管理

(1) 厂区及邻近厂区的区域,应保持清洁。厂区内道路、地面养护良好,无破损,无严重积水,不扬尘。

(2) 厂区内草木要定期修剪,保持环境整洁。禁止堆放杂物及不必要的器材,以防止有害动物滋生。

(3) 排水系统应保持通畅,不得有污泥淤积。

(4) 应避免有害(有毒)气体、废水、废弃物、噪声等对环境产生有害影响。

(5) 在远离肉制品生产车间的合适地点设置废弃物临时存放设施。废弃物根据其性质分类存放。

(6) 易腐败的废弃物存放设施应为密闭式或带盖,污物不得外溢,做到日产日清,至少应每天清除1次运出厂区处理。清除后的容器应及时清洗消毒。

(7) 废弃物放置场所不得有不良气味或有害(有毒)气体逸出,防止有害动物的滋生,防止污染肉制品、食品接触面、水源及地面。

(8) 厂区除虫、灭害。

3. 厂房设施卫生管理

(1) 应建立厂房设施维修保养制度,并按规定对厂房设施进行维护、保养和检修,确保厂房卫生状况良好。

(2) 厂房内各项设施应随时保持清洁,及时维修、更新,厂房屋顶、天花板及墙壁有破损时,应及时维修,地面不得破损或积水。

(3) 原材料预处理场所、加工制造场所、厕所、更衣室、淋浴室等(包括地面、水沟、墙壁等),每天开工前和下班后应及时清洗消毒,必要时增加清洗消毒频次。洗手干手器应定期进行卫生控制与检查,避免成为污染源。车间厕所要有专人管理。

(4) 灯具及其配管的外表,应定期清洁。

(5) 冷库内应经常清理,保持清洁,并定期消毒,避免地面积水和库壁长霉,并定时测量记录冷库内的温度或设置温度自动记录仪器。

(6) 生产作业场所,应采取措施(如纱窗、气幕、栅栏、诱虫灯等)防止有害动物侵入。

（7）在原材料处理、加工、包装、贮存等场所内的适当位置，放置不透水、易清洗消毒（一次性使用者除外）、加盖（或密封）的存放废弃物的容器，并定时（至少每天1次）搬离厂房。盛装废弃物的容器不得与盛装肉制品的容器混用，并应有明显的区别标志。反复使用的容器在丢弃内容物后，应及时清洗消毒。处理废弃物的设备停机后须及时清洗消毒。

（8）原料、配料及内包装材料或其他物品需现领现用。管制作业区不得堆放非即用物品、内包装材料及其他不必要的物品。生产车间严禁存放有毒物品。供车间内部使用的清洁消毒用品，应设专区或专柜存放，并明确标示，有专人负责管理。

（9）车间储水槽（塔、池）应定期清洗并于每天上班前检查消毒情况。使用自备水源的，每年2次送有关检验机构检验，确保生产用水水质符合 GB 5749—2022《生活饮用水卫生标准》规定。

（10）经检验，当空气中的菌落总数达不到相应清洁区要求时，应进行空气消毒。生产作业区空气菌落总数检验频率分别为：清洁作业区 1~2 次/周，准清洁作业区 1~2 次/月，检验结果表明不稳定时增加检验频率；一般作业区 1~2 次/季，春夏/梅雨季节适当增加检验频率。

4. 机械设备卫生管理

（1）用于加工制造、包装、贮运等的设备、工器具和生产用管道，应定期清洗消毒。

（2）所有食品接触面，包括设备和工器具等与肉制品接触的表面，应防止锈蚀并经常予以消毒，消毒后要清洗彻底（热消毒除外），以免消毒剂残留污染肉制品。

（3）完工后，对使用过的设备工器具应进行彻底清洗消毒，必要时在开工前再清洗 1 次（仅与干燥食品接触的除外）。

（4）车间使用杀虫剂后，所有设备和工器具应彻底清洗，除去残留药物，消除污染。

（5）已清洗、消毒过的可移动设备和工器具，应放置在能防止其食品接触面再受污染的场所，并保持适用状态。

（6）用于清洗与肉制品接触的设备和工器具的清洗用水，应符合 GB 5749—2022《生活饮用水卫生标准》的规定。

（7）定期对压缩空气的过滤系统进行维护保养，以免产生污染，保证压缩空气的卫生与质量。

（8）用于肉制品生产的机械设备和场所不得作与生产无关的用途。

5. 辅助设施卫生管理

（1）企业内供水站

①应制定详细的操作规程及管理制度，要有严格、系统的水质检验、系统维修与保养记录，主管人员应定期（至少每季度1次）进行检查考核。

②使用的工器具必须符合卫生要求，所有设备应经常维护保养，保持良好卫生状况。

③消毒剂必须妥善存放，严格登记使用手续，做到账物相符，其他与水质处理无关的杂物不得放置在站内。

④贮水槽（塔、池）应定期（至少每季度1次）清洗、消毒，并随时检查水质，确保生产用水的水质符合 GB 5749—2022《生活饮用水卫生标准》规定。

⑤对水处理设备应根据实际运行情况进行定期或加频清洗及检修。

⑥非相关人员不得进入供水站，检修后，各种检修口、门窗必须及时关闭。

(2) 锅炉房

①锅炉操作人员须经过职业技能培训,持证上岗。

②严格按有关管理部门的要求对锅炉进行安全操作与维修、保养。炉内水处理药剂必须无毒并严格控制用量,定期排污(有排污记录)。

③对锅炉排烟进行监控,确保其排放符合 GB 13271—2014《锅炉大气污染物排放标准》规定。定期清理排烟管道,防止污染厂区环境。

6. 清洗和消毒管理

(1) 企业应制定清洗、消毒措施和制度,保证企业所有场所、设备和工器具的清洁卫生。

(2) 所有设备和工器具必须经常清洗和消毒;接触湿物料的表面使用后应立即清洗;接触干物料的表面使用后应立即采用干法清扫(必要时采用湿法清洗)。

(3) 直接用于清洁食品设备、工器具及包装材料的清洁剂必须是食品级清洁剂,不得使用危害肉制品安全及卫生的非食品级清洁剂。

(4) 一般不得使用金属材料(如钢丝绒)清洗设备和工器具。特殊情况下必须使用金属材料清洗时,应严格防止金属物混入产品。

(5) 管制作业区应定期进行空气消毒。

(6) 清洗消毒的方法必须安全、卫生,使用的消毒剂、洗涤剂必须在使用状态下安全、适用。

(7) 用于清扫、清洗和消毒的设备、工器具应放置于专用场所内妥善保管,由专人管理。

7. 员工健康管理

按 GB 14881—2013《食品安全国家标准 食品生产通用卫生规范》中规定执行。

8. 员工个人卫生管理

(1) 肉制品生产操作人员必须保持良好的个人卫生,应勤理发、勤剪指甲、勤洗澡、勤换衣。

(2) 进入生产车间前,必须穿戴好整洁的工作服、工作帽、工作鞋靴。工作服应盖住外衣,头发不得露出帽外,必要时需戴口罩。不得穿工作服、鞋进入厕所或离开生产车间。

(3) 操作时手部应保持清洁。上岗前应洗手消毒,操作期间要勤洗手。有下述情况之一时,必须洗手消毒,企业应有监督措施:开始工作以前、上厕所以后、处理被污染的原材料和物品之后、从事与生产无关的其他活动之后。

(4) 从事肉类直接接触包装或未包装的肉类、肉类设备和器具、肉类接触面的操作人员,应经体检合格,取得所在区域医疗机构出具的健康证后方可上岗,每年应进行一次健康检查,必要时做临时健康检查。凡患有影响食品安全的疾病者,应调离食品生产岗位。

(5) 从事肉类生产加工、检疫检验和管理的人员应保持个人清洁,不应将与生产无关的物品带入车间;工作时不应戴首饰、手表,不应化妆;进入车间时应洗手、消毒并穿着工作服、帽、鞋,离开车间时应将其换下。

(6) 不同卫生要求的区域或岗位的人员应穿戴不同颜色或标志的工作服、帽。不同加工区域的人员不应串岗。

(7) 企业应配备相应数量的检疫检验人员。从事屠宰、分割、加工、检验和卫生控制的人员应经过专业培训并经考核合格后方可上岗。

(8) 上班前不准酗酒,生产场所不得吸烟,工作中不得吃食物或做其他有碍食品卫生的行为。

（9）操作人员手部受到外伤，不得接触肉制品或原料，经过包扎治疗戴上防护手套后，方可参加不直接接触肉制品的工作。

（10）个人衣物与工作服应分开存放。个人衣物（鞋、包、帽等）应贮存在更衣室个人专用更衣柜内，其他个人物品不得带入生产车间。

（11）参观人员出入生产作业场所应加以适当管理。如要进入管制作业区，应符合现场工作人员的卫生要求。

9. 除虫、灭害管理

（1）厂区应定期或在必要时进行除虫灭害工作，要采取有效措施防止鼠类、蚊、蝇、昆虫等的聚集和滋生。对已有有害动物产生的场所，应采取紧急措施加以控制和消灭，防止蔓延和对肉制品污染。

（2）企业应设置捕鼠图，配备必要的捕鼠设施，每天有专人进行检查并记录。扑灭老鼠应使用粘纸、捕鼠笼、捕鼠夹等，严禁使用鼠药。

（3）发现有害动物，应查明来源并彻底消除隐患。杀灭有害动物的方法必须以保证不污染肉制品、食品接触面及包装材料为原则（如尽量避免使用杀虫剂等）。只有在其他防治措施无效的情况下，方可使用杀虫剂。

（4）使用各类杀虫剂或其他药剂前，应做好对人身、肉制品、设备、工器具的污染和中毒的预防措施，用药后将所有设备、工器具彻底清洗，消除污染。

（5）生产作业场所除虫灭害工作不能在生产过程中进行。

（6）在生产车间的入口处和车间内可设置灭虫蝇灯，捕杀可能进入车间的虫蝇。车间内设置的灭虫蝇灯的位置必须远离生产作业区域。灭虫蝇灯应每天进行清理。

10. 污水管理

（1）污水排放应符合 GB 8978—1996《污水综合排放标准》规定，达标后排放。

（2）企业要有详细的污水排放网络图，日污水处理能力必须与实际生产规模相匹配。

11. 工作服管理

（1）工作服的设计和面料材质必须满足食品卫生要求。工作服应包括工作衣、裤、发帽、鞋靴等，某些工序（种）还应配备口罩、围裙、套袖等卫生防护用品。

（2）凡直接接触产品的工作人员必须每日更换工作服，其他人员也应定期更换，保持清洁。

（3）粗加工与精加工、生料与熟料作业、管制作业区与其他作业区的工作人员要穿戴不同颜色的工作服、帽，以便区分。

（4）工作服应有清洗保洁制度。工作服必须集中清洗消毒，洗衣房有专人进行管理。管制作业区与其他作业区的工作服要分开进行清洗，以防交叉污染。

12. 有毒有害物管理

按 GB 14881—2013《食品安全国家标准　食品生产通用卫生规范》中规定执行。

八、生产过程管理

1. 生产操作规程的制定与执行

（1）企业应制定《生产操作规程》。

（2）《生产操作规程》应包括如下内容。

①产品配方；
②标准生产作业程序；
③生产管理规定：至少应包括生产作业流程、管理对象、监控项目、监控限值、监控标准及注意事项等；
④原材料采购标准；
⑤机器设备操作与维护标准。

2. 原材料

(1) 投入生产的原料肉及相关的原材料应符合相应标准要求。对进厂的每批原料肉须经检验合格后方可使用。来自厂内外的半成品当作原料使用时，其原料、生产环境、生产过程及品质控制等仍应符合有关良好操作规范的要求。

(2) 进厂的畜、禽必须来自安全非疫区，兽药使用必须符合国家规定，并经检验检疫合格，附有关证明。

(3) 原材料投入使用前应目测检查，必要时进行挑选，除去不符合要求的部分及外来杂物。

(4) 合格与不合格原材料应分别存放，并有明确醒目的标识加以区分。

(5) 原材料应在符合《生产操作规程》或有关标准规定的条件下存放，避免受到污染、损坏。需冻结冷藏的库温保持在-18℃以下，冷却冷藏的库温在0~4℃。

(6) 外包装有破损的原材料应单独存放，标明破损原因并在检验合格后方可使用。

(7) 可重复使用（如返工料）或继续使用的物料应存放在清洁、加盖的容器中，并在容器外明确标示。

(8) 原材料清洗用水不得使用静止水，洗涤用水不得再循环使用，以免造成二次污染。

(9) 冷冻原料解冻时应在能防止其质量下降和遭受污染的条件下进行。不得使用静止水解冻。

(10) 生产结束而未使用完的原材料应妥善存放于适当的保存场所，防止污染，并在保质期内尽快优先使用。

3. 生产过程

(1) 生产操作应符合安全、卫生的原则，应在尽可能减低有害微生物生长速度和食品污染的控制条件下进行。肉制品加工过程应严格控制理化条件（如时间、温度、水分活度、pH、压力、流速等）及加工条件（如冷冻、冷藏、脱水、热处理及酸化等），以确保不致因机械故障、时间延滞、温度变化及其他因素导致肉制品腐败变质或遭受污染。

(2) 易腐败变质的肉制品，应在符合《生产操作规程》或有关标准规定的条件下存放。

(3) 应采取有效措施，防止肉制品在生产过程中或在贮存时被二次污染。

(4) 用于输送、装载、贮存原材料、半成品、成品的设备、容器及用具，应生熟分开并明确标识，不得交叉使用，以免造成交叉污染。各种工器具操作、使用与维护，应避免对加工过程中或贮存中的肉制品造成污染。与原料或污染物接触过的设备、容器及用具，必须经彻底清洗和消毒，否则不可用于处理肉制品。生产过程中所有盛放半成品的容器不可直接放在地面或已被污染的潮湿表面上，以防溅水污染或由容器外底面污染所引起的间接污染。

(5) 对直接或间接接触产品包装的循环冷却水，应保持清洁，定期更换。与肉制品直接接触的冰块，应在卫生条件下制作。

(6) 应采取有效措施（如筛网、捕集器、磁铁、电子金属检查器等）防止金属或其他外来杂物混入肉制品中。

(7) 需做烫漂处理的，应严格控制处理温度和时间并在规定时间内冷却，迅速移至下一道工序。定期清洗加温预处理设备，防止耐热性细菌的生长，造成污染。

(8) 以控制水分活度来防止有害微生物生长的肉制品。例如，肉松水分应处理至安全水分活度之内。

(9) 以控制pH来防止有害微生物生长的肉制品，其pH应调节并维持在4.6以下。

(10) 内包装材料在使用前须清洗、消毒。内包装材料应在正常贮运、销售过程中能有效保护肉制品，防止将有害物质混入肉制品，并符合食品安全标准。

(11) 生产过程中应避免大面积冲洗工作，必要时须尽可能放低喷头近距离冲洗，以减少水滴四溅，防止飞溅污染。

(12) 不应在生产过程中进行电焊、切割、打磨等工作，以免产生异味、碎屑污染。

(13) 清洁作业区内在生产时，不得打开窗户。

(14) 有温度要求的工序和场所应安装温度显示器。车间温度应按产品工艺要求控制在规定的范围内：预冷设施温度控制在0~4℃；腌制库温控制在0~4℃；肉类解冻车间温度控制在18℃以下；分割肉车间温度控制在15℃以下；易腐败即食肉制品的内包装车间室内温度控制在15℃以下。

(15) 应加强设备的日常维护和保养，保持设备清洁、卫生。设备的维护必须严格执行正确的操作程序。设备出现故障应及时排除，防止影响产品质量卫生。每次生产前应检查设备是否处于正常状态。所有生产设备应进行定期的检修并做好维修记录。

(16) 即食干制肉制品

①原料肉斩拌、切片及各项添加物的添加量按规定的时间、顺序、温度和添加量进行控制。

②烧煮和焙炒应依据实际情况选择加热方式。

③为了加速干燥、控制微生物生长，宜采用人工干燥方式。

④干制肉制品应有合适包装，例如采用真空、充氮、二氧化碳、包装袋内加脱氧剂等方式，以防止产品在贮存、销售期间质量下降。

⑤成品仓库的库温应保持在25℃以下。

(17) 油炸肉制品

①油炸用油在使用前应进行卫生质量检验，要求熔点低、过氧化值低，符合相关标准要求。

②油炸温度一般不超过190℃。

(18) 酱卤肉制品

①调味、煮制操作应根据产品特性要求分别控制温度和时间，温度控制宜有自动控制装置。

②调味程度应配合各工序半成品要求控制其浓度和调味时间。

③蒸煮、调味时，不同规格的原料、半成品则需分开处理。

(19) 香肠制品

①肥肉、瘦肉及各种添加物应充分混合均匀。

②必须严格控制亚硝酸盐的用量。为确保亚硝酸盐分散均匀，添加前应与食盐或糖预混，或者溶于水中，再均匀分散于原料肉中。

③腌渍肉应存放于0~4℃的冷库中备用。如需长时间腌渍，应置于冷库中进行。
④充填必须粗细一致，以确保干燥均匀。
⑤干燥温度应控制良好，防止滴油。
⑥干燥后的产品冷却后，应迅速包装并冷藏。
⑦包装作业时，必须防止产品再受到污染，包装材料必须符合食品卫生标准。

(20) 腌腊肉制品
①使用发色剂和发色助剂必须严格控制在国家相关标准允许的范围内。
②使用食用盐腌制肉制品，避免将铜、铁、铬等金属离子带入肉制品。
③烘房应有温度控制装置。
④发酵室应控制合适温度、湿度。

(21) 熏烧烤肉制品
①熏材应选用树脂含量少、烟味好、防腐物质含量多的材料。
②烟熏室应设控制空气流动和室内温度的装置。
③烧烤加工车间地面应有防滑设施，烤炉应有油烟分离器。

九、质量管理

1. 《质量手册》的制定与执行
(1) 企业应由质量管理部门制定《质量手册》，经最高管理者批准后颁布实施。
(2) 有关食品、肉制品质量、安全的标准文本及其他有关法律、法规的文本，企业应收集齐全。

2. 原材料质量管理
(1) 制定详细采购制度，包括供应商评价、质量规格、检验项目、验收标准及检验方法，制定过磅、取样、检验、判定、审核、处理、领用等作业程序，并切实执行。
(2) 原材料进货时应要求供应商提供检验检疫合格证或化验单。
(3) 每批原材料需经查验合格后方可使用。经判定拒收应予以标示（不合格或禁用），专门存放并及时处理。
(4) 经判定合格的原材料，应按照先进先出的原则使用。
(5) 原材料进厂应根据生产日期、供应商的编号等编制批号。该批号应一直沿用至生产记录表，便于事后追溯。
(6) 原材料的包装容器经抽样拆封，应立即进行适当的处理，以防变质。
(7) 对贮存时间较长，质量有可能发生变化的原辅料，在使用前应抽样确认质量，不符合要求的不得投入生产。
(8) 需有特别贮存条件的原材料，应能对其贮存条件进行控制并做好记录。
(9) 原料可能含有农药残留、药物残留、重金属或霉菌毒素时，应确认其含量在国家标准控制范围内。
(10) 有特殊要求的原材料，如咖啡因等，须按有关规定使用和贮存。
(11) 食品添加剂应设专库或专柜存放，由专人负责管理，严管领料方法及有效期限等，用专册登记使用的种类、进货量及使用量等，其使用应符合 GB 2760—2014《食品安全国家标准 食品添加剂使用标准》的规定。硝酸盐类与亚硝酸盐类应与一般食品添加剂分开存放，并作明显标示。

3. 过程质量管理

(1) 企业宜采用 HACCP 进行管理。

(2) 严格执行生产操作规程，其配方及工艺条件不经批准不得随意更改。生产中如发现质量问题，应迅速追查并纠正。

(3) 为掌握每一步生产过程的质量情况及便于事后追溯，企业应在生产过程控制点抽检半成品，并制作质量记录表、生产记录表等管理报表。

(4) 不合格半成品不得进入下一道工序，应予以适当处理，并做好处理，记录。

(5) 定期对工作台面、工器具、工作服、操作工手部、包装后最初定量的成品及其他抽样成品进行微生物（菌落总数、大肠菌群）检验，必要时进行霉菌、酵母检查，验证清洗消毒作业是否正确、彻底。正常情况下每周一次，检验不符合规定时，应每天检验直到合格为止。停工后再开工时，必须进行验证。

(6) 每批成品入库前应有检验记录，不合格的应予以适当处理，并做好处理记录。

4. 成品的质量管理

(1) 详细制定成品的质量指标、检验项目、检验标准、抽样及检验方法。质量指标的下限不得低于国家标准，检验方法原则上应以国家标准方法为准，如用非国家标准方法检验时应定期与标准方法核对。

(2) 成品须逐批随机抽取样品，根据产品标准进行出厂检验。检验不合格的产品不得出厂，并做好不合格产品的处理记录。

(3) 分析结果应填写《成品质量检验记录表》，结合《生产记录》判定成品是否合格，同时作为批准出库的依据。

(4) 成品入库后应注意成品仓库贮存条件的管理与记录。

(5) 成品出库时应检查生产日期及保质期，注意对外观质量再做检查，禁止运输中无法保持成品质量完好的车辆出货等。制订成品留样计划，每批成品应留样保存，以便在必要的质量检测及产生质量纠纷时备检。必要时，应做成品的保质期内稳定性试验。

5. 贮存与运输管理

(1) 贮运物品应避免日光直射、雨淋、剧烈的温度和湿度变动及撞击等而影响质量。

(2) 成品应按品种、包装形式、生产日期分别贮存，以先进先出为原则。

(3) 仓库应经常整理，贮存物品不得直接放置在地面上。成品库不得贮存有毒、有害、易腐、易燃物品以及可能引起串味的物品。

(4) 仓库中的物品应定期检查，如有异常应及时处理。仓库应有温度记录（必要时有湿度记录）。包装破损或经长时间贮存质量可能有较大下降的，应重新检验。

(5) 各种运输原材料和产品的工具、车辆应随时清洗，定期消毒，保证清洁卫生。运输时，不得与有毒、有害、有腐蚀性或有异味的物品混装。

(6) 非厢式运输工具、车辆应配有防尘、防日晒雨淋的帆布、塑胶布等遮盖物。有特殊要求的物品应用专用车辆运输，如保温车、冷藏车等。

(7) 原材料及成品的出入库和运输应有详细记录，内容包括批号、出货时间、地点、对象、数量等，以便发生质量问题时及时召回。

6. 成品售后管理

（1）企业应建立消费者投诉处理制度，对消费者的投诉，质量管理部门（必要时，应协调其他有关部门）应立即追查原因，加以改进，同时由企业派相关人员向消费者说明原因或道歉，并提出处理和纠正措施。

（2）企业应建立成品召回制度。

（3）消费若投诉和召回成品均应做好记录，并注明产品名称、批号、数量、原因、处理日期及最终处理方式。该记录应定期进行统计、分析，并分送有关部门，以改进工作。

7. 记录管理

（1）记录

①卫生管理部门除记录定期检查结果外，还应填报每日卫生管理记录表，内容包括当日执行的清洗消毒工作及人员卫生状况，并详细记录异常情况的处理结果及防止再次发生的措施。

②质量管理部门应详细记录从原材料进厂到成品出厂整个过程的质量管理活动及结果，并和原定的目标相比较、核对，记录异常情况的处理结果和防止再次发生的措施。

③生产部门应填报生产记录及生产管理记录，详细记录异常处理结果及防止再次发生的措施。

④各项记录均应由执行人员和有关管理人员复核签名或签章。记录必须真实，与现场检验或监控同步，不得事先预计和事后追记。记录必须规范、清晰。记录内容如有修改，不得涂改原始记录，修改后由修改人在修改文字附近签章。

（2）记录核对　卫生、生产、质量管理记录应分别由卫生、生产、质量管理部门及时审核，如发现异常，立即纠正。

（3）记录保存　企业对本规范所规定的有关记录，至少保存 2 年。保质期超过 2 年的产品应保存至保质期后 6 个月。

十、标签

（1）产品标签及说明书应符合 GB 7718—2011《食品安全国家标准　预包装食品标签通则》及其他相应产品标准的规定。

（2）零售产品应以中文及通用符号标示下列内容：

①产品名称及产品标准号；

②配料表包括内容物、食品添加剂名称；

③净含量重量、容量或数量；

④企业名称、地址，消费者服务专线或生产企业的电话号码；

⑤保质期应采用印刷方式，不得以加贴标签方式标注；

⑥批号以明码或暗码表示生产批号，根据批号可追溯该批产品的原始生产资料；

⑦食用方法、贮存条件说明；

⑧其他经有关部门规定的标示项目。

（3）外包装容器须标示有关批号，便于仓储管理及成品召回。

（4）包装、运输标志符合 GB/T 191—2008《包装储运图示标志》的规定。

十一、管理制度的建立与考核

（1）企业应建立具有整体性的、有效的执行本规范的管理制度，整体协调企业各部门贯彻本规范各项制度。

（2）管理制度考核

①企业应建立由各级管理层组成的内部考核组，对企业执行本规范情况进行定期或不定期的检查，对存在的问题，予以合理解决与追踪。

②内部考核组组成人员，须经一定的培训，并做好培训记录。

③企业应制订内部考核计划，确定检查、考核周期（一般以半年一次为原则），切实执行并做好记录。

（3）管理制度的制定、修订及废止　企业应建立执行本规范的相关管理制度的制定、修订及废止的作业程序，以确保质量管理者持有有效版本的作业文件，并根据有效版本执行。

十二、产品追溯与召回管理

1. 产品追溯

应建立完善的可追溯体系，确保肉类及其产品存在不可接受的食品安全风险时，能进行追溯。

2. 产品召回

（1）畜禽屠宰加工企业应根据相关法律法规建立产品召回制度，当发现出厂产品属于不安全食品时，应进行召回，并报告官方兽医。

（2）对召回后产品的处理，应符合 GB 14881—2013《食品生产通用卫生规范》中相关规定。

思考题

1. 什么是 GMP？
2. 简述实施食品 GMP 的意义。
3. 食品 GMP 有哪些内容？
4. 食品 GMP 认证的程序是什么？
5. 为提高我国食品的质量和在全球的竞争力，政府应采取哪些措施在中小型食品企业中推广 GMP？
6. 协助一个食品企业建立其工厂的良好操作规范。

第五章 食品卫生标准操作程序（SSOP）

> **学习目标**
>
> 1. 熟悉食品企业对地面、墙壁、设备、容器、人员、运输工具等实施清洗和消毒的方法；
> 2. 了解清洗和消毒对保证食品卫生质量的重要意义，学会编制卫生标准操作程序，培养分析问题、解决问题的能力；
> 3. 通过实例形成正确的思想道德观和高度的社会责任感。

第一节 SSOP 概述

一、SSOP 概念

卫生标准操作程序（Sanitation Standard Operating Procedure，SSOP）是食品生产加工企业为了使其加工的食品符合卫生要求，而制定的指导食品加工过程中如何具体实施清洗、消毒和卫生保持的作业指导文件，一般它以 SSOP 文件的形式出现。SSOP 文件所列出的程序应依据本企业生产的具体情况，为操作人员提供足够详细的规范，并在实施过程中进行严格的检查和记录，实施不力要及时纠正。

SSOP 实际是 GMP 中最关键的基本卫生条件，也是在食品生产中实现 GMP 全面目标的卫生生产规范。SSOP 强调食品生产车间、环境、人员及食品有接触的器具、设备中可能存在的危害的预防以及清洗（清洁）措施。

二、食品 SSOP 的发展概况

20 世纪 90 年代，美国频繁爆发食源性疾病，造成每年 700 万人次感染和 7000 多人死亡。调查显示，有大半感染或死亡的原因与肉、禽产品有关。这一情况促使美国农业部（USDA）

开始重视肉、禽产品的生产状况,决心建立 1 套包括生产、加工、运输、销售所有环节在内的肉、禽产品生产安全措施,从而保障公众的健康。

1995 年 2 月颁布的《美国肉、禽类产品 HACCP 法规》中第一次提出了要求建立 1 种书面的常规可行程序——卫生标准操作程序(SSOP),确保生产出安全、无掺杂的食品。但在这一法规中并未对 SSOP 的内容作出具体规定。同年 12 月颁布的《美国水产品 HACCP 法规》中进一步明确 SSOP 必须包括 8 个方面及验证等相关程序,从而建立了 SSOP 的完整体系。此后,SSOP 一直作为 GMP 或 HACCP 的基础程序加以实施,成为完成 HACCP 体系的重要前提条件。

2002 年 3 月 20 日,我国国家认证认可监督管理委员会第 3 号公告发布的《食品生产企业危害分析与关键控制点(HACCP)管理体系认证管理规定》中明确提出,企业必须建立和实施卫生标准操作程序,并规定了卫生操作标准程序的 8 项要素。同年 7 月 19 日,我国卫生部发布的《食品企业 HACCP 实施指南》中也提到,每个企业都应制定和实施卫生标准操作程序或类似文件,以说明企业如何满足和实施卫生条件和规范。

三、实施 SSOP 的目的和意义

1. 目的

食品中的安全危害主要来源于两个方面:一是食品加工环境和加工过程中物理的、化学的和生物的污染;二是食品加工工艺流程不合理或控制不当造成食品不安全。只有对以上来源实施了有效的控制,才能使最终产品是卫生的、安全的。GMP 规定了食品生产的卫生要求,而 SSOP 是企业为了达到 GMP 所规定的要求,保证所加工的食品符合卫生要求而制定的指导食品生产加工过程中如何实施清洗、消毒和卫生保持的作业指导文件。因此,实施 SSOP 的目的是使生产者自觉实施 GMP 法规中各项要求,确保生产出安全的食品。

2. 意义

(1)将 GMP 中有关卫生方面要求具体化,转化为可操作的作业指导文件,便于操作。

(2)SSOP 的正确制定和有效实施,可以实现对加工环境和加工过程中各种污染或危害的有效控制,那么按产品工艺流程进行危害分析而实施的 HACCP 计划就能集中到对工艺过程中的食品危害的控制方面。因此,SSOP 的实施可以减少 HACCP 计划中的 CCP 数量,使 HACCP 计划将注意力集中在危害分析和控制上,而不是生产卫生环节。

第二节 SSOP 基本内容

SSOP 主要包括 8 个方面的卫生控制:①与食品接触或与食品接触表面接触的水(冰)的安全;②与食品接触表面的清洁程度;③防止交叉污染;④手的清洗和消毒、厕所设备的维护与卫生保持;⑤防止食品被外部污染物污染;⑥有毒化学物质的正确标识、贮存和使用;⑦雇员的健康与卫生控制;⑧虫害和鼠害的控制。

一、与食品接触或与食品接触表面接触水(冰)的安全

在食品加工过程中,水具有十分重要的作用,既是某些食品的组成成分,也是食品的清

洗，设施、设备、工器具清洗和消毒所必需的。因此生产用水（冰）的卫生质量是影响食品卫生的关键因素，对于任何食品的加工，首要的一点就是要保证水的安全。一个完整的食品加工企业 SSOP 计划，首先要考虑与食品接触或与食品接触物表面接触用水（冰）的来源与处理应符合有关规定，并要考虑非生产用水及污水处理的交叉污染问题。

（一）水源

1. 供水系统

食品企业加工用水一般来自城市公共用水、自备水和海水。工厂保存详细供水网络图，以便日常对生产供水系统管理与维护。供水网络图是质量管理的基础资料。水龙头按序编号。

（1）城市公共用水　使用城市公共用水，要符合 GB 5749—2022《生活饮用水卫生标准》。

（2）自备水源　自备水源要考虑较多因素，例如，井水要考虑周围环境、井深度、污水等因素对水的污染。

（3）海水　海水要考虑周围环境、季节变化、污水排放等因素对水的污染，水质要符合 GB 3097—1997《海水水质标准》。

2. 水的储存与处理

水的储存方式有水塔、蓄水池、储水罐等。

水的处理方式有加氯处理（自动加氯系统）、臭氧处理、紫外线消毒等。

一般水的处理是在水的储存过程中进行的，最直接、经济、有效的方法是采用加氯处理的方式。我国许多对欧盟注册的动物源食品加工企业都普遍采用二氧化氯水处理系统，其作用机理是用盐酸与亚氯酸钠进行反应制成二氧化氯，将生成的二氧化氯液体通过对电磁计量泵的频率控制添加到储水罐中与水综合反应 20min 以上后，输送到加工车间使用，生产用水的管网中的余氯含量由电磁计量泵自动控制和显示。

3. 标志

对两种供水系统并存的企业采用不同颜色管道，防止生产用水与非生产用水混淆。

（二）监控

1. 水源

无论是城市公共用水还是用于食品加工的自备水源都必须充分有效地加以监控，经官方检验有合格证明后方可使用。

（1）城市供水　若使用城市供水，要求具有一份城市水质分析报告的复印件。水质分析报告除了提供水的安全信息外，还会提供一些影响加工状况的其他信息（如水的硬度及矿物质的含量）。每年的水费单和分析报告应与周期性或每月卫生控制记录共同存档。如果单独进行其他成分分析，也应把结果记录在周期性卫生控制表中。

（2）自备水（井水）　自备水水源是否符合标准也需进行监控，要求对水源进行分析，分析项目至少应包括指示性细菌（如大肠埃希氏菌）的检测。井水在工厂投产前必须进行检测，投产之后至少每半年检测 1 次，对可疑水源应增加检测频率。抽样频率应符合地方或国家要求，由当地政府部门或其认可的水质检测实验室提供抽样方法及检测程序，抽样方法必须考虑到抽样地点和抽样程序的选择、样品的运送与处理。

（3）海水　对用于加工的海水，至少应与城市供水或自备水水源的标准一致。因此，用海水加工水产品的工厂或船只，应考虑监控已经进行必要处理的水及储水池中的水的最初来源。由于海水状况会随着季节及海滨的活动而变化，海水的监控应比陆地水及自备水的监控更频繁。海水盐含量比淡水高，用于食品及食品接触面的海水至少应符合 GB 5749—2022《生活饮用水卫生标准》，若不符合，应根据它的用途仔细考虑其安全以及在影响产品外观上的风险。

例如，当海水仅仅用于辅助用泵或槽，或从船中卸载整条鱼时，就不必检测。但是，如果海水用于加工且直接接触鱼片或其他水产品的可食部位时，就需要严格监控海水的来源。监控内容包括检测当地环境状况（如赤潮）及水质。

2. 供水设施

供水设施要完好，一旦损坏后就能立即维修好，管道的设计要防止冷凝水集聚下滴污染裸露的加工食品，防止饮用水管、非饮用水管及污水管间交叉污染。

（1）防虹吸设备　水管离水面距离 2 倍于水管直径。

（2）防止水倒流　水源与水池或地表水之间形成空气隔断，或安装真空排气阀。

（3）洗手消毒水龙头为非手动开关。

（4）加工案台等工具有将废水直接导入下水道的装置。

（5）备有高压水枪。

（6）使用的软水管要求用浅色不易发霉的材料制成。

（7）有蓄水池（塔）的工厂，水池要有完善的防尘、防虫鼠措施，并进行定期清洗消毒。

3. 生产用冰

直接与产品接触的冰必须采用符合 GB 5749—2022《生活饮用水卫生标准》的水制造，制冰设备和盛装冰块的器具，必须保持良好的清洁卫生状况，冰的存放、粉碎、运输、盛装等都必须在卫生条件下进行，防止与地面接触造成污染。

4. 废水的处理和排放

（1）污水处理

①符合国家环保部门的规定。

②符合防疫的要求。

③处理池地点的选择应远离生产车间。

（2）废水排放设置

①地面处理坡度：一般为 1%～1.5% 斜坡。

②案台等及下脚料盒：直接入沟。

③清洗消毒槽废水排放：直接入沟。

④废水流向：清洁区向非清洁区。

⑤地沟：明沟加不锈钢箅子，与外界接口有水封防虫装置。

（三）监控频率

1. 水质

（1）企业对水余氯每天 1 次，1 年对所有水龙头都监测到。

（2）企业对水的微生物检测至少每月 1 次。

（3）当地卫生部门对城市公共用水全项目检测每年至少 1 次，并有报告正本。

（4）对自备水源监测频率要增加，1 年至少 2 次。

取样方法：一般放水 3min 后取水样，取水样应在不同的出水口进行，在 1 个生产季节内所有的水龙头应至少取 1 次水样。

2. 设施

供水设施要完好，一旦损坏后就能立即维修好。

（四）纠偏

当监控发现加工用水存在问题时，生产企业必须对这种情况进行评估。如果必要，应中止使用此水源的水直到问题得到解决，并重新检测，证明问题已经解决。另外，必须对这种条件下生产的所有产品进行评估，决定产品的处理措施。如果监控时发现在硬管道处有交叉污染，则必须马上解决。出现问题的部位若不能被隔离（如用关闭的阀门），则应停止生产，直至修好为止。另外，在不合理情况下生产的产品不能运销，除非其安全性已得到验证。如果监控发现管道弯曲处缺少真空排气阀或其他一些缺陷导致虹吸管回流时，必须及时采取有效行动，在每天卫生控制记录表中正确记录所有的维护和纠正措施。

（五）记录

水的监控、维护及其他问题处理都要记录，包括当地卫生部门的水质检验报告、储水设备清洗消毒计划和控制记录、微生物指标和余氯检验记录、冰的生产或购买记录、根据国外注册要求的监控记录、工厂供水网络图和管道检查记录。

二、食品接触面的清洁程度

食品接触面：指可与食品接触的任意表面，包括直接接触面和间接接触面。直接接触面有加工设备、工器具、操作台案、传送带、内包装材料、加工人员的手或手套、工作服（包括围裙）等。间接接触面有车间和卫生间的门把手、操作设备的按钮、车间内电灯开关等。

（一）食品接触面要求

保持食品接触面的卫生是为了防止其污染食品。要做好这项工作，对食品接触面材料的选择、清洁、消毒等方面都有一系列要求。

1. 食品接触面材料要求

（1）耐腐蚀、不生锈、表面光滑易清洗的无毒材料（不锈钢、无毒塑料、不含铅的瓷砖）。

（2）不用木制品、纤维制品（考虑到微生物污染）、含铁金属（不耐腐蚀）、镀锌金属（考虑到腐蚀和化学渗出问题）、黄铜（考虑到不耐腐蚀和产生质量问题）等。

（3）制作精细，无粗糙焊缝、凹陷、破裂等。

（4）始终保持完好的维修状态。

2. 食品接触面清洁和消毒

食品接触面的清洁和消毒是控制病原微生物的基础。不卫生的食品接触面，是导致食品污染的潜在因素，对食品的安全将构成威胁。在食品加工中必须证实食品接触面的卫生条件符合卫生控制程序，在有效的卫生标准操作程序（SSOP）中应列出基本的清洁和消毒计划。

清洗消毒程序：使用化学清洗剂时一般分5~6个步骤，即清洗→预冲洗→使用清洗剂→再冲洗→消毒→最后冲洗。

首先必须进行彻底清洗，以除去微生物赖以生长的营养物质。例如清除大的残渣，预冲洗去除表面附着的残渣，使用清洗剂清洗顽垢，冲洗清洗剂和去除顽垢。然后进行消毒并确保消毒效果。接着再进行冲洗，去除残留的化学消毒剂。

值得注意的是，所有的清洗方法，包括泡沫清洗和浸洗都需要充分的接触时间来完全松动和剥离污物。弱碱性清洗剂通常需要 10~15min 来充分松动大部分水产品加工的污物。过长时间（超过 20min）会使清洗剂变干，重新沉积为污垢或缩短设备寿命。因此，无论选择何种清洗剂，必须考虑接触时间。清洗液的温度对清洗效果也至关重要，一般来说温度较高比较容易清洗，但温度太高时，会使食品残渣中的蛋白质变性凝固，反而影响清洗效果。

（1）加工设备与工器具清洗消毒

①彻底清洗。

②消毒（82℃热水、消毒剂、紫外线、臭氧等）。

③再冲洗。

注：应设有隔离的工器具洗涤消毒间（不同清洁度工器具分开）。

（2）工作服、手套清洗消毒

①集中由洗衣房清洗消毒（专用洗衣房，设施与生产能力相适应）。

②不同清洁区域的工作服分别清洗消毒，清洁工作服与脏工作服分区域放置。

③存放工作服的房间设有臭氧、紫外线等设备，且干净、干燥和清洁。

（3）空气消毒

①紫外线照射法：每 10~15m^2 安装 1 支 30 W 紫外线灯，消毒时间不少于 30min，温度低于 20℃、高于 40℃，相对湿度大于 60% 时，要延长消毒时间。适用于更衣室、厕所等。

②臭氧消毒法：一般消毒 1h。适用于加工车间、更衣室等。

③药物熏蒸法：用过氧乙酸 10mL/m^2，适用于冷库、保温车等。

（二）监控

为保持接触面的清洁卫生，必须对接触面的设计、制作工艺和用材事先进行考虑，并有计划地进行清洁、消毒。

1. 监控项目

（1）食品接触面的条件。

（2）清洁和消毒情况。

（3）消毒剂类型和浓度。

（4）消毒效果。

2. 监控方法

（1）视觉检查　视觉检查包括确认表面状况是否良好，是否经过适当清洁和消毒，手套和外衣等是否清洁并保养良好。监控包括对表面结构和状况的视觉检查，适当的照明、抛光或者浅色表面有助于检查表面的残物。有时，可能需要拆卸设备的某些部件来确认其中是否夹杂食品残渣。

（2）化学检测　化学检测主要是检测消毒剂浓度。对于大多数普通使用的消毒剂，其化学检测非常简单，如氯、碘和季铵盐类化合物。特定的试纸条可通过颜色改变来检测某种消毒剂，以深浅指示其化学浓度，试纸条能快速得到结果，能够满足大多数现场检测要求。

（3）表面微生物检查　表面微生物检验主要的取样点是针对食品加工人员的手部、工作服、手套、传送皮带、工器具及其他直接接触食品的设备表面，主要监控的微生物指标为菌落总数、大肠菌群和部分致病菌（金黄色葡萄球菌和沙门氏菌等）。

(三) 监控频率

1. 清洗消毒

(1) 大型设备，每班加工结束后消毒。

(2) 工器具根据不同产品而定，如畜禽屠宰线上用的刀具，每用1次消毒1次（每个岗位至少2把刀，交替使用）。

(3) 被污染后立即进行。

(4) 手套一般在1个班次结束或中间休息时更换，工作服每天必须清洗消毒。

2. 消毒剂浓度

作为工厂清洁程序的一部分内容，通常在使用过程中测定消毒剂的浓度。在每天加工过程中，准备需用的消毒剂，使用过程中应定时检查浓度，检查频率由使用条件决定。某些消毒剂降解速度很快，因此，需在用于消毒表面之前多进行几次监控。表面微生物检验属于验证检查，一般需要时间长，因此监控频率为在清洁消毒之后，每周、每两周或每月进行监控均可。

(四) 纠偏

在监控过程中发现的问题应采用适当的方式及时纠正。若设备部分腐蚀，其纠正措施应包括抛光或者更换设备。如工作台表面不洁净，应在开工前进行正确的清洁和消毒。若消毒剂的浓度太低，应更换或者调整到正确的浓度，必须建立标准以便确认是否达到要求。例如，用于食品接触面的氯消毒剂，其常用浓度一般为 $100\sim200\text{mg/kg}$ 有效氯，如果监控显示浓度超过这个范围，则必须进行纠正并记录。

(五) 记录

记录的目的是提供证据，证实企业 SSOP 计划的充分性，并且在顺利执行当中。对发现的问题也要记录，便于及时纠正，并为以后提供经验教训。

(1) 每日卫生监控记录　与食品接触面清洗消毒记录、工作服手套等清洗消毒记录、消毒剂种类及其浓度温度记录、与食品接触表面的检测记录。

(2) 检查、纠偏记录。

三、防止交叉污染

交叉污染指通过生的食品、食品加工者或食品加工环境把生物或化学污染物转移到食品中的过程。

(一) 交叉污染的来源及控制措施

1. 交叉污染的来源

(1) 工厂选址、设计、车间工艺布局不合理　由于选址、设计上的失误，将食品厂建在有污染源（如化工厂、医院附近）的地方，或车间工艺布局不合理，使清洁区和非清洁区的界限不明确，造成产品交叉污染。

(2) 加工人员个人卫生不良　事实上人类是食品污染的主要来源，经常通过手、呼吸、头发和汗液污染食品，不留神时咳嗽和打喷嚏也能传播致病性微生物。员工的不良卫生习惯，如随地吐痰，在车间进食，进车间、如厕后不按规定程序洗手、消毒，接触生产品的手又去摸熟的产品，清洁区与非清洁区的人员来回串岗等，都可能对产品造成交叉污染。

(3) 清洁消毒不当。

（4）卫生操作不当。
（5）生、熟产品未分开。
（6）原料和成品未隔离。

2. 对交叉污染的控制措施

（1）预防

①工厂选址、设计和布局尽量合理，车间的布局既要便于各生产环节的相互衔接，又要便于加工过程的卫生控制。

②周围环境不造成污染。

③厂区内不造成污染。

食品厂应选择在环境卫生状况比较好的区域建厂，注意远离粉尘、有害气体、放射性物质和其他扩散性污染源，也不宜建在闹市区或人口稠密的居民区；厂区的道路应该为水泥或沥青铺制的硬质路面，路面平坦、不积水、无尘土飞扬，厂区要植树种草进行立体绿化；锅炉房设在厂区下风处，厕所垃圾箱远离车间；按照规定提前让有关部门审核设计图纸。

车间地面一般为1%~1.5%的斜坡以便于废水排放；案台、下脚料盒和清洗消毒的废水直接排放入沟；废水应由清洁区向非清洁区流动，明地沟加不锈钢箅子，地沟与外界接口处应有水封防虫装置。排出的生产污水应符合国家环保部门和卫生防疫部门的要求，污水处理池地点的选择应远离生产车间。

（2）车间布局

①工艺流程布局合理。

②初加工、精加工、成品包装分开。

③生、熟加工分开。

④清洗消毒与加工车间分开。

⑤所用材料易于清洗消毒。

食品加工过程基本上都是从原料到半成品到成品的过程，即从非清洁区到清洁区的过程，因此，加工车间的生产原则上应该按照产品的加工进程顺序进行布局，不允许在加工流程中出现交叉和倒流；清洁区与非清洁区之间要采取相应的隔离措施，以便控制彼此间的人流和物流，从而避免产生交叉污染；加工品的传递通过传递窗或专用滑道进行。

人流——从高清洁区到低清洁区。

物流——不造成交叉污染，可用时间、空间分隔。

水流——从高清洁区到低清洁区。

气流——入气控制，正压排气。

（3）加工人员卫生操作

①洗手、首饰、化妆、饮食等的控制。

②培训。

（二）监控

为了有效控制交叉污染，需要评估和监控各个加工环节和食品加工环境，从而确保生的产品在整理、贮存或加工过程中不会污染熟的、即食的或需进一步加热的半成品。

1. 工厂选址和设计

在工厂选址和设计之初，要满足食品生产规范中对选址、厂区环境、生产车间布局、加工设备材质等的要求。实现人流、水流、气流从高清洁区到低清洁区；物流不造成交叉污染，通过时间、空间分隔。

2. 生产期间

（1）加工区域　在生产期间，指定人员应在开工时或交班时进行检查，确保所有卫生控制计划中加工整理活动，包括生的产品加工区域与煮熟或即食食品的分离，而且检查人员在工作期间还应定期检查以确保这些活动的独立性。如果员工在生的加工区域活动，那么，他们在加工熟制或即食产品前，必须清洗和消毒手。当员工由一个区域到另一个区域时，应当清洗鞋靴或进行其他的控制措施。当移动的设备、工器具或运输工器具由生的产品加工区域移向熟制或即食产品的加工区域时，也需经过清洁、消毒。

（2）产品贮存区域　应每日检查冷库，以确保熟制和即食食品与生的产品完全分开。通常，可在生产过程中（开工一半时）或收工后进行检查。

（3）加工人员　管理者或其他指定的员工（卫生监督员）应在开工时或交班时以及工作期间定期监控员工的卫生，确保员工个人清洁卫生、衣着适当、戴发罩，不得戴珠宝或可能污染产品的其他装饰品。在加工期间，应定时监控员工操作，以确保不发生交叉污染。加工人员的卫生操作包括：恰当使用手套；严格手部清洗和消毒过程；在食品加工区域不得饮酒、吃饭和吸烟；生的产品的加工员工不能随意去或移动设备到加工熟制或即食产品的区域；未经消毒的胳膊及其他裸露的皮肤表面不应与食品接触面接触。

（三）监控频率

监控的频率视具体情况而定。下列情形很容易观察和监控到员工在开工前手部的清洗、消毒操作，如员工午饭后、换班、休息后、使用洗手间或处理不卫生物品（如垃圾）。员工可能从生的产品处理区到熟制或即食产品处理区域活动，这些场所应特别注意监控。整理、加工熟制或即食产品的操作中，需对手的清洗进行更多的监控。当员工在被要求洗手而未洗手和消毒或发现了不正确的手清洁和消毒操作，管理者应要求其立即改正。每日对产品贮存区域（如冷库）进行检查。

（四）纠偏

对任何可能导致交叉污染的活动或状况应及时采取纠正措施，从而避免食品和食品接触面的潜在污染。当观察到食品整理区域的状况可能导致交叉污染时，应停止加工或整理活动，直到该区域被清洁、消毒，而且生的产品和成品的整理和加工活动也需要隔离。如果可能有污染，产品应被隔离放置，直到确定产品的安全性。如果观察到员工的不良卫生情况或不正确的操作，应及时纠正员工的行为。尤其是当要求员工洗手而发现其未洗手消毒或不正确地洗手消毒后，监督者应要求其立即改正，审查要求的程序和操作的执行情况，加强对员工的培训。

（五）记录

每天卫生控制记录应包括填写所做的观察记录和对可能导致交叉污染的每个潜在因素的纠正措施记录。不论状况是否满意，卫生监督员都应记录监控的时间以及监督与操作人员的姓名，记录应留出空间用于记录观察到不满意状况时所采取的纠正措施。虽然记录表格只列出了检查的指定时间（如早上和下午交班时），但对交叉污染的关注应延伸到整个工作过程中。记录须在日常监控计划下进行。

四、手的清洗和消毒、厕所设备维护与卫生保持

手部的清洗和消毒、厕所设施的清洁与维护与 SSOP 的第三项内容——防止交叉污染的要求密切相关。食品的加工很多是通过手工操作，手不仅接触食品表面，还要处理垃圾、接触化学药品、吃饭等，在这些活动中，手会被病原微生物和有害物质污染。因此，员工正确洗手、消毒以及卫生设施的齐备与完好，能为食品加工企业提供控制卫生、防止交叉污染的基本条件。

（一）洗手、消毒和厕所设施的要求

1. 洗手、消毒设施的要求

采用非手动开关的水龙头；有温水供应，在冬季洗手消毒效果好；有合适、满足需要的洗手消毒设施，每 10~15 人设 1 个水龙头为宜，200 人以上每增加 20 人增设 1 个；拥有流动消毒车。

2. 厕所设施的要求

与车间相连接的厕所，门不能直接朝向车间，要配有更衣、换鞋设备；数量必须与加工人数相适应，每 15~20 人设 1 个为宜；手纸和纸篓保持清洁卫生；设有洗手设施、消毒设施和有防蚊蝇设施。

（二）洗手、消毒方法和频率

1. 洗手消毒流程

清水洗手→用皂液或无菌皂洗手→冲净皂液→于 50mg/kg（余氯）消毒液中浸泡 30s→清水冲洗→干手

2. 洗手、消毒频率

（1）每次进入车间开始工作前。

（2）在以下行为之后　上卫生间；接触嘴、鼻子及头皮（发）、抽烟；倒垃圾、清洁污物；打电话、系鞋带；接触地面污物及其他污染过的区域。

（3）任何需要的时候。

（三）监控

食品整理和加工区域的卫生间和洗手间的洗手设备至少 1 天检查 1 次，确保它们处于可正常使用的清洁状态，并配备热水、肥皂、一次性纸巾、垃圾箱等设施。而某些食品加工过程，则需每天检查 1 次以上，定期检查的方式和频率根据不同的食品和加工方法而定。例如，每日卫生控制记录包括每 4h 检查手部消毒间里供加工即食食品的员工使用的消毒液的浓度。洗手槽里的消毒液应在其配好后，根据消毒液使用的情况用试纸测其浓度。对于以生鱼或预煮水产品为加工对象的员工的手部清洗、消毒设施，应每天开工前检查 1 次。

对于厕所设施的状况和功能的检查，也要求每日至少 1 次。为保证厕所设施在员工们开工前和工作中能正常使用，开工前是最好的检查时间。厕所设施应该一直保持一种良好的工作状态，并进行常规清洁以避免严重污染。作为每日 SSOP 检查表的一部分，每个厕所必须要冲洗干净并通过检查，保证正常使用。

（四）纠正

检查中发现问题应立即纠正。例如，在检查厕所和洗手设施时，发现卫生用品缺少或使用不当，应马上修理损坏的设备或补充卫生用品。若发现消毒液的浓度不够大时，应及时更换浓

度适宜的消毒液,必要时,应要求员工们重新洗手并消毒。一旦发现产品有可能被污染,应立即评估产品是否被污染。如有被污染的情况,就应将被污染的产品隔离,重新评估后做出降级、重新加工、销毁或转为安全用途等决定。

(五) 记录

每日卫生控制记录应包括:洗手间或洗手池和卫生间设施状况的记录、消毒液温度和浓度记录和纠正措施记录。每日卫生控制记录应能清楚反映出每天定期检测的设施状况。记录中应注明在何地、何时进行的观察,所观察的情况是否令人满意,观察到的消毒液的实际浓度,所采取的纠正措施,使用卫生间时所做的观察等。

五、防止食品被外部污染物污染

在食品加工过程中,食品、包装材料和食品接触面会被各种生物的、化学的、物理的物质污染,如消毒剂、清洁剂、润滑油、冷凝物等,这些物质被称为外部污染物。在生产过程中要对这些污染物加以控制,保证食品、食品包装材料和食品所有接触表面不被微生物、化学品及物理的污染物污染。

(一) 导致外部污染的因素及其控制方法

在食品加工中导致外部污染的因素很多,主要外部污染物包括:飞溅的不清洁水以及不清洁的冷凝水;空气中的灰尘、颗粒;外来物质;地面污物;无保护装置的照明设备;润滑剂、清洁剂、杀虫剂等化学药品的残留;不卫生的包装材料等。

预防并控制食品中外部污染物的措施如下。

(1) 包装物料　包装物料存放库要保持干燥清洁、通风、防霉,内外包装分别存放,上有盖布下有垫板,并设有防虫鼠设施;每批内包装进厂后要进行微生物检验,其菌落总数<100CFU/cm^2,致病菌不得检出;必要时对其进行消毒处理。

(2) 冷凝水　具体措施包括:保持车间内通风良好、车间温度控制稳定,顶棚呈圆弧形,提前降温,及时清扫;各种管道、管线尽可能集中走向,冷水管不宜在生产线、设备和包装台上方通过;将热源,如蒸柜、烫漂锅、杀菌器等,单独设房间集中排气。

(3) 食品贮存库　保持卫生,不同产品、原料、成品分别存放,设有防鼠设施。

(4) 化学品　正确使用和妥善保管各种化学品。食品加工机械要使用食品级润滑剂,要按照有关规定使用食品厂专用的清洗剂、消毒剂和杀虫剂,对工器具清洗消毒后要用清水冲洗干净,以防化学品残留。车间内使用的清洗剂、消毒剂和杀虫剂要专柜存放,专人保管并做好标示。

(5) 其他污染物　车间对外要相对封闭,正压排气,车间内定期清除生产废弃物并擦洗地面,定期消毒,防止灰尘和不洁污染物对食品的污染;生产车间使用防爆灯,对外的门设挡鼠板,地面保持无积水,如果在准备生产时,清洗后的地板还没有干燥,就需要采用真空装置将其吸干或用拖把擦干。

(二) 监控

监控的目的是保证食品、食品包装材料和食品接触面免受各种微生物、化学和物理污染物的污染。所以,监控人员必须记住,对产品接触面、辅料和包装材料的污染也就是对成品的污染。为了控制这些污染,首先必须明确监控目标,清楚了解有毒化合物和不卫生表面形成的冷凝物和地板污物喷溅污染产品的可能性，针对生产中的实际情况进行监控。

（三）监控频率

推荐监控频率：在开工前或工作开始时检查，生产过程中每4h检查1次。加工者应清楚，自开始加工，产品从预处理到整个操作过程中都有可能被外部污染物污染，一旦生产过程与已制定的卫生操作程序有偏差时，就需要进行适当纠正。

（四）纠正

对于任何可能导致产品污染的行为应及时加以纠正，以避免其对食品、食品接触面或食品包装材料造成污染。在防止和控制外部污染物污染方面经常采取的纠正措施包括：

(1) 除去不卫生表面的冷凝物。
(2) 调节空气流通和房间温度，以减少水的凝结。
(3) 安装遮盖物，防止冷凝物落到食品、包装材料或食品接触面上。
(4) 清扫地板，清除地面上的积水。
(5) 在有死水的周边地带，疏通行人和交通工具。
(6) 清洗因疏忽暴露于化学外部污染物的食品接触面。
(7) 测算由于不恰当使用有毒倾倒物所产生的影响，以评估食品是否被污染。
(8) 加强对员工的培训，纠正不正确的操作。
(9) 丢弃没有标签的化学品。

（五）记录

对于确保食品、食品包装材料和食品接触面免受污染的记录不需太复杂。每日卫生控制记录的范例只需标明2项主要卫生条件的监控活动。通常情况下，记录的内容可以非常广泛，也可在其他涉及清洁卫生的监控表中进行详细阐述。本项记录的特点是防止任何物质污染食品，有些公司可能会将其每日卫生控制记录习惯性地做成监控某一具体区域或加工程序的格式，即在天花板上没有冷凝物集结；放置好洗手消毒水或消毒剂，远离食品和食品接触面防止喷溅污染；在食品和食品包装区域附近无洗手水和残留液溢出等。

六、有毒化学物质正确标识、贮存和使用

大多数食品加工企业需要使用特定的化学物质，包括清洁剂、消毒剂、灭鼠剂、杀虫剂、机械润滑剂、食品添加剂等。如果没有它们，企业将无法正常运转，但是，在使用时，企业必须小心谨慎，按照产品说明使用。做到正确标记、贮藏安全，否则会导致企业整理或加工的食品有被污染的风险。同时，还必须遵照执行与这些物质的应用、使用、暂存有关的政府法规。

（一）有毒化合物标记、贮藏和使用

大多数食品加工厂有可能使用的化学物质包括洗涤剂、消毒剂、杀虫剂、润滑剂、食品添加剂、化学实验试剂等。

企业应对其贮存和使用的有毒有害化学物质编写一览表。使用的各种有毒有害化合物必须有主管部门批准的生产、销售、使用说明，以及其主要成分、毒性、使用剂量、注意事项、有效期与正确使用方法等方面的证明或说明。配制好的化学药品应正确加以标示，标示应注明主要成分、毒性、浓度、使用剂量、正确使用的方法和注意事项等，并标明有效期。所有有毒有

害化合物必须在单独的区域贮存，贮存柜要带锁以防止随便乱拿，同时还须设有警告标示。所有有毒有害化合物必须由经过培训的人员使用和管理。

用于清洁、消毒处理的化合物与杀虫剂、灭鼠剂一样，应正确贮藏在远离食品整理和加工区域，通常有专门的工作人员负责这些化合物的取用。化学清洁剂应与杀虫剂和灭鼠剂分开暂存，以免意外混合或误用。同样，食品级化学药品应与非食品级物质分开存放。有毒有害化合物不能置于食品设备、工器具或包装材料上。盛放散装清洁剂、消毒剂等的工作容器一定要卫生、干净。曾用于存放有毒有害化合物的器具不能用于贮存、运输或分装食品、食品辅料，也不能用于贮存可能接触食品接触面的清洁剂、消毒剂等物。同样，曾用于贮存清洁剂、消毒剂等的工作容器也一定不能作为食品容器用于包装食品成品。只有正确使用和处理用于操作和维护食品加工设施所必需的化合物（包括清洁剂、去污剂），才能杜绝交叉污染、外部污染物和微生物污染的可能性。所有有毒化合物使用时应填写使用登记记录。

（二）监控

监控要确保有毒化合物的标记、贮藏和使用能充分保护食品免遭有毒化合物的污染。监控区域主要包括食品接触面、包装材料、用于加工过程和包含在成品内的辅料。有毒化合物包括清洁剂、消毒剂、杀虫剂、机械润滑剂和其他清洁或保持产品加工环境卫生所需的化合物。

（三）监控频率

必须以足够的频率监控有毒化合物的贮藏、使用和标记，以确保符合卫生条件和操作要求。推荐监控频率是每天至少1次，开工前的检查可确保前1天使用过的有毒化合物均已被放回原处。加工者在从开工前到加工及卫生活动的过程中，要时刻注意有毒化合物的使用。

（四）纠正

有毒化合物的及时处理应避免其对食品、辅料、食品接触面或包装材料的潜在污染。对不正确操作常采取的几种纠正措施如下。

（1）将存放不正确的有毒物转移到合适的地方。

（2）将标签不全的化合物退还给供货商。

（3）对于不能正确辨认内容物的工作容器应重新标记。

（4）不合适或已损坏的工作容器弃之不用或销毁。

（5）准确评价不正确使用有毒化合物所造成的影响，判断食品是否已遭污染（有些情况必须销毁食品）。

（6）加强员工培训以纠正不正确的操作。

（五）记录

每日卫生控制记录的内容通常包括所有有毒化合物可能引起的外部污染，清洁用化合物、润滑剂、杀虫剂、灭鼠剂等是否正确地标记和贮藏。在生产前进行检查，可做出满意或不满意的判定，不符合的规定需及时纠正并记录纠正措施。

七、雇员健康与卫生控制

雇员的健康与卫生状况对食品、食品包装材料和食品接触面的卫生具有重要影响。根据《食品安全法》规定，凡从事食品生产的人员必须经过体检合格，获有健康证者方能上岗。对员工的健康要求一般包括：患有妨碍食品卫生的传染病（如肝炎、肺结核等）的人员不能从事食品的直接生产；不能有外伤；不得化妆、佩戴首饰和携带个人物品；必须穿戴工作服、帽、口罩、鞋等，并及时洗手消毒；生产人员要养成良好的个人卫生习惯，按照卫生规定从事食品加工工作；患病或有外伤或其他身体不适的员工不能从事食品的直接生产。

（一）检查

食品企业的员工在上岗前必须进行健康检查，上岗后必须定期进行健康检查，每年至少进行1次体检。食品生产企业应制定体检计划，并设有体检档案，凡患有妨碍食品卫生的疾病，如患有由伤寒沙门氏菌、志贺氏菌属、伤寒沙门氏菌、大肠埃希氏菌、甲型肝炎等病菌引起的急性病，必须与食品处理区隔离。这些病菌所引起传染病的后果严重，在某些情况下还可能导致死亡。因此，这些患者均不得参加直接接触食品的工作，痊愈后必须经体检证明合格后才可重新上岗。

食品生产企业应制定卫生培训计划，定期对加工人员进行培训，并记录存档。某些致病菌经常通过患病的员工污染食品而传播，如果加工食品的员工出现下列迹象或症状之一便表明由病原体引起的传染病可能会通过食品供应传染给其他人，这些症状是：痢疾、呕吐、皮肤的创伤、烫伤、发烧、尿色加深或黄疸症。也有一些员工虽没表现出任何症状，但也可能是某些病原体（例如伤寒沙门氏菌、志贺氏菌属）的携带者，如食品加工者在洗手（例如上厕所后、接触生肉后、清扫脏水或拿了垃圾后等）、戴干净手套、使用干净的工器具方面做得不到位，就可能造成这些病原体的食源性传播。非食源性传播路径，比如人与人之间的传播，也是病菌传播的主要途径之一。

（二）监控及监控频率

员工上岗前进行健康检查，每年至少1次体检。在日常生产中，在工厂开工前或员工换班时，检查生产人员是否按照卫生规定从事食品加工，进入加工车间时是否更换清洁的工作服、帽、口罩、鞋等，不得化妆、戴首饰、手表等，观察员工是否患病或有伤口感染的迹象。

（三）纠正

如果员工被确诊为患病或有外伤，可能会污染食品，那么管理人员应该采取以下措施。

（1）重新分配任务和安置此员工到非食品加工区，或回家休养直至此可疑健康状况改变。

（2）如有外伤时，用不透水的覆盖物包扎伤口，然后重新分配任务或回家休养。

（3）如果员工没有按照卫生要求从事食品加工，应对其重新进行卫生培训，提高卫生意识。

（四）记录

生产线上员工的健康和卫生状况在每天工作前都应记录在每日卫生控制记录表上，并且一定要记录出现的不满意状况及相应纠正措施。

八、虫害和鼠害控制

食品生产加工过程中苍蝇、蟑螂等昆虫及老鼠携带大量病原生物，如沙门氏菌、葡萄球菌、肉毒梭状杆菌、李斯特菌和寄生虫等，通过其传播的食源性疾病数量巨大，因此虫害、鼠害的防治对食品加工厂是至关重要的，是食品加工企业的重要工作内容。

（一）害虫防治方法

一般来说，虫害和鼠害控制的操作包括四部分。

(1) 去除任何昆虫、害虫的滋生地。
(2) 阻止虫害进入食品加工企业。
(3) 将虫害从食品加工企业中驱逐出去。
(4) 消灭那些进入厂区的害虫。

食品加工企业制定一套虫害和鼠害控制清除体系要从多方面进行考虑，其中包括（但不局限于）厂房和地面、结构布局、工厂机械、设备和器具、内务管理、废物处理、杀虫剂的使用和其他控制措施等。在制定计划前，企业应对厂房进行一次整体检查，以便了解企业执行上述四项操作的能力，然后制定相应的清除虫害和鼠害的措施。

应保持建筑物完好、环境整洁，防止虫害侵入及滋生，例如，关闭门窗并密封以阻止害虫侵入。生产车间及仓库应采取有效措施（如纱帘、纱网、防鼠板、防蝇灯、风幕等），防止老鼠昆虫等侵入。若发现有虫鼠害痕迹时，应追查来源，消除隐患。应准确绘制虫害控制平面图，标明捕鼠器、粘鼠板、灭蝇灯、室外诱饵投放点、生化信息素捕杀装置等放置的位置。厂区应定期进行除虫灭害工作。采用物理、化学或生物制剂进行处理时，不应影响食品安全和食品应有的品质，不应污染食品接触表面、设备、工器具及包装材料。除虫灭害工作应有相应的记录。使用各类杀虫剂或其他药剂前，应做好预防措施避免对人身、食品、设备工具造成污染；不慎污染时，应及时将被污染的设备、工具彻底清洁，消除污染。

（二）监控

虫害和鼠害防治中需要做的监控工作包括：视觉检查是否存在害虫和老鼠以及它们最近留下的痕迹（如粪便、啃咬痕迹和造巢材料等）。一般而言，应对加工区域、包装区域和贮存区域进行监控。另外，对其他如不加以控制可能引起虫害和鼠害问题的相关情况也需加以监控。监控频率根据检查对象的不同而异。

（三）监控频率

对于工厂内害虫可能入侵点的检查，可每月或每周检查1次；对工厂内害虫遗留检查，应按照相应 GMP 法规或 HACCP 计划的规定检查，通常为每天检查。也可根据经验来调整监控的频率。

（四）纠正

如果监控程序表明存在可能危害食品安全或影响食品卫生的问题，则应及时纠正。存在的害虫是必须解决的一个卫生问题，对这个问题应该具体情况具体分析，在制定最终解决办法之前应考虑复杂或者简单的害虫问题。例如，对于加工区的苍蝇，短期的解决办法可能是杀死苍蝇并清理加工区域附近的垃圾；从长远来看，则需安装气幕，并将垃圾箱移到远离厂门的地方。

（五）记录

灭虫灭鼠及检查、纠偏记录必须记录监控过程中害虫检查结果和纠正措施的实际情况，以便在政府监督机构检查或审核过程中能提供这些记录文件。记录应能证明公司的卫生规范是适当的、按照规范要求做的，并已对发现的问题进行纠正。

第三节　SSOP 文件和记录的编制

一个完整的食品安全体系包括卫生控制程序和 HACCP 计划两个方面，卫生标准操作程序（SSOP）概述了企业该如何在其内部保持卫生控制。各个工厂的 SSOP 都应是具体的，SSOP 应描述工厂与食品卫生操作和环境清洁有关的程序和实施情况。企业可以选择制订正式的或非正式的 SSOP 计划，非正式的 SSOP 可能仅仅是描述企业对某具体卫生问题的控制、监测和纠正偏差所遵循的程序和频率。

一、SSOP 文件编制

1. SSOP 文件的含义

含有卫生标准操作程序的文件可称为 SSOP 文件。

2. 卫生标准操作程序文件特点

（1）SSOP 文件能够为执行人提供详细的操作说明，具有很强的可操作性。

（2）SSOP 文件记录能够反映卫生操作程序的执行情况。

3. 卫生标准操作程序文件编制原则

（1）SSOP 文件由食品企业根据自己的要求进行编写。

（2）SSOP 文件以 GMP 为基础，以有关法律法规为依据，通过 SSOP 实施到达 GMP 的要求。

（3）编写 SSOP 文件时，应联系企业实际，使之既符合法规标准的要求，又易于遵守和使用。

4. 卫生标准操作程序文件编制要求

（1）指令性　由负责卫生标准操作活动主管领导批准后发布实施。

（2）目的性　SSOP 文件应确定卫生标准操作活动的目标。

（3）符合性　SSOP 文件的编制应符合 HACCP 体系的应用准则，GMP 和国家及行业发布的各项法规、法令、标准和规定。

（4）协调性　SSOP 文件应与 HACCP 相关的管理文件保持一致，并做到协调统一。

（5）系统性　SSOP 文件是对所有影响卫生质量的操作活动进行作业指导的文件，应对活动实施的具体程序做出规定，操作人员的职责应明确清楚，各项实施程序应做到连续有序。

（6）可行性　SSOP 文件的编制应立足于企业的实际情况，切实可行。

（7）可操作性　SSOP 文件中每个环节的各项活动内容及要求等都应做出详细而明确的规定，要能指导实践，便于责任人员进行操作，应力求写清如下 5W1H。

WHY	为什么做（目的、范围）	（何故）
WHAT	做什么	（何事）
WHO	谁做	（何人）
WHEN	什么时间做	（何时）

WHERE　什么地方做　　　　　　　　　　　　　　　　　　（何地）

HOW　　怎么做　　　　　　　　　　　　　　　　　　　（何为）

（8）SSOP 文件应做到术语规范，结构严谨，内容重点突出。

5. 卫生标准操作程序编写内容

正式的 SSOP 是书面的，必须遵守一定的标准模式，因此每一个 SSOP 都包含标准的内容，一般包括：标题、目的、范围、依据、职责、实施的措施、程序、文件的审批栏、记录等。

（1）标题　标题一般由管理对象和业务特征两部分组成。例如，"洗手消毒程序"中"洗手消毒"是管理对象的名称，"程序"是管理业务的特征。

（2）目的范围　简要说明文件中的主题内容。例如，"与食品接触或与接触食品的加工设备的表面接触的水（冰）的安全操作程序"的目的和范围可以这样描述："对与食品接触或与接触食品的加工设备的表面接触的水（冰）的质量进行控制，确保食品配料用水、加工用水或作为清洗设备用水的安全性。"

（3）依据　必要时应明确所定程序的依据或引用文件。例如，加工用水（冰）的卫生操作程序中引用文件可以是 GB 5749—2022《生活饮用水卫生标准》。

（4）职责　应明确责任部门以及有关责任人员的职责。例如，"确保食品免受交叉污染操作程序"中，根据操作内容不同，其责任者可能是质量监督员、车间清洁员、维修人员及生产操作人员。

（5）实施的程序（措施）　实施程序应针对某一事项，按工作先后的顺序规定具体的工作内容。

（6）记录　在程序文件正文后面，应附上记录表或记录卡。

（7）程序文件的审批　该程序文件必须由负责卫生标准操作活动的主管领导批准签字方可生效。

二、卫生标准操作记录编制

1. 卫生标准操作记录概念

记录是阐明所取得的结果或提供所完成活动的证据文件。记录可用作追溯性文件，并提供验证、纠正和预防措施的证据和依据。

2. 记录编制要求

（1）记录应当清楚并准确反映实际情况。

（2）清晰，填写准确。

（3）有责任人签名和标注日期。

（4）重要记录都应以适宜的频率进行复核。

（5）易查到和检索，并妥善保管。

（6）按产品的优质期限规定一定的保存期限。

三、SSOP 实施情况检查与记录

食品企业在建立和实施卫生标准操作程序时，应保证四个"必须"：

（1）必须建立和实施书面 SSOP 计划。

（2）必须监测卫生状况和操作。

(3) 必须及时纠正不卫生的状况和操作。

(4) 必须保持卫生控制和纠正的记录。

第四节 SSOP 在实际生产中的应用

一、果蔬汁生产加工企业的 SSOP 计划

制定苹果汁加工厂 SSOP 时，依据 GB 14881—2013《食品生产通用卫生规范》和 GB 12695—2016《食品安全国家标准 饮料生产卫生规范》，建立切实可行的清洗、消毒和卫生保持作业指导文件。

（一）加工用水的安全操作程序

1. 控制和监测措施

(1) 整个工厂的水源必须是符合城市饮用水标准的自来水或深井水，目前公司所有的生产用水由××县自来水厂供应。县疾病预防控制中心按国家饮用水标准，至少每年两次对厂区的水质进行全项目指标的检测，质量监督员及时索取检测报告。检测时间定为每年的二月和八月。

监测频率：每年两次。

(2) 自建储水池应密封、安全，保证水源不受污染。对自建储水池每年夏季开工前或每年不少于两次清洗、消毒。清洗程序为：

清除杂物→水冲洗→200mg/L 次氯酸钠溶液喷洒→水冲洗

监测频率：每年两次。

(3) 根据供水网络图，水龙头统一编号，每天对不同的自来水龙头取样进行余氯检测，余氯须保持在 0.03~0.05mg/L。每周进行一次菌落总数、大肠菌群等微生物检测。

监测频率：每天一次/每周一次。

(4) 加工厂的水系统应由被认可的承包商设计、安装和改装，不同用途的水管用标示加以区分，备有完备的供水网络图和污水排放管道分布图，以表明管道系统的安装正确性，并且对加工车间水龙头进行编号。

监测频率：水管系统进行安装或改装时。

2. 纠正措施

(1) 发生故障或受污染时，企业应停止生产，将本段时间内生产的产品进行安全评估，只有当水质符合国家标准时，才可重新生产。

(2) 水质检验不合格，立即制定消毒处理方案，并连续监控，当水质符合标准时，才可重新生产。

3. 记录

(1) 一年两份水质检验报告。

(2) 自建储水池检查报告和定期的卫生记录。

(3) 每周一次的微生物检验记录。

(4) 每日的余氯检验记录。

(5) 供水管道检查记录。

(二) 苹果汁接触面的清洁消毒操作程序

1. 控制和监测措施

(1) 一般设备、工器具生产后清洁消毒程序

①每班结束后，从操作区和设备上清理所有的碎片和杂物。

②切断设备电源，必要时保护设备与电连接处敏感部分，使之与水隔离。

③根据设备说明书拆卸可清洗零件。

④用 50~55℃ 的热水冲洗设备，去除残留固体，不能直接冲洗发动机、接线口和电线。

⑤利用轻便式或集成式清洗系统和强酸（不锈钢）、强碱（非不锈钢）性清洁剂清洗设备。清洗剂的浸泡时间应该控制在 10~20min。洗涤溶液的温度控制在 50~60℃，洗涤溶液的配制应参照洗涤剂使用说明书。

⑥使用洗涤剂后的 20min 内，用 50~60℃ 的热水冲掉洗涤溶液和尘土。

⑦检查清洗的有效程度，如有必要重新清洗。

⑧将质量浓度为 100mg/L 的含氯消毒液喷淋于待消毒设备上，停留 3min。

⑨用清水冲洗，并请卫生监督员检查，每周对重要设备的表面进行一次微生物检验。

⑩有必要时，利用白色食用油保护设备表面，以避免其腐蚀或生锈。由于油保护膜上易沉积微生物，因此不能用得太多。

监测频率：每班开工前。

(2) 苹果清洗机上湿刷子的清洁消毒程序　以下步骤适用于生产结束后、休息 2~3d 后和午饭后重新开工前，需要大约 10min。

①清扫周围区域，用手从湿刷子内部和外部去除所有碎片和杂物（小枝、果渣、树叶等）。

②用高压喷水枪冲洗湿刷子外部。将高压喷水枪的喷嘴插入湿刷子内部，彻底冲洗内部表面、喷水嘴和刷子。

③用手去除残留的碎片和其他有机物，清理后刷子上应没有任何可见碎片。

④操作者准备 20kg 含有洗涤剂的溶液，用适用于与食品接触表面的刷子，彻底刷洗内表面和外表面。

⑤用高压喷水枪，冲洗内外表面去除洗涤剂。

⑥用肉眼检查机器内外表面，确保所有污物都被除去，从机器上滴下的应是干净的水。

⑦配制游离氯质量浓度达 100~200mg/L 的消毒剂，装入喷洒壶中，喷洒机器所有表面使消毒水从机器上滴下。

⑧用温水冲掉消毒剂，在空气中使其自然干燥。

⑨填写检查记录，并请卫生监督员检查。

监测频率：每班开工前。

(3) 榨汁机清洁消毒程序　以下步骤在生产结束后或间隔 2d 时间后开机前使用，这个步骤需要 25min，使用喷淋消毒法。

①清理榨汁工作区，清理设备上的小枝、树叶、果渣和其他杂物。

②用温水（50~60℃）冲洗设备。

③每个操作人员准备 1 个白色塑料桶，大约可装 5kg 重、含有洗涤剂、温度为 50~60℃的清洗溶液。

④用与食品接触表面的专用清洗刷和清洗溶液洗刷榨汁机、齿条、框架和料盘，并注意用刷子将设备底部清洗干净。

⑤用热或温水冲洗设备，去除洗涤剂。用肉眼检查，保证所有颗粒、有机物去除，如果有杂物没有去除，重复步骤③~⑤。

⑥在 10kg 水中放入适量次氯酸钠，使游离氯质量浓度达到 100~200mg/L，装入手持喷洒壶中。

⑦喷洒消毒剂在设备的表面，并停留 3min。

⑧用可饮用水冲洗净设备表面的消毒剂。

⑨填写检查记录，请卫生监督员检查。

监测频率：每班开工前。

(4) 过滤器清洁消毒程序　每次完成生产后过滤器应该被拆卸开，进行手工清洗和手工消毒。以下程序大约需要 30min，采用喷淋消毒法。

①检查过滤器工作区，从地板上清理掉树叶、小枝和果渣。

②遵守推荐给操作员的方法，覆盖所有马达和配电板。

③用温水（50~55℃）冲洗过滤器及其关联设备。

④遵守推荐给操作员的方法拆卸过滤器，用温水冲洗所有零件，清除残留物。

⑤每个操作员配制 5kg 含有洗涤剂的溶液，用清洗与食品接触表面的专用刷子和清洗剂刷洗过滤器。

⑥用热水或温水（50~60℃）冲洗掉洗涤剂溶液。检查清洗区域，确保所有暴露面被清洗过。

⑦配制游离氯质量浓度为 100~200mg/L 的消毒剂，装入手持喷洒壶中，用消毒剂喷洒过滤器的内部和外部，使溶液从设备上滴下。

⑧用专用于与食品接触表面的刷子刷洗过滤器零件，并用温水冲洗。用肉眼检查确保所有残渣被去除掉，如果有任何残留物，将此零件重新清洗。

⑨填写检查记录，请卫生监督员检查。

监测频率：每班开工前。

(5) 酶解罐清洁消毒程序　酶解罐一旦排空，要立刻进行清洗和消毒，整个清洗消毒程序大约需要 20min。

①清理酶解工作区，使之无任何杂物。

②用高压喷水枪冲洗罐外表面，使其外表面干净、无可见异物。

③用高压喷水枪冲洗罐内表面，使其内表面干净、无可见异物。

④进行消毒，在 10kg 水中放入次氯酸钠，使游离氯质量浓度为 100~200mg/L，装入手持喷洒壶中，用这种消毒液喷洒罐内所有表面，并停留 3min。

⑤3min 后用 80℃热水冲洗净内表面，自然晾干。

⑥填写检查记录，并请卫生监督员检查。

监测频率：每班开工前。

(6) 包装产品贮存区域的清洁消毒程序　贮存加工产品的区域至少每周清洗一次，大规模操作区域的清洗频率应该更高。原料贮存区域必须每天清洗。

①将大体积碎片捡起来并置于垃圾箱中。

②只要条件许可，采用机械清扫机或擦洗机进行清扫擦洗。如果使用机械擦洗机，可以按照生产厂商提供的说明书选择清洗剂。

③采用轻便式或集成式清洗系统以及50℃水可有效清洗重污垢区域，具体清洗方法与一般设备的清洗方法相同。

④适时拿开、清洗和更换排水沟盖。

⑤更换水管或其他设备。

⑥每次使用后及时清洗、消毒苹果箱。用容易消毒的金属支架代替木质支架。

⑦填写检查记录，并请卫生监督员检查。

监测频率：每周一次/每天一次。

（7）地面和墙壁的清洁消毒程序　休息间隙，应用水冲洗地面、墙壁。每周对地面和墙壁进行一次清洗消毒。清洗消毒步骤如下。

①用清洁水冲洗地面和墙壁。

②用含氯400mg/L的漂白粉溶液擦洗地面和墙壁。

③用85℃热水清洗干净，并用海绵拖布擦干。

④填写检查记录，并请卫生监督员检查。

监测频率：每班开工前/每4h一次。

（8）工作服和其他要求

①员工应穿戴干净工作服和工作鞋。

②检果工序的工作人员还应穿戴干净的手套和防水围裙。

③企业管理人员在加工区也应穿戴干净的工作服和工作鞋。

④卫生监督员应监督员工手套的使用和工作服的清洁度。

（9）制定"苹果汁接触面清洁消毒程序"时应说明的问题

①每个"清洁消毒程序"应能独成一体，雇员读了此程序，应能够独立完成任务。

②如果加工工艺改变，清洗消毒程序也应更新。

③当使用新机器时，SSOP必须进行更新。

④地面排水管道应每天甚至更频繁地清洁，不适当的陷阱式排水口是污染和不良气味的来源。

⑤天花板要定期冲洗，避免污物、微生物的积累，防止斑点和不良气味的产生。

⑥传送带必须用刷子和含有洗涤剂的水溶液洗净，在清洗前所有的树叶、小枝、苹果碎片、污物必须除去，刷洗完后用清水冲净并用消毒剂进行消毒，传送带经过上述处理后应无任何有机物质残留。

⑦高压喷水枪对清洗射程达不到的区域效果不好，清洗这类设备最有效方法是用洗涤剂溶液和刷子手工清洗。清洗前必须将设备拆卸开，SSOP应详细说明设备的哪些零件需要拆卸开，如何拆卸。

⑧果汁加工厂中的各种污物都很容易清洗，小型企业通常采用轻便式清洗系统，而大型加工企业可利用集成式清洗系统或就地清洗系统（CIP）清洗管道、热交换器、均质器、大体积贮存罐等。

2. 纠正措施

（1）彻底清洗与苹果汁接触的设备和管道表面。

（2）重新调整清洗消毒液浓度、温度和时间，对不干净的苹果汁接触面进行清洗消毒。

（3）可能成为苹果汁潜在污染源的手套、工作服应进行清洗消毒和更换。

3. 记录

（1）定期卫生检查记录。

（2）每日卫生检查记录。

（3）各种设备和工器具的清洗消毒检查记录。

（三）防止交叉污染程序

1. 控制和监测措施

（1）适用于所有工作人员的操作

①如有下列情况之一者，请将手用皂液和清水彻底洗净并干燥。

a. 进行工作前；

b. 咳嗽，打喷嚏，用手捂嘴，擤鼻涕、摸鼻子、嘴、耳朵、眼睛和头发之后；

c. 抽烟、吃饭、饮水、休息之后；

d. 使用完卫生间设备后；

e. 接触了除产品及与产品生产区域以外的东西。

清洗时在有肥皂泡的情况下，用清洗工具有力搓手和手臂表面 20s，随后用清水冲净，注意指甲下、指缝部分，用一次性子纸巾或烘干机干燥手。

②当接触榨汁用苹果、果浆，没有罐装的果汁及包装材料时，正确地戴上帽子或发网。

③每天开始工作前要穿干净的工作服，工作服在工作期间尽可能保持清洁，在果汁加工区不得穿着有灰尘的工作服。

④在加工区域使用的胶鞋、防水靴必须保持清洁。工作人员在进入加工车间前，应在盛有含氯 200mg/L 次氯酸钠消毒液的消毒池中对其工作鞋进行消毒。

⑤在苹果汁加工区禁止吃、喝、抽烟、装扮，要划出特别区域作为午饭区域。

⑥在榨汁车间禁止戴首饰和手表。

⑦各工序工作人员不得串岗。

⑧患有脓肿、开放性化脓、割伤、烧伤及皮肤病和呼吸道、消化道传染病患者，不允许从事水果原料处理、包装材料处理、榨汁及苹果汁加工工作。

⑨卫生监督员应及时认真地监督每位工作人员的操作。

监测频率：每班开工前/每 4h 一次。

（2）生产前预清洁消毒程序

①保证工厂、设备及与食品接触表面清洁干净，填写检查单，确认遵守了 SSOP 指导里描述的清洁步骤。

②消毒和冲洗与食品接触表面，填写检查单，在检查单上注明：

a. 遵从了 SSOP 指导里描述的消毒和冲洗步骤；

b. 遵守了化学药品使用指导；

c. 设备的每个零件都使用同一步骤清洗消毒。

③设备装配好后，试运行一遍。

④员工认真填写检查记录,作为责任人签名。

⑤在开始操作之前,卫生监督员将检查生产区的卫生状况。

⑥经理每周将检查记录回顾一遍。

监测频率:每班开工前。

(3) 日常清洁消毒操作程序

①在传送带上检查苹果,剔除腐烂果、严重损伤果、虫害果。

②及时清扫加工区域和贮藏间,使这些区域无苹果枝、叶和垃圾。

③泵和生产线在使用前要进行彻底清洗和消毒。

④注意苹果清洗水槽中水的质量:及时从过滤帘上将树叶等杂物除去,以避免过多废物积累;当需要时,及时更换贮槽中水;每小时测试一次贮槽中水的氯气含量,贮槽中水的氯气质量浓度应该是100~200mg/L 游离氯,如果贮槽中水低于此标准,需要及时加氯并重新测试;旺季每天应将贮槽排干,清洗一次贮槽和水道,淡季每压榨两天清洗一次贮槽和水道,将清洁情况记录在检查记录表上。

⑤果渣应及时从生产区域清理出去,防止有利于害虫的条件形成。

⑥使用完的果汁过滤布应及时清洗,搭在架子上晾干,不允许用其抹擦地面和其他污染的表面。

⑦在每日生产结束时,倾倒空废料斗,废料斗用水冲洗后,再用200mg/L 次氯酸钠液消毒后方可再次带入车间使用。保持废料斗清洁并盖上盖子,以免吸引害虫和老鼠。

⑧包装材料应放在原始包装里远离地面处,使用时再打开。

监测频率:每班开工前/每4h 一次。

(4) 其他操作程序

①原料苹果不能夹杂大量泥土和异物,烂果率控制在5%以下。原料苹果的装运工具应卫生。原料验收人员负责检查原料苹果及其装运工具的卫生。

监测频率:每次接受原料苹果时。

②不同作业区所用工器具,应有明显不同的标示,不能混用。原料、半成品、成品在加工、贮存过程中要严格分开,防止交叉污染。

监测频率:每班开工前/生产、贮存过程。

③卫生监督员和工作人员应接受安全卫生知识培训,企业管理人员应对新招聘的工作人员进行上岗前的食品安全卫生知识和操作培训。

监测频率:雇用新的工作人员上岗前。

④污水的排放:污水排放符合环保要求。车间内地面应有一定的坡度并设明沟以利排水,明沟的侧面和地面应平滑且有一定弧度。车间内污水应从清洁度高的区域流向清洁度低的区域,工作台面的污水应集中收集,通过管道直接排入下水道,防止溢溅,并有防止污水倒流的装置。卫生监督员检查污水排放情况。

监测频率:每班开工前/每4h 一次。

2. 纠正措施

(1) 拒收带着过多泥土、异物及腐烂严重的原料苹果。

(2) 卫生监督员应对可能造成污染的情况加以纠正,并要评估苹果汁的质量。

(3) 新上岗的卫生监督员及员工应接受安全卫生知识培训和操作指导。

(4) 工作人员在工作衣帽穿戴、首饰佩戴、手套使用、手的清洗、个人物品带入车间、工作鞋的消毒方面存在问题时,应对其及时予以纠正。

(5) 清除残渣、腐烂果及杂质,重新清洗消毒容器。

(6) 请维修人员解决排水问题。

3. 记录

(1) 原料验收记录。

(2) 每日卫生记录。

(3) 定期的卫生控制记录。

(4) 日常清洁消毒操作检查记录。

(5) 员工培训记录。

(四) 手的清洗、清毒及卫生间设施的维护程序

1. 控制和监测措施

(1) 卫生间每天进行清洗和消毒。卫生监督员负责检查卫生间设施及卫生状况。

监测频率:每班开工前/生产过程每 4h 一次。

(2) 车间入口处、卫生间内及车间内须有洗手消毒设施。应在开工前、每次离开工作台后或被污染时清洗和消毒手。清洗和消毒手的程序为:①清水洗手—用皂液或无菌皂洗手—清水冲净皂液—于 50mg/L(余氯)消毒液浸泡 30s—清水冲洗—干手;②清水洗手—用皂液或无菌皂洗手—清水冲净皂液—清水冲洗—干手—75%酒精喷淋。卫生监督员负责检查洗手消毒设施、消毒液的更换和浓度。

监测频率:每班开工前/生产过程每 4h 一次。

2. 纠正措施

(1) 重新清洗消毒卫生间,必要时进行修补。

(2) 卫生监督员负责更换洗手消毒设施和更换、调配消毒剂。

3. 记录

每日卫生控制记录。

(五) 防止污染物危害的程序

1. 控制和监测措施

(1) 果蔬汁生产加工企业所用清洁剂、消毒剂和润滑剂应附有供货方的使用说明及质量合格证明,其质量应符合国家卫生标准,并须经质检部门验收合格后方可入库。卫生监督员负责检查包装物料的验收情况。

监测频率:每批清洁剂、消毒剂和润滑剂。

(2) 与产品直接接触的包装材料必须提供质量合格证明,其质量应符合国家卫生标准,并须经质检部门验收合格后方可入库。每批内包装进厂后要进行微生物检验,菌落总数<100CFU/cm^2,致病菌未检出,必要时可进行消毒。卫生监督员负责检查包装物料的验收情况。

监测频率:每批包装材料检测一次。

(3) 包装材料和清洁剂等应分别存放于加工包装区外的卫生清洁、干燥的库房内。内包装材料应上架存放,外包装材料存放应下有垫板、上有无毒盖布,离墙堆放。卫生监督员负责检查。

监测频率:每天一次/每 4h 一次。

(4) 应在灌装室内安装臭氧发生器,必要时安装空气净化系统。于每次灌装前进行不低于半小时的灭菌。灌装间应通风良好,防止冷凝物污染产品及其包装材料。加工车间应使用安全性光照设备。卫生监督员负责检查。

监测频率:每班开工前。

(5) 设备应维护良好,无松动、无破损、无丢失的金属件,卫生监督员负责检查设备情况。

监测频率:每班开工前。

(6) 果汁灌装结束,应按不同品种、规格、批次加以标识,并尽快存放于 0~5℃ 的冷藏库内。冷藏库配有温度自动控制仪和记录仪,应保持清洁,定期进行消毒、除霜、除异味。卫生监督员负责检查冷藏库的温度及卫生情况。

监测频率:罐装结束/每天一次。

(7) 生产用燃料(煤、柴油等)应存放在远离原料和成批果品果蔬汁的场所。卫生监督员检查。

监测频率:每天一次。

(8) 车间应通风良好,不得有冷凝水。卫生监督员检查。

监测频率:生产中每 4h 一次。

2. 纠正措施

(1) 无合格证明的清洁剂、消毒剂、润滑剂和包装材料拒收。

(2) 存放不当的包装材料和清洁剂等应正确存放。

(3) 对可能造成产品污染的情况加以纠正并评估产品质量。

(4) 必要时进行维修。

(5) 对违反冷库管理及消毒规定的情况,应及时加以纠正。

(6) 生产用燃料(煤、柴油等)接近原料和成批果品果蔬汁时应及时纠正。

(7) 车间应通风舒畅,集结有冷凝水时应加大排风换气。

3. 记录

(1) 清洁剂、消毒剂、润滑剂和包装材料验收记录。

(2) 每日卫生控制记录。

(六) 有毒化合物的标记、贮藏和使用程序

1. 控制和监测措施

(1) 生产加工中(清洗用的强酸强碱、生产中和实验室检测用有关试剂等)使用的所有有毒化合物必须有生产厂商提供的产品合格证明或含有其他必要的信息文件。

监测频率:每批有毒化合物。

(2) 所有有毒化合物应在明显位置正确标记并注明生产厂商名、使用说明。贮存于加工和包装区外的单独库房内,须由专人保管。并不得与食品级的化学物品、润滑剂和包装材料共存于同一库房内。卫生监督员应检查其标签和仓库中的存放情况。

监测频率:每天一次。

(3) 须严格按照说明及建议操作使用。由专人进行分装操作,应在分装瓶的明显位置正确标明本化学物的常用名,不得将有毒化学物存放于可能污染原料、果蔬汁或包装材料的场所。卫生监督员负责检查标识和分装、配制情况。

监测频率：每次分装、配制、使用。

2. 纠正措施

（1）无产品合格证明等资料的有毒化合物拒收，资料不全的应先单独存放，直到获得所需资料方可接受。

（2）标记或存放不当的应纠正。

（3）未合理使用有毒化学物的工作人员应接受纪律处分或再培训，可能受到污染的果蔬汁应销毁，分装瓶标识不明显时应予以更正。

3. 记录

（1）定期的卫生控制记录。

（2）每日卫生控制记录。

（七）员工健康程序

1. 控制和监测措施

（1）发现工作人员因健康可能导致果蔬汁污染时，应及时将可疑的健康问题汇报告企业管理人员。

（2）卫生监督员应检查工作人员有无可能污染果蔬汁的受感染的伤口。

监测频率：每天开工前/生产中每 4h 一次。

（3）从事果汁加工、检验及生产管理人员，每年至少进行一次健康检查，必要时做临时健康检查，新招聘人员必须体检合格后方可上岗，企业应建立员工健康档案。

监测频率：每年一次/新招聘工作人员上岗前。

2. 纠正措施

（1）应将可能污染果蔬汁的患病工作人员调离原工作岗位或重新分配其不接触果蔬汁的工作。

（2）受伤者应调离原工作岗位或重新分给其不接触果蔬汁的工作。

（3）未及时体检的员工应进行体检，体检不合格的，调离原工作岗位或不许上岗。

3. 记录

（1）每日卫生控制记录。

（2）定期卫生控制记录。

（八）鼠、虫的灭除程序

1. 控制和监测措施

（1）加工车间、贮存库、物料库入口应安装塑料胶帘或风幕；车间下水管道须装水封式地漏，排水沟须备有不锈钢防护罩并在与外界相通的污水管道接口处安装铁纱网；车间的窗户、通（排）风口应安装有铁纱网；加工车间、贮存库、物料库入口和通（排）风口应安装捕鼠设备。上述各设施必须完好，以防鼠、虫侵入。卫生监督员负责检查。

监测频率：每天开工前。

（2）厂区和车间地面不应存在可招引鼠、虫的垃圾、废料等污物。生产区大门应关闭。卫生监督员负责检查有无鼠、虫的存在。卫生监督员应及时向企业管理人员报告鼠害状况。

监测频率：每天开工前、生产中、生产结束。

（3）生产加工企业应定期灭除老鼠和害虫。卫生监督员负责检查。

监测频率：每月一次。

2. 纠正措施

（1）完善防鼠、虫的设施。

（2）及时清理招引鼠、虫的污物。

（3）定期捕灭鼠、虫。

3. 记录

（1）每日卫生控制记录。

（2）定期卫生控制记录。

（九）环境卫生程序

1. 控制和监测措施

（1）厂区应无污染源、杂物，地面平整不积水。卫生监督员负责检查。

监测频率：每天一次。

（2）应保持车间、库房、果棚干净卫生。卫生监督员负责检查。

监测频率：每天一次。

（3）应定期清理打扫厂区环境卫生和清除厂区杂草。卫生监督员负责检查。

监测频率：每周一次。

2. 纠正措施

（1）及时清理污染源、杂物，整修地面。

（2）车间、库房、果棚发现污染物、异物及时清理。

（3）定期清理打扫。

3. 记录

（1）每日卫生控制记录。

（2）定期卫生控制记录。

（十）检验检测卫生程序

1. 控制和监测措施

（1）各生产工序的检查监督人员所使用的采样器具、检测用具应干净卫生。

监测频率：每次。

（2）实验室应干净卫生，无污染源，不得存放与检验无关的物品。

监测频率：每天一次。

2. 纠正措施

（1）使用前后及时发现及时清洗消毒。

（2）及时清理。

3. 记录

每日卫生控制记录。

二、某水产加工厂单冻鲽鱼片加工过程的SSOP计划

（一）加工用水的安全

1. 目的

保证生产用水安全卫生。

2. 适用范围

生产过程所使用的水（包括制冰用水）。

3. 规程

（1）在生产加工过程中使用的水（包括制冰用水）均采用自来水公司提供的生活饮用水，除自来水公司每个月至少提供两份出厂水质检验证明，每年由官方检验机构按照欧盟98/83/EC要求及我国的GB 5749—2022《生活饮用水卫生标准》各检测一次，只有检测合格的水才能用于食品加工。

（2）公司品管部每周至少对生产用水进行一次颜色、沉淀物、气味、余氯含量、pH、菌落总数和大肠菌群检验，并将结果记录于水质检测原始记录表，以确认生产用水是否遭受交叉污染。

（3）每日开工前及生产过程中，卫生监管员至少检测生产用水的余氯含量两次（其中供水管最末端水龙头要检测一次），并将结果记录于生产用水余氯检测记录表。全年至少对全厂所有生产用水的水龙头进行一次余氯检测。

（4）停产后生产开工前，必须由品管部检验人员进行颜色、沉淀物、气味、pH及余氯含量检测，合格后方可用水，并将结果记录于水质检测原始记录表。

（5）每月至少由生产部安排人员对蓄水池清洗消毒一次，并将清洗消毒情况记录于月份水池清洗情况记录表。蓄水池的清洗消毒规程如下。

①关闭进水阀，打开排水阀。

②待水位排至剩余约10cm时关闭排水阀。

③先用刷子刷洗池壁及池底后排干池水。

④用100~150mg/kg含氯漂白粉液或消毒液刷洗池壁及池底。

⑤用清水冲洗。

⑥关闭排水阀，打开进水阀。

（6）水池储备水由生产部指定的人员控制使用，以防久置而发生水质不符合要求情况。

（7）在自来水管道上的适当部位安装止回阀，以防自来水因意外情况倒流。

（8）由生产部、动力科、品管部人员组成考评小组，负责每个月的月份卫生评估，以保证生产用水不存在交叉污染，考评组应将巡查情况记录于月份卫生评审表。若发现存在交叉污染时，必须立即通知动力科进行处理。

（9）当发现水质异常时，应立即停止用水，由生产部、动力科、品管部负责原因排查和消除障碍，水质恢复正常后方可用水。

（10）当发现水质异常会影响产品质量时，应将所生产的产品隔离评估。

4. 相关记录

（1）饮用水检测报告。

（2）生产用水检测原始记录表。

（3）生产用水余氯检测记录表。

（4）水池清洗情况记录表。

（5）月份卫生评审表。

(二) 食品接触面的卫生状况和清洁程度

1. 目的

保证与食品接触表面的清洁度，防止污染食品。

2. 适用范围

与食品接触的表面、人员、设备、工器具。

3. 规程

(1) 当前公司所有与食品接触表面有关系的设备和工器具都能满足现行卫生要求，在更换生产设备的任何涉及与食品接触表面的主要部件前，生产部、动力科及品管部都要组织人员对其评估，以避免对食品造成不良影响。新购设备及器具与食品接触的表面必须由易于清洗、耐磨、无毒的材料制成。

(2) 所有与食品接触的设备和工器具表面，在每天生产开工前或中途歇息后重新开工前，由生产线人员进行清洗消毒。清洗消毒规程如下。

①用清洁剂刷洗。

②用自来水清洗。

③用 100~150mg/kg 含氯消毒液酌情进行泼洒、涂抹或浸泡。

④5min 后用自来水冲洗干净。

⑤沥干（或吹干，或用消毒好的抹巾擦干）后使用。

(3) 生产加工过程中，生产线人员至少每 4h 对与食品接触的表面（连续运转的单冻机、蒸煮机等除外）按上述清洁消毒规程处理一遍后投入使用。

(4) 生产加工结束后，生产线人员也要按上述所列清洗消毒规程对与食品接触的表面处理一遍后备用。

(5) 卫生监管员必须对消毒液浓度及与食品接触的设备及工器具表面开工前、生产过程中及歇息后重新开工前的清洗消毒情况进行检查，认为卫生合格的可进行生产，否则要进行重新清洗消毒，直至合格后投入生产；每天生产结束后的与食品接触表面清洗消毒情况也应经卫生监管员检查，直至合格为止。卫生监管员要把上述情况记录于每日消毒记录表中。

(6) 生产线员工要按要求使用公司发的不渗透材料制成的围裙和橡胶手套，卫生监管员负责检查员工的穿戴使用情况，监督以上用具随时都处于卫生和可用状态。未经卫生监管员或主管同意，员工不得擅自换成非生产用的围裙和手套。卫生监管员负责执行情况的监督，并将结果记录于每日员工卫生检查记录表。

(7) 手套清洗消毒　生产线员工接触产品的手套在接触产品或已清洗、消毒合格的与食品接触表面前，必须按下述规程对手套进行清洗消毒。

①用清水湿润手套表面。

②在手套表面涂抹上适量皂液后搓擦。

③用清水冲洗手套表面，直至皂泡完全清除。

④将手套置于 50~70mg/kg 含氯消毒液中浸泡 30s 以上。

⑤用清水冲洗手套上的残留消毒液。

⑥用消毒后的一次性手巾擦干手套表面。

(8) 围裙清洗消毒　生产线员工使用的围裙必须按下述规程清洗消毒。

①用清水湿润围裙需清洗消毒面。
②在围裙需清洗消毒面涂抹上适量皂液后用刷子刷洗。
③用清水冲洗围裙表面，直至皂泡完全清除，除去水分。
④在清洗消毒面涂抹上 100~150mg/kg 含氯消毒液。
⑤5min 后用清水冲洗围裙上的残留消毒液。
⑥待沥干后即可使用。

（9）接触生制品人员的手套，至少每 2h 消毒一次；接触熟制品人员的手套，至少每小时消毒一次。

（10）卫生监管员必须对生产过程中的上述情况进行巡查，若发现不按上述规程操作或清洗消毒结果不合格的，要令其重新清洗消毒，直到合格。卫生监管员必须将检查及执行结果记入每日员工卫生检查记录表中。

（11）品管部每周至少对生产用具、人员、机台等涂抹检验一次，检查生产用具、人员、机台等卫生状况，并将结果记录于机台或器具每周涂抹检查记录表、员工每周涂抹检查记录表中。若抽查结果不符合要求，通知现场主管及卫生监管员加强现场监管力度。

4. 相关记录

（1）每日消毒记录表。
（2）机台或器具每周涂抹检查记录表。
（3）员工每周涂抹检查记录表。

（三）防止交叉污染

1. 目的

预防不卫生的物体对食品造成污染，防止发生食品与不洁物、食品与包装材料、人流和物流、高清洁区的食品与低清洁区的食品、生食与熟食之间的交叉污染。

2. 适用范围

非与食品直接接触的设备表面、人员。

3. 规程

（1）卫生监管员必须对生产线所用的设备及工器具的卫生情况进行巡查，若发现不卫生或被污染，必须立即要求对相应部分进行清洗、消毒，直到检查评定合格后再投入使用。卫生监管员检查及执行结果要记入车间卫生检查记录表中。

（2）卫生监管员、维修人员、品管人员和生产人员（包括处理下脚料及地面或与不洁物品有接触的工人），在加工产品前必须对其手和手套进行清洗消毒。卫生监管员至少每 4h 巡查一次，并将巡查结果填写在每日消毒记录表中。

（3）通过曾经接触地面废物或其他不卫生物的人员的手套、工器具而可能使产品遭受污染的，须按规定进行相应处理才能接触产品。该过程由卫生监管员至少每 4h 执行一次，并将结果记入每日消毒记录表中。

（4）生产线员工负责洗手盆的配置，并在盆中放置适量 50~70mg/kg 含氯消毒液，以便员工的手或手套弄脏时或回到生产线时可以使用它们，卫生监管员负责检查该情况，并将其记录于每日消毒记录表中。

（5）加工人员因故离开生产车间，重新回到生产线工作前必须按规定要求进行洗手消毒。生产线员工的手（或手套）、围裙等未清洗消毒的不得与产品或生产用的冰、已清洗消毒好的工器具及与产品接触的设备表面接触。

(6) 制冰机、贮冰室在空室使用前或停产清空室内贮冰后,须进行一遍清洗消毒,品管部检验员负责清洗消毒效果的检查,并将结果记入机台或器具涂抹检查记录表中。

(7) 动力科负责建立一套完善的维护保养系统,以保持工作室的良好通风、空气流动和空气压力,避免工作室、生产区内及贮存区内冷凝物的形成,以防产品、产品接触面及包装物料受污。

(8) 生产线人员要对半成品、次品、下脚料、垃圾使用明确区别标识的器具分别盛放,以防交叉污染,并酌情及时清理。卫生监管员负责检查,并将结果记录于车间卫生检查记录表中。

(9) 生、熟车间使用的工器具严格分开,不得混用。

(10) 生、熟车间的人员不得串岗。

(11) 内包装物必须用清洁卫生的塑料袋密闭包装。仓管员必须将内包装物料分类离地堆垛,并遮盖防尘。仓库门窗状况良好,符合防鼠、防蝇要求,通风、干燥。卫生监管员至少每周巡检一次,发现问题及时提请解决,并将相关情况记录于成品库、包装材料库巡检记录表中。

(12) 仓管员要把面包糠、食盐等辅料物料按规定置于相应符合要求的专用仓库内,卫生监管员负责检查工作,并将情况记录于成品库、包装材料库巡检记录表中。

(13) 仓管员每月至少对冷藏库及冷冻库进行除霜清洗一次,每年至少用过氧乙酸稀释液消毒一次。消毒方法为:过氧乙酸20倍稀释后,以80mL/m^2 的用量喷雾消毒,至少密闭24h方可使用,仓管员必须将除霜清洗及消毒情况分别记录于冷库除霜、清扫记录表,冷库消毒记录表中。

4. 相关记录

(1) 车间卫生检查记录表。

(2) 每日消毒记录表。

(3) 机台或器具涂抹查记录表。

(4) 成品库、包装材料库巡检记录表。

(5) 冷库除霜、清扫记录表。

(6) 冷库消毒记录表。

(四) 手的清洗消毒设施以及卫生间设施的维护

1. 目的

保证卫生设施齐备和完好,确保食品加工环境卫生,并防止交叉污染。

2. 适用范围

所有洗手设施及卫生间。

3. 规程

(1) 在厂内较合理的位置建有足够蹲位的男、女卫生间,卫生间的通风部位配置纱窗,并配置自动关闭的门。

(2) 卫生间配置感应式洗手器,生产部指定人员负责配置充足的洗手用皂液和50~70mg/kg含氯消毒液。

(3) 环卫工负责卫生间的清洁工作,并保证卫生设备处于良好的状况,一旦发现卫生设备故障立即通知机修人员及时修复。卫生监管员每日都要检查卫生间状况并记录于厂区卫生巡检记录表中。

(4) 由生产部指定人员在各车间入口处的洗手台随时添置 50~70mg/kg 含氯消毒液，以便所有人员在进入车间或离开生产线重返岗位时均可使用。洗手消毒液至少每 2h 更换一次。

(5) 由生产部指定人员负责车间入口处添置足量的 200~300mg/kg 含氯消毒液，以便员工在进入车间前，对所穿的工作靴进行消毒。工作靴消毒液至少每 4h 更换一次。

(6) 由生产部指定人员负责水龙头使用前的检查工作，使用中每隔 4h 至少检查一次。一旦发现状况异常及时通知机修人员修复。

(7) 卫生监管员负责上述情况的检查工作，并将情况记录于厂区卫生巡检记录表及每日消毒记录表中。

4. 相关记录

(1) 厂区卫生巡检记录表。

(2) 每日消毒记录表。

(五) 防止食品被污染物污染的规程

1. 目的

防止外来物质对食品造成污染。

2. 适用范围

车间及仓库内可能导致外来化学、物理或生物因素对食品造成污染的区域。

3. 规程

(1) 卫生监管员每日检查车间内生产时任何可能的污染源，确保可能对产品造成污染的物质被正确标记和存放，并将相关情况记录于车间卫生检查记录表中。

(2) 会着地的供水长软管在不使用状态要将水管头离地离墙搁置。

(3) 供水软管在使用过程中要注意防溅，严防在使用过程中水流直接冲击地面反弹造成对产品或与食品接触表面的污染。

(4) 卫生监管员随时检查地面溅水情况，发现溅水情况应设法予以解决。务必保证产品、产品接触面及包装物料不受污染。因溅水原因可能造成被污染的产品要隔离待估处理。卫生监管员要将每日的检查情况记录于车间卫生检查记录表中。

(5) 生产部、动力科及品管部每月至少进行一次工厂结构及车间检查，以确保加工中没有来自内部和外部的污染源，并将情况记录于月份卫生评审表中。

(6) 车间内不得存放与生产无关的物质，物料仓库应分类管理，原料、半成品、成品、辅料等仓库内不得存放会污染上述物品的物质。

(7) 任何车间及仓库内的装修都要经过卫生质量管理领导小组批准后方可实施。

(8) 卫生监管员负责上述情况的巡检，并将有关情况记录于车间卫生检查记录表和成品库、包装材料库抽检记录表中。

(9) 每日生产前，由组长负责组织相关人员对所使用的塑料用具（包括红桶、蓝筐等）进行检查，发现破损的立即弃之不用。生产过程中至生产结束时，发现塑料用具破损的要及时清除，缺损的要找出碎片，以防止对产品造成物理污染。

4. 相关记录

(1) 车间卫生检查记录表。

(2) 月份卫生评审表。

(3) 车间卫生检查记录表。

(4) 成品库、包装材料库抽检记录表。

(六) 有毒有害化合物的贮存及使用规程

1. 目的

合理贮存和使用有毒有害化合物,以防止对食品产生污染。

2. 适用范围

有毒有害化合物的贮存和使用。

3. 规程

(1) 公司内所用的杀虫剂、消毒剂及清洁剂必须是符合国家要求且经过公司准许的。

(2) 所有的杀虫剂、消毒剂及清洁剂都要有清晰的标记,分别置于各自的仓库或专用柜中,由卫生监管员专人负责保管。

(3) 杀虫剂由承包公司灭蝇虫的单位保管。

(4) 所有润滑油、润滑剂必须采用公司允许使用的,都要有正确标记且由机修人员负责保管,非使用时间不得将其置于生产车间内。当对设备保养后,在生产开始前必须对现场及设备进行清洗、消毒和检查,卫生监管员对其评估合格后方可投入使用,并将相关情况记录于车间卫生检查记录表中。

(5) 负责有毒有害化合物管理的人员必须经培训合格后方可上岗。

4. 相关记录

(1) 车间卫生检查记录表。

(2) 员工集体培训记录表。

(七) 雇员卫生条件规程

1. 目的

防止直接接触食品的员工对食品造成污染。

2. 适用范围

所有生产线的员工。

3. 规程

(1) 总务部负责生产线员工的健康体检工作,并将员工体检结果记录于员工健康情况登记表中。生产线新员工须经体检合格取得健康证后方可招收进厂。

(2) 每个生产线新员工都须进行卫生培训,使其能够掌握应知的卫生常识后方可上岗。总务部负责组织培训工作,并将培训情况记录于员工集体培训记录表、员工个人培训记录表中。

(3) 员工在进入生产线前必须按所在岗位的卫生要求,除去手表、首饰等与生产无关且可能有碍食品卫生的东西,穿戴好雨靴、工作服、手套、帽子等;检查脸上无涂脂抹粉,头发不外露,工作服上无异物,经洗手消毒、鞋靴消毒后方可进车间。卫生监管员负责检查进入生产线人员的上述情况,若发现不符合要求要帮其改正,直至合格后方可放行。卫生监管员要把检查情况记录于每日员工卫生检查表中。

(4) 新员工进入生产车间进行操作前,必须由所在车间的组长带其进行实地卫生操作演练,直至掌握操作技能后方可让其独立操作。

(5) 生产线员工至少每年体检一次,合格者方可留岗,不合格者调离生产线。总务部负责组织该项工作,并将相关情况记录于员工健康情况登记表中。

(6) 生产线员工一旦生病或受伤一定要立即告知卫生监管员或现场主管，并立即离开生产线。

(7) 卫生监管员及现场主管在每日开工前或生产过程中发现生产人员存在有碍食品卫生的现象（如感冒、发烧、咳嗽、流鼻涕、呕吐、腹泻、手部创伤或流脓等）必须立即引导其离开生产线。卫生监管员要将上述情况记录于每日员工卫生检查表中。

(8) 生产线员工一旦被确认患有妨碍食品卫生的疾病（如咳嗽、呕吐、腹泻、黄疸、伤寒等）必须立即调离生产线，待其完全康复体检合格后方可回岗继续工作。总务部要将上述情况记录于员工健康情况登记表中。

4. 相关记录

(1) 员工健康情况登记表。
(2) 员工集体培训记录表。
(3) 每日员工卫生检查表。
(4) 员工个人培训记录表。

（八）防鼠灭蝇虫规程

1. 目的

防止鼠类、蝇虫对食品造成污染。

2. 适用范围

适用于公司内的防鼠、灭鼠、杀虫。

3. 规程

(1) 厂区内不允许饲养家禽、家畜、鸟及其他害虫。委托有资质的单位处理车间外环境卫生和厂区内的灭蝇虫工作，总务部负责将灭蝇虫情况记录于灭蝇检查记录表中。卫生监管员负责检查并将相关情况记录于厂区卫生巡检记录表中。

(2) 使用捕鼠笼诱捕方法进行灭鼠，捕获的老鼠用开水烫死后送厂外垃圾区深埋处理。严禁使用药物毒杀老鼠。该工作由环卫工负责，并将执行情况记录于灭鼠记录表中。

(3) 卫生监管员每天在生产线开工前检查车间内的蝇虫情况，车间内若发现蝇虫要立即扑杀，直至符合要求后方可开工。卫生监管员负责检查，并将过程情况及结果记录于车间卫生检查记录表中。

(4) 卫生监管员负责检查生产车间的防蝇虫状况，门窗状况是否良好，纱窗是否破裂，发现异常情况及时请求修复，并将检查的有关情况记录于车间卫生检查记录表中。

4. 相关记录

(1) 灭蝇检查记录表。
(2) 厂区卫生巡检记录表。
(3) 灭鼠记录表。
(4) 车间卫生检查记录表。

三、生产加工企业卫生控制记录

表 5-1 和表 5-2 是果蔬汁生产加工企业的每日卫生控制记录表和定期卫生控制记录表，企业可根据自身特点设计每日卫生控制记录表和定期卫生控制记录表。

表 5-1　　　　　　　　　　每日卫生控制记录

公司名称：　　　　　日期：　　　　　地址：　　　　　　　　　班次：

	控制内容	开工前	4h 后	8h 后	备注/纠正
一、加工用水的安全	水质余氯检测报告/微生物检测报告				
	水龙头及其固定进水装置有防虹吸装置				
二、食品接触面的状况	碱液质量分数（%）：设备能达到清洁消毒的目的				
	消毒液有效物质含量（mg/kg）：工器具能达到清洁消毒的目的				
	脱胶罐、批次罐清洁				
	消毒液有效物质含量（mg/kg）：地面、墙壁能达到清洁消毒的目的				
	接触食品的手套/工作服清洁卫生				
三、预防交叉污染	工厂建筑物维修良好				
	原料、辅料、半成品、成品严格分开				
	工人的操作不能导致交叉污染（穿戴工作服、鞋和帽，使用手套，手的清洁，个人物品的存放，吃喝，串岗，鞋消毒，工作服的清洗消毒等）				
	果渣、腐烂果及杂质的清除				
	盛装容器的卫生				
	厂区排污顺畅、无积水				
	车间地面排水充分、无溢溅、无倒流				
	各作业区器具标识明显，无混用				

续表

控制内容		开工前	4h 后	8h 后	备注/纠正
四、手的清洗消毒和卫生间设施维护	卫生间设施卫生状况良好				
	洗手用消毒剂有效物质含量（mg/kg）				
	手清洗和消毒设施				
五、防止污染物的危害	包装材料、清洁剂等的存放				
	灌装间的冷凝物				
	加工车间光照设备的安全				
	设备状况良好，无松动、无破损				
	冷藏库的温度/卫生状况				
六、有毒化合物标记	有毒化合物的标签、存放				
	分装容器标签和分装操作程序正确				
七、员工健康	职工健康状况良好				
	职工无受到感染的伤口				
八、鼠虫的灭除	加工车间防虫设施良好				
	工厂内无害虫				
九、环境卫生	厂区内应无污染源、杂物，地面平整不积水				
	应保持车间、库房、果棚干净卫生				
十、检验检测卫生	各生产工序的检查监督人员所使用的采样器具、检测用具应干净卫生				
	实验室应干净卫生，无污染源，不得存放与检验无关的物品				

表 5-2　　　　　　　　　　　　定期卫生控制记录

公司名称：　　　　　　　　　地址：　　　　　　　　　　　　　　日期：

	项目	满意	不满意	备注/纠正
一、加工水的安全	城市水费单和/或水质检测报告（每年一次）			
	自备水源的水质检测报告（每年两次）			
	储水压力罐检查报告（每年两次）			
	给排水管道系统检查报告（安装、调整管道时）			
二、食品接触面的状况和清洁	车间生产设备、管道、工器具、地面、墙壁和果池内表面等食品接触面的状况（每周一次）			
三、防止交叉污染	卫生监督员、工人上岗前进行基本的卫生培训（雇用时）			
四、防止污染物的危害	清洁剂、消毒剂、润滑剂需有质量合格证明方可接收（接收时）			
	包装材料需有质量合格证明方可接收（接收时）			
五、有害化合物的标记	有害化合物需有产品合格证明或其他必要的信息文件方可接收（接收时）			
六、员工健康	从事加工、检验和生产管理人员的健康检查（上岗前/每年一次）			
七、害虫去除	害虫检查和捕杀报告（每月一次）			
八、环境卫生	清理打扫厂区环境卫生和清除厂区杂草			

卫生监督人：　　　　　　　　　　　　　　　　　　　　　　　　审核：

思考题

1. 名词解释：SSOP、食品接触面、交叉污染。
2. 简述企业实施 SSOP 的意义。
3. 简述 SSOP 的八项内容。
4. 车间冷凝水控制的措施一般有哪些？
5. 简述 SSOP 文件编制的要求。

第六章 危害分析与关键控制点（HACCP）体系及应用

学习目标

1. 熟悉 HACCP 的七大原理，掌握危害的识别和关键控制点的判断；
2. 了解 HACCP 认证的程序及其对食品企业安全管理的重要性；
3. 通过 HACCP 案例分析提升分析问题、解决问题的能力，培养创新思维。

第一节 HACCP 体系概述

一、HACCP 概念

HACCP 称为危害分析与关键控制点，由危害分析（Hazard Analysis，HA）和关键控制点（Critical Control Point，CCP）两部分组成，对原料、生产工序及影响产品安全的人为因素进行分析，确定加工过程中的关键环节，建立、完善监控程序和监控标准，采取规范的纠正措施，是生产（加工）安全食品的一种控制手段。因此，HACCP 是识别、评估和控制对食品安全至关重要的危害的预防性的系统化方法。

二、HACCP 产生和发展

HACCP 体系初始是在 20 世纪 60 年代，美国在研究太空食品时建立的食品预防体系。这个体系不是零风险计划，其设计目的是尽可能减小食品安全危害。

1989 年 10 月美国食品安全检验署（FSIS）发布《食品生产的 HACCP 原理》；1991 年 4 月提出《HACCP 评价程序》；1993 年 FAO/WHO 食品法典委员会批准了《HACCP 体系应用准则》；1994 年 3 月公布了《冷冻食品 HACCP 一般规则》；1997 年颁发了新版法典指南《HACCP 体系及其应用准则》，该指南已被广泛接受，并得到国际普遍采纳，HACCP 已被认可为世界范围内生产安全食品的准则。2002 年 4 月 19 日，我国国家质量监督检验检疫总局发布了第 20 号令，明确提出了《卫生注册需评审 HACCP 体系的产品目录》，第一次强制性要求某些食品生产企业建立和实施 HACCP 管理体系，将 HACCP 管理体系列为出口食品法规的一部分，HACCP 体系的认证认可工作正式启动。2018 年，致敏物质管理和预防食品欺诈的内容被加入认证补充要求。

2021 年 7 月 29 日，国家认监委 2021 年第 12 号公告发布了新版《危害分析与关键控制点（HACCP）体系认证实施规则》。新版规则中确定了新的认证依据，即危害分析与关键控制点（HACCP）体系认证要求（V1.0），并注明适用时，为满足进口国（地区）的需求，认证机构可将国际食品法典委员会制定的《食品卫生通则》作为补充的认证依据。

迄今为止，HACCP 已成为世界公认的能有效保证食品安全的质量控制体系。

三、HACCP 体系特点

HACCP 克服传统食品安全控制方法（现场检查和成品测试）的缺陷，将食品安全融入设计的过程中，而不是传统意义的最终产品检验。因而，HACCP 体系是一种预防性的食品安全控制体系，并且更能经济地保障食品安全。

HACCP 作为科学的预防性食品安全控制体系具有以下特点。

（1）针对性　主要针对食品的安全卫生，是为了保证食品生产系统中任何可能出现的危害或有危害危险的地方得到控制。

（2）预防性　是预防性的食品安全保证体系，是一种用于保护食品，防止生物性、化学性和物理性危害的管理工具，它强调企业自身在生产全过程的控制作用，而不是最终的产品检测或者是政府部门的监管作用。

（3）经济性　设立关键控制点控制食品的安全卫生，降低了食品安全卫生的检测成本，同以往的食品安全控制体系比较，具有较高的经济效益和社会效益。

（4）实用性　已在各国广泛推广，且 HACCP 概念可推广延伸应用到食品质量的其他方面，控制各种食品缺陷。

（5）强制性　被世界各国的官方所接受，并被用来强制执行；同时，也被联合国粮农组织和世界卫生组织联合食品法典委员会认同。

（6）动态性　HACCP 中的关键控制点随产品、生产条件等因素改变而改变，企业如果出现设备检测仪器人员等的变化，都可能导致 HACCP 计划的改变。

四、实施 HACCP 的意义

HACCP 作为一种与传统食品安全质量管理体系不同的新的食品安全保障模式，它的实施对保障食品安全具有广泛而深远的意义。

（1）减少食源性疾病的危害，良好的食品质量可显著提高食品安全的水平，更充分地保障公众健康，促进社会经济的良性发展，同时增强卫生意识，提高公众对食品安全体系的认识。

（2）提高我国出口食品的质量水平，促进企业更积极地实施安全控制的手段，满足国际食品贸易中一贯重视生产过程质量控制点的基本要求，确保贸易畅通，减少其成为国际贸易的障碍。

（3）更新食品生产企业的质量控制意识，提高食品企业的质量控制技术水平，使生产过程更规范。

(4) HACCP 是设计食品安全所有方面（从原材料、种植、收获或购买到最终产品使用）的一种体系化方法，克服了"对最终产品抽样检验"传统食品控制方法的缺陷。

(5) HACCP 体系是保证生产安全食品最有效、最经济的方法，因为其目标直接指向生产过程中的有关食品卫生和安全问题的关键部分，而且极大地减少了生产和销售不安全食品的风险。

第二节 HACCP 原理

一、HACCP 体系基本术语

国际食品法典委员会（CAC）在法典指南即《HACCP 体系及其应用准则》中规定的基本术语及其定义如下。

（1）步骤（Step） 指从产品初加工到最终消费的食品链中（包括原料在内）的一个点、一个程序、一个操作或一个阶段。

（2）控制（Control） 为保证和保持 HACCP 计划中所建立的控制标准而采取的所有必要措施。

（3）控制点（Contol Point） 能够对生物、物理、化学因素进行控制的任何点、步骤或过程。

（4）关键控制点（Critical Control Point，CCP） 能对食品安全危害实施控制从而预防消除危害或把其降低到可接受水平的加工点、步骤或工序。

（5）关键限值（Critical Limit，CL） 是关键控制点的预防措施必须达到的标准，区分产品可接受与不可接受的参数。

（6）操作限值（Operating Limits，OL） 比关键限值更严格的，由操作者用来减少偏离风险的标准。

（7）判断树（Decision Tree） 用来确定关键控制点的一系列特定问题的组合。

（8）控制措施（Control Measure） 指能够预防或消除一个食品安全危害，或将其降低到可接受水平的任何措施和行动。

（9）纠正措施（Corrective Action） 组织为满足体系要求并促进其不断完善所采取的纠正偏离与消除不符合的措施。

（10）组织（Organization） 指在食品链中从原料准备、加工、包装、贮存、销售，直至使用阶段提供产品或服务的机构。

（11）HACCP 计划（HACCP Plan） 为确保对影响食品安全的危害实施控制遵照 HACCP 原理而制定的书面计划。

（12）HACCP 体系（HACCP System） 识别评估并控制影响食品安全的危害的食品安全管理体系，是通过实施 HACCP 计划而获得的结果。

（13）危害（Hazard） 指对健康有潜在不利影响的生物、化学或物理性因素或条件。

（14）危害分析（Hazard Analysis） 指收集和评估有关的危害以及导致这些危害存在的资料，以确定哪些危害对食品安全有重要影响因而需要在 HACCP 计划中予以解决的过程。

（15）流程图（Flow Diagram） 指对某个具体食品加工或生产过程的所有步骤进行的连续性描述。

（16）监控（Monitoring） 为了确定 CCP 是否处于控制之中，对所实施的一系列对预定控制参数所作的观察或测量进行评估。

（17）预防措施（Preventive Measure） 用于控制已确定的食品安全危害的物理的、化学的或其他方面的措施。

（18）确认（Validation） 证实 HACCP 计划中各要素是有效的过程。

（19）验证（Verification） 除监控以外所应用的方法、程序、测试等评估手段从用以确定组织的有关产品安全的一切活动是否满足 HACCP 计划的要求。

二、HACCP 基本原理

HACCP 包括了 7 个基本原理：

原理一　进行危害分析和建立预防措施

原理二　确定关键控制点（CCP）

原理三　确定 CCP 关键限值（CL）

原理四　建立监控程序

原理五　建立纠偏措施

原理六　建立验证程序

原理七　建立有效的文件和记录保持程序

1. 进行危害分析和建立预防措施

危害分析与预防控制措施是 HACCP 原理的基础，也是建立 HACCP 计划的第一步。危害分析是对某一种产品或生产加工过程中存在哪些危害进行分析，是否为潜在危害或显著危害，进而对其进行控制的过程。HACCP 重点在显著危害上，对产品和加工过程进行危害识别，并对其进行危害评估。通过发生潜在危害的可能性及风险大小来确定危害的等级。

2. 确定关键控制点（CCP）

关键控制点是能够对一个或多个危害因素实施控制措施的环节，通过这一环节可以预防和消除食品安全中的某一危害或将其减低到可以接受的水平。例如，加热、冷藏、特定的消毒程序等。关键控制点能够控制多个显著危害，并且一个显著食品安全危害也能够被多个关键控制点进行控制。关键控制点还会随着生产的加工流程、厂区变化、设备更新、加工模式改进等变化而改变。

3. 确定 CCP 关键限值（CL）

关键限值是对关键控制点进行设定的参数，通常关键限值参数是一个或一组中的最大值或者最小值，用于安全危害因素中生物性、化学性及物理性危害的限值，同时这些参数能够通过关键控制点把安全危害因素降低、消除到可接受水平或对其进行预防。通常采用的指标包括对温度、时间、湿度、pH、A_w、有效氯的测量以及感官参数，如可见外观和品质。

4. 建立监控程序

监控程序主要包括监控的对象、人员、方法及频率。即通过一系列有计划的观察和测定

（例如温度、时间、pH、水分等）活动来评估 CCP 是否在控制范围内，同时准确记录监控结果，以备将来验证时使用。使监控人员明确其职责是控制所有 CCP 的重要环节。负责监控的人员必须报告并记录没有满足 CCP 要求的过程或产品，并且立即采取纠正措施。凡是与 CCP 有关的记录和文件都应该有监控员的签名。

5. 建立纠偏措施

建立纠偏措施（Corrective Action，CA）是对关键控制点的监控中，发生偏离关键限值时，减少或消除失控所导致的潜在危害，使加工过程重新处于控制之中，并加以记录的一种措施。纠正措施应该在制定 HACCP 计划时预先确定，其内容包括：确定、纠正和消除产生偏离的原因，确保关键控制点重新回到关键限值内；隔离、评估和处理相关产品；对纠正措施记录在案。

6. 建立验证程序

虽然经过了危害分析，实施了 CCP 的监控、纠正措施并保持有效的记录，但是并不等于 HACCP 体系的建立和运行能确保食品的安全性。验证程序（Verification Procedures）其实是体系监控程序的延展，它的作用是验证 HACCP 体系是否按照计划有效运行以及是否发生偏差，确证整个 HACCP 计划的全面性和有效性。验证程序能够提供 HACCP 体系的置信水平，能够确保 HACCP 体系有效实施，在进行验证时，尤其要注意关键控制点的验证，验证各个 CCP 是否都按照 HACCP 计划严格执行。

7. 建立有效的文件和记录保持程序

应用 HACCP 体系必须有效、准确地保存记录。文件记录保持是对建立 HACCP 体系所涉及的所有文件进行记录，这些记录包括对原料验收、生产过程中、成品入库、贮存时间、销售等环节的文件进行记录。尤其要保存控制点监控的记录、纠偏记录、验证记录并存档。验证活动的例子包括：HACCP 体系的记录与审核；偏差和产品处置的审核；确定关键控制点处于控制状态；如可能，有效性活动应包括对 HACCP 计划所有要素功效的证实。

第三节　HACCP 体系建立与实施

一、HACCP 计划建立与实施前提条件

1. 必备程序

HACCP 体系必须以良好操作规范（GMP）和卫生标准操作程序（SSOP）为基础，通过这两个程序的有效实施确保对食品生产环境的卫生控制。没有良好的卫生环境，就有可能导致不安全食品的生产。因此，没有 GMP 和 SSOP 的支持，HACCP 将成为空中楼阁，起不到预防和控制食品安全的作用。GMP 和 SSOP 是实施 HACCP 的必备程序，也是实施 HACCP 计划必须具备的基础。

2. 管理层支持程序

制定和运转 HACCP 计划必须得到管理层的理解和支持，特别是公司最高管理层的重视，否则就不会得到有效实施。最高管理者对 HACCP 体系的有效性负责，食品安全重要性传达到

企业各级人员,方针和目标与企业的战略方向一致,确保将 HACCP 体系的要求整合到企业的运营管理之中,确保企业食品安全文化的推行,确保各级员工关注食品安全问题,并鼓励有效的内部报告。

管理层承诺的内容包括:批准开支,批准实施公司的 HACCP 计划,批准有关业务并确保该项工作的持续进行和有效性,任命项目经理和 HACCP 小组,确保 HACCP 小组所需的必要资源,建立一个报告程序,确保工作计划的现实性和可行性。

3. 员工教育与培训计划程序

人员是 HACCP 体系成功实施的重要条件。食品组织必须制定培训程序,对所有员工进行食品安全方面的培训,以确保 HACCP 计划的有效实施。

培训内容包括:识别培训需求并制订相应的培训计划;所有相关人员必须通过 HACCP 原理及应用和卫生控制培训;组织中至少有两人通过 HACCP 原理及应用、相关法律法规和内部审核培训;评估培训效果;记录培训的情况并保存。

4. 设备的预防性维修保养计划和程序

通过校准程序能确保所有产品品质和安全的检验、测试或测量器具均能得到有效维护和保养,如温度计、金属探测仪、电子秤等。校准程序中还需要交代如果发现器具失准,应该如何处理相关产品。

5. 产品标识(编码)、追溯和回收程序

产品标识、追溯和回收程序是 HACCP 体系的前提条件之一,对产品的容器、包装箱甚至栈板要有恰当标识系统,以利于追溯和回收产品。要建立回收程序并测试该程序是否如设定的那样有效,不可推迟到实际回收过程中危急时刻到来时才检验回收程序是否运转有效。要标识的内容有产品描述、级别、规格、包装、保质期限、批号、生产商和生产地址。

产品的可追溯性包括能确定产品生产过程的输入和输入物的来源,产品发往的位置。回收计划的建立可以保证凡是有公司标志的产品任何时候都能在市场上进行回收,能有效快速和完全地进入调查程序。

二、 制定 HACCP 计划建立与实施的步骤

根据食品法典委员会《HACCP 体系及其应用准则》[Annex Rev to CAC/RCP1-1969, Rev. 4(2003)]的阐述,制定 HACCP 计划的过程由 12 个步骤组成,涵盖了 HACCP 7 项基本原理,见图 6-1。

(一) 成立 HACCP 实施小组

HACCP 小组负责 HACCP 体系的建立和实施。企业领导应赋予 HACCP 小组相应的职责和权限。HACCP 小组应由具有不同专业知识的人员组成,包括来自管理层、行政、质检、生产、设备、仓储的人员,也可以包括外面的专家,并且小组成员应接受过 HACCP 及有关法规和标准知识的培训。HACCP 小组的职责是根据国家相关政策法规和市场要求制定本公司 HACCP 计划,对 HACCP 计划的执行进行验证和监督,监督 HACCP 计划是否按规定运行。适时向最高管理层汇报 HACCP 计划运行和产品质量情况;必要时召开 HACCP 小组会,及时对 HACCP 计划实施过程中发现的问题进行分析,并依市场变化和客户要求及时提出对 HACCP 计划的修改及验证。负责企业全体员工有关 HACCP 相关知识的

培训及考核。

(二) 产品描述

产品描述的目的为确定产品的预期用途。HACCP 工作的首要任务是对实施 HACCP 系统管理的产品进行描述，主要描述内容如表 6-1 所示。HACCP 计划小组必须对每种食品作出详细描述，以帮助识别在产品形成过程中使用的原料成分以及包装材料中可能存在的危害，便于考虑和决定人群中敏感个体能否消费该产品，包括成分，物理/化学结构（包括 A_w、pH 等），加工方式（热处理、冷冻、盐渍、烟熏等），包装形式，贮存条件（贮藏的温度和湿度、环境条件），运输方式，销售方式，以及预期用途和适宜的消费者。例如，有的消费者对 SO_2 有过敏反应，如果食品中含有 SO_2，则要注明，以免有过敏反应的消费者误食。

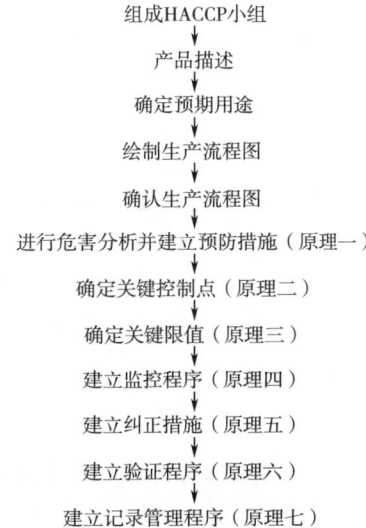

图 6-1　HACCP 计划的逻辑顺序

表 6-1　　　　　　　　　　　产品描述

类别	名称	性质或成分	产地或来源	交付方式	包装形式	贮存方式	使用前处理方式
原料							
辅料							
材料包装							

(三) 绘制和确认生产工艺流程图

工艺流程图是用来验证该产品加工的重要工艺步骤。生产流程图的格式由各企业自己确定，没有统一的要求。但简洁的词语和线条可以使生产流程图更容易绘制，也更便于使用。加工流程图描述从原料接收到产品贮运的整个加工过程，以及有关配料等辅助加工步骤，流程图覆盖加工的所有步骤和环节。流程图给 HACCP 小组和验证审核人员提供了重要的视觉工具。流程图的精确性对危害分析的准确性和完整性是非常关键的。在流程图中列出的步骤必须在加工现场被验证。如果某一步骤被忽略将有可能导致遗漏显著的安全危害。各成员必须亲自观察现场生产过程，确定他们制定的流程图，准确无误地反映实际生产过程，并由负责人签字。HACCP 小组还应该考虑所有的加工工序及流程不同造成的差异。危害分析结果必须纳入生产流程图内，有关维护的所有决定都必须以危害分析数据为基础。

(四) 进行危害分析

危害分析是 HACCP 体系的基础，HACCP 小组人员根据某一产品的生产工艺流程图，针对某一步骤或过程用头脑风暴，提出自己的意见，通过讨论达成一致意见。列出每个步骤有关的潜在危害，进行危害分析，确定危害的种类，找出危害的来源，并采取控制措施。HACCP 小组必须考虑针对所识别的危害应采取哪些控制措施。控制某一特定危害可能需要采取多种控制措施，而某一种特定的控制措施也可能控制多个危害。

1. 建立危害分析工作表

进行危害分析记录的方式有多种，可以由 HACCP 小组讨论分析危害后记录备案。通过填写表 6-2 的工作单进行危害分析，确定关键控制的点。表 6-2 中第一列填写流程图的每一步骤顺序。

表 6-2　　　　　　　　　　　危害分析工作单

加工步骤	识别本工序中的潜在危害	潜在危害是否显著	对潜在危害是否显著提出判断依据	预防显著危害的措施	是否 CCP
①	生物性： 化学性： 物理性：				
②	生物性： 化学性： 物理性：				
③	生物性： 化学性： 物理性：				

2. 确定潜在危害

美国食品微生物标准国家顾问委员会（NACMCF）将食品的潜在危害程度分为以下 6 类。

A 类：专门用于非杀菌产品和特殊人群（如婴儿、老人、体弱者等）消费的食品。

B 类：产品含有对微生物敏感性的成分，如牛乳、鲜肉等含水分高的新鲜食品。

C 类：生产过程缺乏可控制的步骤，如肉类分割等无热处理过程。

D 类：产品在加工后，包装前会遭受污染的食品，如大批量杀菌后再包装的食品。

E 类：在运输、分零销售和消费过程中，易造成消费者操作不当导致存在潜在危害的食品。

F 类：包装后或在家里食用时不再加热处理的食品。

在表 6-2 的第二列对每一流程的步骤进行分析，确定在这一步骤的操作引入的或增加的生物的、化学的、物理的潜在危害。这些潜在危害可能是与加工食品品种相关的潜在危害。例如，罐头食品巴氏杀菌温度、时间不当造成病原体残存的潜在危害。

3. 分析潜在危害

分析潜在危害是否构成显著危害，并提出判断显著危害的科学依据以及显著危害的预防措施。

食品危害是否构成显著危害，一般从两个方面确定：一是发生的可能性，即风险性；二是一旦控制不当是否会给人们带来不可接受的健康损害，即严重性。

根据确定的潜在危害，分析其是否为显著的危害并填入 6-2 表中第三列。HACCP 体系主要针对显著危害采取预防措施，因为一旦发生显著危害，将会给消费者造成不可接受的健康风险。例如，贝类摄食有毒的藻类，其本身不中毒，而有富集和蓄积藻类毒素的能力，人们食用后即可引起食物中毒。含有贝类毒素的双贝壳类被消费者食用后，可能致病，因此贝壳毒素是显著危害。

4. 判断是否为显著危害的依据

针对表 6-2 第三列中判断的是否显著危害，提出科学依据并填入第四列。例如，在收购步骤中双壳贝类的贝壳毒素是显著危害，判断依据为双壳贝类可能来自污染的海区。

危害分析

5. 显著危害的预防措施

把对上一步骤确定的显著危害采取怎样的预防措施填入表 6-2 第五列中，例如，拒绝收购污染海区的双壳贝类原料来预防贝壳毒素危害等。

（五）确定关键控制点

CCP 是食品生产中的某一点、步骤或过程，通过对其实施控制，能预防、消除或最大程度地降低一个或几个危害。通常将 CCP 分为两类：一是可以消除和预防的危害；二是能最大程度减少或降低的危害。HACCP 体系强调的是关键点控制，食品组织必须在危害分析的基础上，由 HACCP 小组和专业顾问对已经识别出来的显著危害确定是否是 CCP，而且确定 CCP 的依据要形成文件，推荐使用判断树来确定 CCP（图 6-2）。在判断树中包括了加工过程中的每一种危害，并针对每一种危害设计了一系列逻辑问题。危害分析中确定显著危害并提出控制措施是确定 CCP 的前提，而 CCP 判断树通过按程序回答某一危害和控制措施的一系列问题，判断该危害和控制措施是不是 CCP。

问题 1：针对已辨明的危害，在本步骤或随后的步骤中是否有相应的控制危害的措施？

如果回答"是"，继续问题 2；如果回答"否"，则回答在此步骤是否有必要实施安全控制？如果回答"否"，则不是 CCP，应对下一个鉴别出的危害应用判断树。如果回答"是"，则说明现有该步骤/工序不足以控制必须控制的显著危害，即产品是不安全的，必须重新调整加工方法或产品，使之包含对该显著危害的预防措施。

问题 2：该步骤是否能消除可能发生的显著危害或降低到可接受水平？

如果问题"是"，则此工艺步骤即是 CCP。如果回答为"否"，则回答问题 3。

问题 3：以确定的危害是否能影响判定产品可接受水平，或者这些危害会增加到不可接受水平？

如果回答"否"，则此环节不是 CCP，应就下一工艺步骤应用判断树。如果回答"是"，则回答问题 4。

问题 4：后续步骤是否能消除已确定的危害或将其减少到可接受水平？

如回答"否"，这一步是 CCP，如回答"是"，这一步骤不是 CCP，而下步骤才是

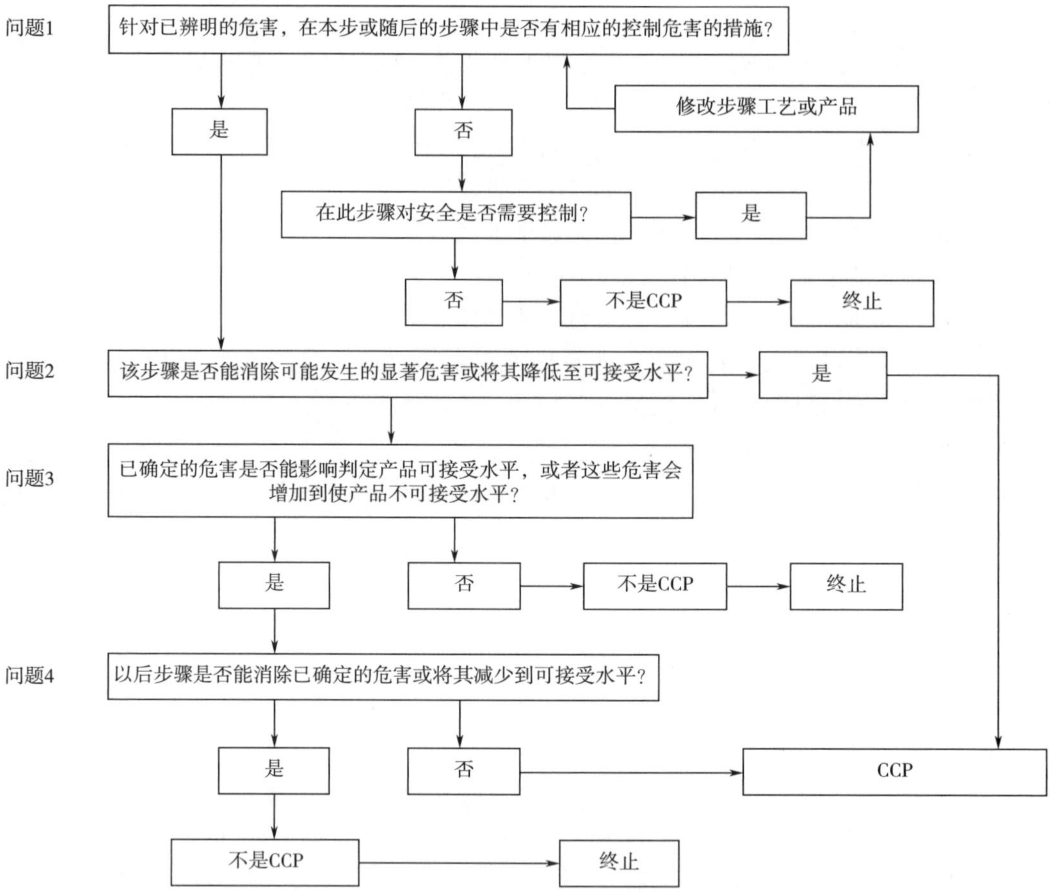

图 6-2 判断树以及 CCPs 识别顺序图

CCP。如果一种危害在一个关键点识别出来，对该关键点予以控制对于食品安全是必要的。然而在该步骤没有控制措施，则对该步骤或其前后步骤的生产或加工工艺必须进行修改，以便使其包括相应的控制措施。

确定关键控制点

HACCP 小组应根据所控制的危害风险与严重程度，科学、合理地选定关键控制点（CCP），这个步骤必须是真正关键控制点。有些危害可以独立于 HACCP 计划的卫生标准操作程序（SSOP）来控制，例如，油浸烟熏罐头在清洗、蒸煮、剥壳、取肉时的生物危害为致病菌生长和致病菌污染，企业可用 SSOP 控制，应考虑用卫生控制消除，确定哪些危害是需要在 HACCP 计划中加以控制的显著危害。

（六）确定关键限值

确定关键限值（CL）是非常重要的一环，它关系到显著危害能否被控制到安全水平，食品最终使用能否安全卫生的保障。每个 CCP 都需要控制许多不同的因素以保障产品安全性，其中每个因素都有相应的关键限值。例如，烹饪早就被设定为一个 CCP，用来杀死致病菌。与此有关的因素是温度和时间。工业上烹饪肉制品的关键限值是肉块的中心温度大于 70℃，时间至少 2h。

确定关键限值（CL）时应考虑以下内容。

（1）确认在本 CCP 上要控制的显著危害与预防控制措施的对应关系；分析明确每种预防控制措施针对相应显著危害的控制原理。

（2）根据关键限值的确定原则和危害控制原理，分析确定关键限值的最佳项目和载体，可考虑的项目包括：温度、时间、湿度、厚度、纯度、黏度、pH、水分活度、盐度、体积等。

（3）确定关键限值的数值应根据法规法典和一些权威组织公布的数据（如农药残限量）、科学文献、危害控制指南以及企业自行或委托试验的结论来确定，而非凭个人的臆想、经验随意决定。

建立关键限值

（七）建立关键控制点的监控程序

确认了关键控制的限度，如何去监控整个过程，来确定它们真的在限度之内？监控程序是一个有计划的连续监测或观察过程，用以评估一个 CCP 是否受控，并为将来验证时使用。因此，它是 HACCP 计划的重要组成部分之一，是保证安全生产的关键措施。

建立监控程序可以确保每个 CCP 的操作符合关键限值。监控程序必须包含一系列用于证明关键控制点处于控制中的观察和测量方法。监控程序通常应该包括以下几个方面。

1. 监控对象

监控对象常常是针对 CCP 而确定的加工过程或产品的某个可以测量的特性。例如，当对温度敏感成分是关键时，则对温度进行监控，监控对象可能是冷冻贮藏室的温度；如果酸度是 CCP 时，监控对象是加工过程中的 pH；如果充分蒸煮是 CCP，监控对象是时间和温度。监控程序可以包括观察对一个 CCP 的预防措施是否实施。例如，检查原料供应商的许可证；检查贝类原料容器上的标签所记录的捕捞海域，确定是否来自未批准的捕捞区域等。

2. 监控方法

对每个 CCP 的具体监控过程取决于关键限值以及监控设备和监控方法。选择的监控方法必须能够检测 CCP 失控之处，即 CCP 偏离关键限值的地方，因为监控结果是决定采取何种预防/控制措施的基础。

监控方法必须能迅速提供结果，在实际生产过程中往往没有时间去做冗长的分析试验，微生物试验也很少做。物理和化学测量方法因为具有快速、简便优点，是很好的监控方法，例如，酸度（pH）、水分活度（A_w）、时间、温度等的监控都是常见的监控方法。而且这些参数能与微生物控制联系起来。食品中的 pH 在 4.6 以下可以控制肉毒梭状芽孢杆菌产生；限制水分活度（微生物赖以生长的水分量）可以控制病原体的生长；在规定的温度和时间下加工食品可以杀死其中的病原体。因此，以这些参数为监控对象实施监控能有效保证产品的安全性。在监控程序中，还必须考虑选用何种监控设备，根据不同的监控对象，可以选用不同的仪器。例如，对温度监控，可以选择温度计，也可以选择自动温度记录仪等。

3. 监控频率

在监控程序中应设定监控频率，监控可以是连续的或非连续的，如果可能，应采用连续监控。连续监控对很多物理和化学参数是可行的，例如，灌肠类肉制品的杀菌温度可以连续监控。可以用温度记录仪连续监控巴氏消毒过程中的温度和时间。牛肉干可以连续通过金属探测器检查每包产品是否有金属。但是，一个连续记录监控值的监控仪器本身并不能控制危害，必须定期观察这些连续记录，确保必要时能迅速采取措施，这也是监控的一个组成部分。

当不可能连续监控一个 CCP 时，例如，罐内最大装罐量、初温的监控等，可以实施非连续性监控（间断性监控），但要注意缩短监控的时间间隔，以便及时发现可能的偏离情况，监控的时间间隔将直接影响纠偏时处理产品的数量，监控的频率必须有利于产品的标志和可追溯性。非连续性监控的频率常常根据生产和加工的经验和知识确定，正确的监控频率应该包括：①监控参数的变化程度，如果变化较大，应提高监控频率；②监控参数的正常值与关键限值的差值，如果差值很小，应提高监控频率；③如果超过关键限值，企业能承担多少产品作废的危险？如果要减少损失，必须提高监控频率。

4. 监控人员

制定 HACCP 计划时，必须明确由谁来监控和监控责任。明确监控责任是保证 HACCP 计划成功实施的重要手段。从事 CCP 的人员可以是流水线上的人员、设备操作者、监督员、维修人员、质量保证人员。负责监控 CCP 的人员通过 CCP 监控技术的培训，充分理解 CCP 监控的重要性。

监控

监控人员的任务是及时记录监控结果，随时报告异常突发事件和关键限值偏离的情况，以便校正和采取纠正措施，所有与 CCP 监控有关的记录和文件必须由实施监控的人员签字或签名。另外，在监控程序中应规定审核负责人，对监控记录及时审核，完成签字，监控记录实行记录保持程序，可以证明产品生产要求是符合 HACCP 计划的，为将来的验证提供必需的资料。当监控过程和频率确定下来后，可填入 HACCP 计划表中。

（八）建立纠偏措施

1. 纠偏措施

根据 HACCP 的原理与要求，当监测结果表明某一 CCP 发生偏离关键限值的现象时，必须立即采取纠正措施。纠正措施应考虑以下两个方面。

（1）更正和消除产生问题的原因　以便关键控制点能重新恢复控制，以防止偏离再次发生。必要时，调整加工过程，修改 HACCP 计划，使之重新处于控制之中。一旦发生偏离 CL，应立即报告，并立即采取纠正措施，所需时间越短则加工偏离 CL 的时间就越短，这样就能尽快恢复正常生产，重新使 CCP 处于控制之下，而且受到影响的不合格产品就越少，经济损失就越小。纠正措施可以包括在 HACCP 计划中，而且使工厂的员工能正确地进行操作，应分析产生偏离的原因并予以改正或消除，防止再次发生。如偏离关键界限不在事先考虑的范围之内，要进行调整加工过程或产品，或者要重新评审 HACCP 计划，彻底消除使加工出现偏离的原因。

（2）隔离、评价以及确定有问题产品的处理方法　例如，如果牛乳巴氏杀菌温度低于关键限值，那么应转移牛乳流向直至温度恢复，被转移的牛乳要重新消毒。检查牛乳杀菌设备，找出温度偏离的原因，如有必要需要进行设备维修。当发生偏离时，不但对产品进行处理还要查明偏离的原因，并对偏离采取纠正措施。

对偏离期间产品进行处理步骤如下。

①根据专家的评估或根据物理的、化学的或微生物的检测，确定产品是否存在安全方面的危害；

②如产品不存在危害，可以解除隔离和扣留，放行出厂；如产品存在危害，确定产品可否返工处理或改作其他目的安全使用；如果有潜在危害不能按前文进行处理，产品必须予以销毁。

2. 纠偏措施记录

所有已采取的纠正措施都应加以记录，这些记录将帮助加工者识别、总结所发生的问题，以便于 HACCP 计划的完善。另外，纠正措施记录也为有问题产品的处理提供了证明。

纠偏措施记录应该包括以下内容：产品确认（如产品描述、隔离扣留产品数量）；偏离的描述；所采取的纠偏措施，包括所影响产品的最终处理，采取纠正措施负责人姓名，必要时要有评估结果。将纠偏措施按照要求填写入 HACCP 计划表中，纠偏记录表如表 6-3 所示。

建立纠正程序

表 6-3　　　　　　　　　　纠偏记录

产品名称_____

关键点		日期		批次	
纠偏项目		关键限值		实际值	
操作员			检查员		
过程描述					
纠偏措施					
部门		人员		时间	
验证结果					
部门		人员		时间	

（九）建立验证程序

验证程序的正确制定和执行是 HACCP 计划成功实施的基础。HACCP 计划的宗旨是防止食品安全的危害，验证的目的是提供置信水平。HACCP 计划是建立在严谨的、科学的原则基础之上，它足以控制产品和工艺过程中出现的危害，而且这种控制正被贯彻执行着。验证活动通常分成两类：一类是内部验证，由企业内部的 HACCP 小组进行，可视为内审；另一类是外部验证，由政府检验机构或有资格的第三方进行，可视为审核。验证活动内容如下。

1. HACCP 计划的确认

确认是验证的必要内容，确认的目的是提供证明 HACCP 计划的所有要素（危害分析、CCP 确定、CL 建立、监控程序、纠正措施、记录等）行之有效的证据。任何一项 HACCP 计划在开始实施之前都必须经过确认；HACCP 计划实施之后，如果一些因素发生了变化，如原料改变、产品或加工过程发生变化、验证数据出现相反结果；重复出现的偏差；有关潜在危害或控制手段的新科学信息；生产线观察到的新变化；销售或消费者行为方式发生变化等情况，需要执行确认程序。确认包括对 HACCP 计划中各个组成部分有关的基本原理，由危害分析到关键控制点验证对策进行科学及技术上的复查。通常由 HACCP 小组或受过适当培训且经验丰富的人员确认 HACCP 计划。

2. 关键控制点的验证

对运行中的 CCP 必须制定相应的验证程序，它能确保所应用的控制程序调整在适当的范围内操作，正确地发挥作用控制食品安全。验证内容包括确定关键控制点处于控制中，监控设备的校正、有针对性的取样和检测、CCP 记录的复查；对消费者有关安全方面的投诉及投诉记录进行评估。

3. HACCP 体系的验证

HACCP 体系的验证就是检查 HACCP 计划所规定的各种控制措施是否被有效贯彻实施。这种验证频率通常每年进行一次，当产品或者工艺发生显著变化或系统发生故障时随时进行。验证活动的频率常随时间的推移而变。如果历次检查发现生产始终在控制之中，能确保产品的安全性，就能减少验证频率；反之，就需要增加验证频率。

对 HACCP 系统的验证可通过审核进行，审核的频率以确保 HACCP 计划能够被持续有效执行为基准。该频率依赖若干条件，例如，工艺过程和产品的变化程度。审核分一、二、三方审核，通过审核可以确定 HACCP 体系的适宜性、可操作性以及有效性，从而达到持续改进的目的。

审核 HACCP 体系的验证活动应该包括下述内容：①检查产品说明和生产流程图的准确性；②检查是否按 HACCP 计划的要求监控 CCP；③检查工艺过程是否在规定的关键限值内操作；④检查是否按规定的时间间隔如实记录监控结果。

认证机构是经国家认证认可监督管理委员会认可，可进行第三方审核并发证的独立组织。其目的是使企业的质量管理体系在认证机构注册并获得证书，提高企业的置信水平，得到更多顾客的信任，从而增强产品竞争能力。对验证要保持记录，这是记录保持程序的要求，也是审核和执法机构验证的依据。

建立验证程序

4. 执法机构对 HACCP 体系的验证

在 HACCP 体系中，执法机构主要验证 HACCP 计划是否有效以及是否得到有效实施。这种验证经常在工厂现场执行，但验证的一些方面也有可能在其他适当的地方执行。执法机构的验证包括：①对卫生标准操作程序记录的复查，对 HACCP 计划以及对 HACCP 计划所进行的任何修改复查；②复查 CCP 监控记录；③复查纠正记录；④复查验证记录；⑤现场检查 HACCP 计划的实施情况以及记录保存情况；⑥随机抽样分析。

（十）建立记录保持程序

建立并保持记录的目的是提供符合要求和 HACCP 体系有效运行的证据。记录提供关键限值得到满足或当超过关键限值时采取的适宜的纠偏措施。同样的，也提供了一个监控手段，这样可以调整加工。防止失去受控状态。应编制形成文件的程序，规定记录的标识、贮存、保护、检索、保存期限和处置所需的控制。同时记录应保持清晰，易于识别和检索，这是记录控制的基本要求。

记录的内容包括了体系的记录（如沟通记录、前提计划中 SSOP 的记录、产品计划召回实施记录等）与 HACCP 计划的记录（如 CCP、CL 等）两大方面；HACCP 计划的记录涵盖了预备步骤与七个原理过程涉及的记录及其更新的内容，如产品描述记录、监控记录、纠偏记录等；保持 HACCP 计划的记录，包括了整个 HACCP 体系发生变化时及时采取修正措施，保持 HACCP 体系有效的验证与改进活动的记录，如 HACCP 计划的修改、半成品及成品的定期检测、CCP 监控审核、CCP 纠偏审核、CCP 现场验证等。将验证程序按照要求填入 HACCP 计划表中。

建立有效的文件和记录保持程序

第四节　HACCP 体系应用实例

一、HACCP 体系的应用

1. 食品原料生产

HACCP 体系可用于从农田到餐桌的任何环节。在农场，可以采用多种措施使农产品免受污染。例如，检测好种子，保持好农场卫生，对养殖的动物做好免疫工作等。植物性食品原料的农药控制至关重要，目前，美国等国家通常用以下方式进行：为种植者提供可以使用的农药清单，提供其所需要的农药，并派专人指导使用和监督使用情况。动物性原料主要对饲料和兽药中的激素、生长调节剂及抗生素进行控制，当然，对寄生虫、有害微生物的控制也非常重要。在收获前，可以运用 HACCP 体系，对农产品生长饲养过程的各个环节进行评估，以判断其是否符合食品安全标准，做好农产品生产后到加工前的质量把关。总之，不同的原料有不同的控制体系，根据具体情况确定 HACCP 关键控制点就可以得到安全的食品生产原料。

2. 食品加工企业

HACCP 在食品生产企业中的作用是作为一种新的控制模式，HACCP 体系的管理控制方式使不合格的产品消灭在生产过程中，有效控制生物性、化学性、物理性污染物，提高食品安全性，降低生产和销售的风险，促进食品生产企业提高自身的管理水平。HACCP 系统最早用于水产品加工过程，由于水产品含水量高，容易腐败变质，因此其加工、流通和贮存过程中的安全与卫生控制尤为重要。例如，罐头的杀菌是商业性杀菌，要考虑到产品的色、香、味、形，空罐加工、罐头杀菌、封罐及成品的检验、贮存是关键控制点。果汁、冷饮、乳制品等除了对原料要实施控制外，在整个工艺过程中正确实施 HACCP 也非常重要，空瓶的清洗、车间环境的管理与产品的安全与质量关系密切；在发酵过程控制中，杂菌的控制是关键控制点，一旦染菌将损失惨重。发酵废水、废气的排放与环境污染直接相关，利用工程菌发酵时对废液的处理更要慎重。目前，在酱油、酸乳和某些酒类的生产中已经采用 HACCP 体系控制生产菌的生长和产品的安全，并取得了良好的效果。

在食品加工企业，应用 HACCP 体系常常与生产工艺改进过程相结合。例如，异物的监测常常被确定为 CCP，因此，磁力棒、金属探测仪、X 射线检测系统的使用既是食品安全风险的管控方法，也是工艺质量改进的方式；在食品加工过程中，产品的杀菌过程也被确定为 CCP，对于杀菌方法、杀菌温度与时间，都要有明确的规定，杀菌设备的有效性也要定期校验，杀菌过程的管控同样是食品安全风险的管控，也是产品质量的保证，是生产工艺过程重点关注要求。

3. 公共餐饮服务

通过 HACCP 体系确定关键控制点，对从业人员进行培训，增强质量意识，提升消费者对食品的满意程度。将 HACCP 体系应用于餐饮业的食品安全日常管理中，首先对每个环节可能造成的潜在危害进行了分析，确定了影响食品安全的 4 个关键控制点，包括原料采购及验收、烹调加工、从业人员和餐具的清洗消毒。据此，分别确定了不同关键点的控制措施，并制订出 HACCP 计划表，确保餐饮业的食品加工过程达到安全水平，最终达到预防食品安全问题发生的作用。餐饮企业实施 HACCP 管理还有利于卫生监督管理部门整合监督资源，不断地提高对餐饮行业的监督水平和效率，促使其食品安全控制体系的运行始终处于受控状态，持续改进，从根本上保障餐饮食品安全。

4. 冷链物流

冷链物流中流通的食品易腐，应当在冷冻工艺、防止细菌污染和繁殖方面有严格的控制。例如，水产品从开始就要进行预冷，预冷的温度、预冷的方法都是 CCP。运输过程中，一辆冷藏车中存放的食品是不同种类的，那每个贮储区的温度也是不相同的，同时还要避免不同类食品间的交叉感染。加工、贮存、装卸过程中的操作温度同样需要控制。例如，预冷步骤做得不够充分，导致运输过程中产品腐败；冷却设备和方法落后，相关的法规标准要求不全，没有覆盖整个冷运运输环节等，导致产品在运输过程中变质。对于冷链运输过程，使用 HACCP 体系对其运输前产品预冷过程、运输过程温度保证措施、运输设备的优缺点等进行风险分析，严格按照 HACCP 原理，对每一个步骤进行分析，构建全产业链质量食品安全控制体系，对冷链物流运输的服务质量、工作质量、工程质量、设备质量全面控制，可以解决食品在冷链运输过程中易腐败的食品安全问题，降低食品质量控制失控的风险。

5. 家庭

在家庭中应用 HACCP 可以减少食品在家庭中的品质降低，并提高食品食用的安全性，增加消费者对食品的满意程度。因此，要求消费者在购买食品时认真检查，购买包装未损坏的食品并完好运输到家，正确贮存，在保质期内食用。正确管理食品贮藏室、保持厨房用具卫生和个人卫生、正确处理剩余食品和腐败变质食品也是保证家庭食品安全性的关键。

二、HACCP 体系应用实例

（一）实例 1　出口冷冻蒲烧烤鳗加工中 HACCP 体系建立

以某水产公司建立的出口冷冻蒲烧烤鳗加工中 HACCP 体系模式为例，简要说明 HACCP 的应用，如表 6-4、表 6-5 所示。

表 6-4　　　　　　　　　冷冻蒲烧烤鳗危害分析表

加工步骤	该步骤中引入或潜在的危害	危害严重（是/否）	证明第三列的判断	防止严重危害的预防措施	是否 CCP
活鳗收购	生物性：病原菌 化学性：药物残留 物理性：金属异物	是	活鳗本身不带病原菌。养殖过程中用药不规范，可致药物残留，而危害人体健康。例如，恶喹酸、金属异物（如鱼钩碎屑、铁丝等），导致消费不安全	要求供方提供商检卫生登记证明及用药记录，提供恶喹酸检测报告；蒸煮步骤消除病原菌；金属探测步骤消除金属异物	是

续表

加工步骤	该步骤中引入或潜在的危害	危害严重(是/否)	证明第三列的判断	防止严重危害的预防措施	是否CCP
暂养（吊水）、选别	生物性：病原菌生长 化学性：无 物理性：无	是	活鳗及暂养过程中的死鳗带有病原菌，如温度适当，还可繁殖，进而导致消费不安全	通过GMP、SSOP控制，通过蒸煮步骤可消除病原菌	否
冰昏	生物性：病原菌污染 化学性：无 物理性：无	是	制冰用水或冰块表面不洁，可能带病原菌而导致消费不安全	可通过SSOP控制，蒸煮步骤消除病原菌	否
剖杀	生物性：病原菌污染 化学性：无 物理性：无	否	从冰昏到剖杀不能超过1h，细菌繁殖少，SSOP可控制		否
清洗鳗片	生物性：无 化学性：无 物理性：无		清洗可清除减少微生物，SSOP可控制		否
白烧（皮部）	生物性：微生物污染 化学性：无 物理性：无	否	皮烤时中心温度达80℃以上，微生物不可能污染繁殖。SSOP可控制		否
白烧（肉部）	生物性：微生物污染 化学性：无 无物理性：无	否	肉烤时中心温度达85℃以上，微生物不可能污染繁殖。SSOP可控制		否
蒸煮	生物性：病原菌污染 化学性：无 物理性：无	是	如蒸煮时间和温度不符合工艺要求，病原菌仍可存活，可导致消费不安全	控制蒸煮时间和温度	是
蒲烧（1~4道）	生物性：调料带病原菌 化学性：调料添加剂 物理性：调料含杂质	是	如酱油的卫生指标不符合标准要求可使产品不合格，导致消费不安全。蒲烧工序，由于温度高，产品本身不会再污染	供方提供产品检验合格报告，并对此负责。工厂每批验收。通过SSOP控制	否

续表

加工步骤	该步骤中引入或潜在的危害	危害严重(是/否)	证明第三列的判断	防止严重危害的预防措施	是否 CCP
预冷、速冻	生物性：微生物再污染 化学性：无 物理性：无	否	通过 SSOP 控制		否
金属探测	生物性：微生物再污染 化学性：无 物理性：无	否	通过 SSOP 控制	保证金属探测设备正常运行	是
内包装	生物性：微生物再污染 化学性：无 物理性：无	否	通过 SSOP 控制		否
外包装	生物性：微生物再污染 化学性：无 物理性：无	否	通过 SSOP 控制		否
冷藏	生物性：微生物繁殖 化学性：无 物理性：无	否	−18℃低温不可能繁殖	GMP 控制冷藏温度	否
运输	生物性：微生物繁殖 化学性：无 物理性：无	否	冷藏条件下运输不可能繁殖	冷藏条件下运输	否

表 6-5　　冷冻蒲烧烤鳗 HACCP 计划表

| 关键监控点(CCP) | 严重危害 | 预防措施的关键限值 | 监控 | | | | 纠偏措施 | 记录 | 验证 |
			监控什么	如何监控	监控频率	谁监控			
活鳗收购	药物残留	活鳗应来自检验检疫登记备案的养殖场。用药、停药应符合规定要求，禁止使用禁用药（如恶喹酸）	养鳗场用药程序。供方提供的药物残留检测报告、检验检疫登记证件	审核用药记录，审核药物残留检测报告	每天、每批进货原料	收购部质检员、质检科检检员	拒收不符合关键限值的鳗鱼原料	养鳗厂检验检疫登记证件、用药记录、药物残留检测报告、收购记录	复查每日收购记录，每周审核一次监控与纠偏记录

续表

关键监控点（CCP）	严重危害	预防措施的关键限值	监控什么	监控如何监控	监控频率	谁监控	纠偏措施	记录	验证
蒸煮	病原微生物	16~18min 90~100℃	蒸煮时间、蒸煮温度	监控生产线速率，观察机载温度显示表并记录	时间：每小时监测；温度：每小时观测	车间技术管理员	偏离限值：调整时间和温度。偏离期间产品进行微生物检测，合格放行，不合格予以回烤	每日生产的蒸煮温度、时间记录	每周审核一次蒸煮记录，每季校正机载温度一次。每日对当日产品微生物检测
金属探测	金属杂质	使用金属检出仪探测金属杂质	成品通过金属检出仪探测金属杂质	使用金属检出仪进行，并记录	每条烤鳗通过检出仪。每班生产前、中、结束，检查检出仪的灵敏度	操作员、生产班长	扣留检出金属异物的产品。如由于检出仪工作不正常而通过的产品应全部扣留待设备正常后重新探测	金属探测工序记录	每周审核一次记录

（二）实例2 速冻蔬菜 HACCP 模式

以某公司建立的速冻蔬菜 HACCP 模式为例，简要说明 HACCP 建立及应用，如表6-6、表6-7所示。

表6-6　　　　　　　　　　　速冻蔬菜危害分析工作单

配料/加工步骤	确定潜在危害	潜在的食品安全危害是显著的吗？	对第三列的判断提出依据	是否提供适当预防措施来防止显著危害	CCP（是/否）
原料验收	生物危害：病原体及其毒素、虫卵、大肠埃希氏菌	是	产品生产、贮存或运输过程中被致病菌污染	选择资质齐全的合格供应商；每批原料按标准进行验收	是
	化学危害：农药残留		农药残留超出安全标准	选择资质齐全的合格供应商；每批次蔬菜原料进行农药残留快速检测	
	物理危害：金属、泥沙等杂质		原料本身携带，贮藏、运输混入	水洗、金属检验工序可以将其降低到可接受的水平	
挑选、切端、盐水浸泡、清洗	生物危害：病原体及其毒素、虫卵、李斯特菌、大肠埃希氏菌	是	致病菌再次污染；使用水的卫生理化指标不符合卫生标准	通过SSOP进行控制；加强检验检疫	否
	化学危害：农药残留		使用水的理化指标不符合质量标准	通过SSOP进行控制	
	物理危害：金属等杂质		头发、破损手套、脱落工器具等异物混入	每天进行人员卫生、着装检查；生产过程中进行人工挑选；生产过程中金属探测仪检测	
漂洗	生物危害：致病菌的污染	是	使用水的卫生指标不符合卫生标准	通过SSOP进行控制	否
	化学危害：漂洗水的水质		使用水的理化指标不符合质量标准	通过SSOP进行控制	
	物理危害：无				
漂烫	生物危害：致病菌残留	是	漂烫温度和时间控制不当，病原菌残留	控制漂烫的温度和时间	是
	化学危害：无				
	物理危害：无				

续表

配料/加工步骤	确定潜在危害	潜在的食品安全危害是显著的吗？	对第三列的判断提出依据	是否提供适当预防措施来防止显著危害	CCP（是/否）
冷却	生物危害：致病菌污染 化学危害：无 物理危害：无	是	水和空气中致病菌污染	水和空气等环境要符合卫生要求；通过SSOP控制	否
冻结	生物危害：无 化学危害：无 物理危害：金属碎片	是	输送带破损或螺钉脱落	金属探测工艺可以消除	否
包装	生物危害：致病菌污染 化学危害：无 物理危害：无	是	人手、工具和包装材料	通过SSOP控制	否
金属探测	生物危害：无 化学危害：无 物理危害：金属异物	是	前面工序可能混入金属	设金属探测器	是
冻藏	生物危害：细菌生长繁殖 化学危害：无 物理危害：无	是	细菌易污染产品	冷藏温度为-18℃；定期对冷库进行消毒	否
运输	生物危害：致病菌污染 化学危害：无 物理危害：无	是	致病菌再污染	通过GMP控制	否

表 6-7　　速冻蔬菜 HACCP 计划表

关键控制点（CCP）	显著危害	对每个预防措施的关键限值	监控 对象	监控 方法	监控 频率	监控 人员	纠偏行动	记录	验证
CCP_1 原料验收	化学	每批原料必须提供供应商的关于农药的保质证明	残余农药（数据）	检查	每批	原料检验员	不接受未附证明的产品，不符合要求的供方停止供货	证书或证明复印件、监控记录、接收记录表、纠偏记录表	质量保证员每月检查各供应商的残留农药的数据记录和官方的检测报告
CCP_2 漂烫	致病菌残留	温度：90~100℃；保温时间：1~2min	温度、时间	观察、计时	每次	操作者	有问题的产品隔离并留待处理	时间/温度记录表、温度计标准记录表、纠偏记录表	每班复查记录、每月校准温度计时器、每月取样微生物检测
CCP_3 金属探测	金属碎片	铁（Fe）$\varphi \leqslant 1.0mm$，不锈钢（SUS）$\varphi \leqslant 1.5mm$	金属碎片	通过金属探测器	每箱	操作者	产品单独存放评估后处理	金属探测器监控、校正、纠偏记录	操作员开工前校准、开工后每小时校准一次、每班复查记录、每季度用标准试牌校准其余试牌及金属探测器

第五节　HACCP 体系认证

一、HACCP 体系认证概况

1. HACCP 体系审核

HACCP 体系审核是验证食品安全活动及其结果是否达到生产安全食品目标的系统性的、独立的审核。审核依据审核准则评审企业自身的 HACCP 体系，验证体系是否有效并能持续满足企业内部策划的安排和要求。

2. HACCP 体系认证

由经国家相关政府机构认可的第三方认证机构依据经认可的认证程序，对食品生产企业的食品安全管理体系是否符合规定的要求进行审核和评价，并依据评价结果，对符合要求的食品企业的食品安全管理体系给予书面保证。

3. 认证机构

从事 HACCP 管理体系认证的机构，应当获得国家认监委的批准，并按有关规定取得国家认可机构的资格认可；申请从事 HACCP 认证的认证机构应当具有足够数量的专业评审人员，上述人员应当获得食品相关专业的本科以上学历，有食品工艺方面的实践经验，接受过 HACCP 培训并取得了认证人员注册机构的注册。

4. 推行 HACCP 认证的益处

（1）建立一套规范、有序、科学的文件化安全管理体系，将把企业产品的安全质量控制从产品最终检验转变为生产全过程预防控制，大大减少了企业的安全风险，从而降低成本，提高了企业管理效率。

（2）增加企业的知名度，提高了服务产品的信誉度，增强了市场的竞争力。

（3）获得 HACCP 认证证书是食品及相关产品进入国际市场的通行证，是消除国际市场技术壁垒的有效手段。

（4）创造了企业的无形资产，使企业得到广泛认同和评价。

（5）享受政府部门更多的优惠政策。

第三方认证机构的 HACCP 认证，不仅可以为企业的食品安全生产品质控制水平提供有力佐证，而且将促进企业 HACCP 体系的持续改善，尤其将有效提高顾客对企业食品安全控制的信任水平。在国际食品贸易中，越来越多的进口国官方或客户要求供方企业建立 HACCP 体系并供应相关认证证书，否则产品将不被承受。

二、HACCP 体系认证程序

HACCP 体系认证流程图见图 6-3。

（一）前提条件

首先申请企业已获得营业执照、认证产品的生产许可证及生产明细。其次，企业应按 GMP 和 HACCP 基本原理的要求建立了质量管理体系，实施了内部审核和管理评审，且体系应至少有效运行三个月，至少做过一次内审，并对内审中发现的不合格实施了确认、整改和跟踪验证。

（二）企业申请阶段

企业向认证中心提出认证申请，填写《管理体系认证申请书》，并按申请书要求提供相关资料，按照申请书提交相应文件，包括但不仅限于：

（1）营业执照、认证产品的生产许可证及生产明细、厂房租赁合同。

（2）公司简介及产值说明。

（3）组织架构图与职责说明、企业人员名单及基本资料。

（4）HACCP 手册、产品描述、工艺流程图、工艺描述，季节性生产和班次的说明。

（5）厂区平面图、车间功能间布局图（标注人流、物流走向）、设备布局图、虫害布局图、供水网络图。

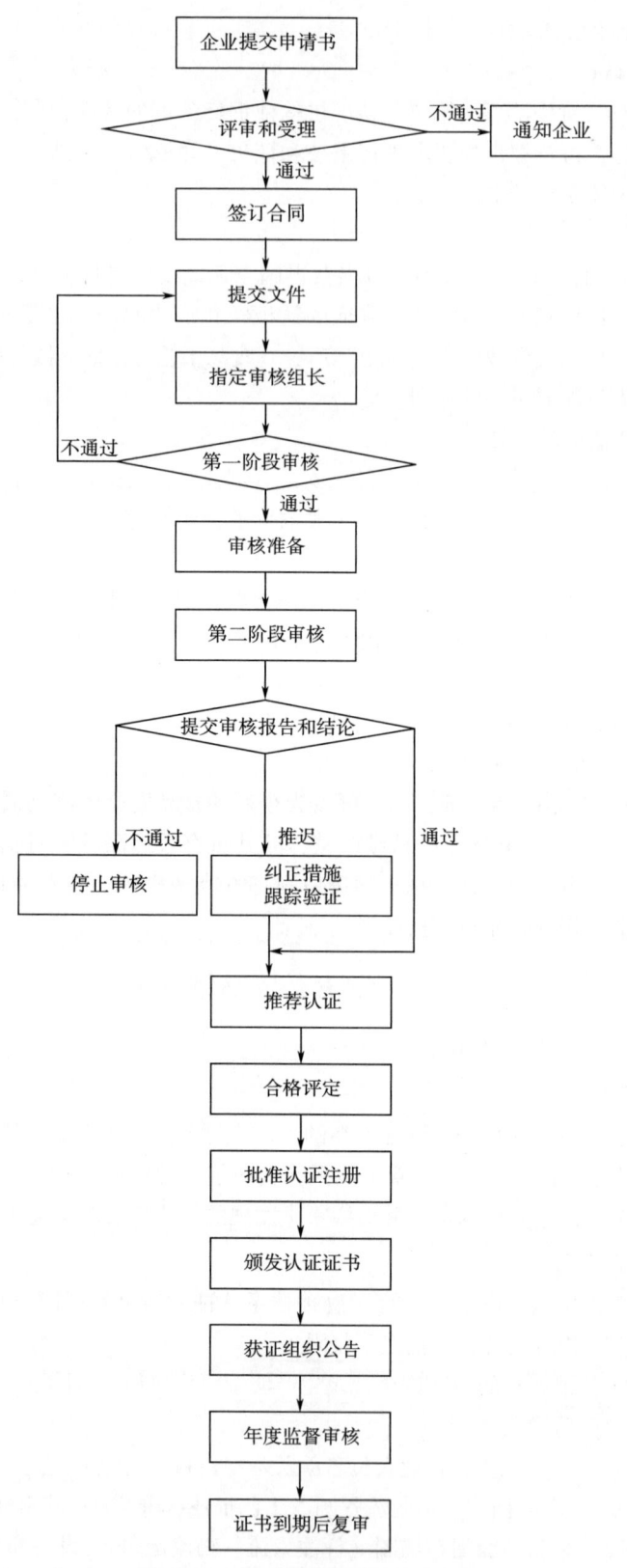

图 6-3 HACCP 认证程序流程图

(6) 危害分析单、HACCP 计划表、相应的危害控制措施及其确认和验证要求等。

(7) 食品添加剂使用情况说明，包括使用的添加剂名称、用量、适用产品及限量标准等（适用时）。

(8) 生产、加工主要设备清单和检验设备清单。

(9) 认证产品生产、加工或服务过程中遵守适用的我国和进口国（地区）相关现行法律、法规、标准和规范清单。

(10) 由具备资质的第三方检验机构出具的认证产品的全检报告，生活饮用水、纯化水、接触食品的冰、汽检测报告。

(11) 承诺遵守相关法律、法规、认证机构要求及提供材料真实性的自我声明。

(12) 其他需要的文件。

申请通过后签订合同，并与认证机构确认审核组成员和审核时间。

(三) 认证审核阶段

认证机构受理申请后将确定审核小组，与申请组织确认审核组成员和审核时间。参加审核活动的审核员必须是独立及公正的，应具备相关专业作为审核员的经验或资格。审核小组按照拟定的审核计划对申请组织的 HACCP 体系进行审核。

1. 第一个阶段审核

审核组将根据标准要求进行文件审核和现场审核，判断 HACCP 文件化体系要求是否科学、是否合理；了解申请组织的基本情况、体系策划与运行情况；企业编写的体系文件能否满足相关认证标准的要求，包括 GMP 程序、SSOP 计划、员工培训计划、设备保养计划、HACCP 计划等。在文件审核完成以后，这一阶段的评审也需要在申请方的现场进行，以便审核组收集更多的必要信息，了解现场的情况，确定第二阶段审核的重点和方案，现场确认审核范围。若文件审核中发现不符合之处，请申请组织予以纠正，审核组在第二阶段审核时进行确认。

2. 第二阶段审核

审核组依照审核计划对申请组织进行现场审核，审核组主要评价 HACCP 体系、GMP 或 SSOP 的适宜性、符合性、有效性。其中，会评价 CCP 的监控、纠偏措施、验证、监控人员的培训教育，以及在新的危害产生时体系是否能自觉地进行危害分析并有效控制。

对于第一阶段审核过的 HACCP 体系的相应部分，被确定为实施充分有效并符合要求的，第二阶段可以不再对其审核，但认证机构应确保 HACCP 体系已审核的部分持续符合认证要求。第二阶段的审核报告应包含第一阶段审核中的审核发现，并且应清楚地表述第一阶段审核已经确立的符合性。第一阶段和第二阶段审核的间隔应不超过 6 个月。如果超过 6 个月，应重新实施第一阶段审核。

3. 跟踪审核

现场审核结束后，审核小组将根据审核情况向申请组织提交不符合项报告，申请组织应对不符合项采取有效的纠正措施，并向认证机构提交纠正措施及整改之证明材料；申请组织的纠正措施应在审核结束后 3 个月内完成，否则不予推荐。

(四) 颁发认证证书

审核组对申请组织进行书面和现场跟踪审核后，将最终审核结果提交认证机构作出认证决定，认证机构将向申请组织颁发认证证书。

（五）证书保持阶段

鉴于 HACCP 是一个安全控制体系，因此其认证证书有效期通常最多为 1 年，获证企业应在证书有效期内保证 HACCP 体系的持续运行，同时必须接受认证机构至少每半年 1 次的监视审核。假如获证方在证书有效期内对其以 HACCP 为基础的食品安全体系进行了重大更改，应通知认证机构，认证机构将视状况增加监视认证频次或安排复审。

（六）复审换证阶段

认证机构将在获证企业 HACCP 证书有效期结束前安排体系的复审，通过复审，认证机构将向获证企业换发新的认证证书。

思考题

1. 名词解释：HACCP、HACCP 计划、HACCP 体系、关键控制点、关键限值。
2. 常见的危害有哪些？如何实施控制？
3. 如何识别关键控制点？
4. 关键限值的选择应遵循的条件是什么？
5. 简述监控的四要素。
6. 如何验证 HACCP 体系的有效性？
7. 简述企业制定 HACCP 计划建立与实施的步骤。
8. 简述 HACCP 的认证程序。

第七章
ISO 9000 质量管理体系

学习目标

1. 掌握 ISO 的基本概念，了解 ISO 9000 的相关术语；
2. 掌握 ISO 9000 的 7 项质量管理原则及 ISO 9000 认证程序，培养分析食品生产加工过程中出现的食品质量安全问题和复杂工程问题产生的原因，并提出解决措施的能力；
3. 树立质量意识，提升职业道德素养。

第一节 ISO 9000 概述

ISO 9000 质量管理体系是一个全员参与、全面控制、持续改进的综合性质量管理体系，其核心是以满足客户的质量要求为标准。它所规定的文件化体系具有很强的约束力，它贯穿于质量管理体系的全过程，使体系内各环节环环相扣，互相督导，互相促进，任何一个环节发生问题，都可能直接或间接影响到其他部门或其他环节，甚至波及整个体系。

一、ISO 9000 产生的历史背景

1. 世界各国军工质量管理经验为产生质量管理国际标准打下基础

第二次世界大战期间，世界各国急需大量高质量军事物品，囿于当时的生产技术条件，如何提高产品的质量和数量来满足需要成为领导者最为关心的问题。为了保证军事物品的质量，20 世纪 50 年代末，美国发布的《质量大纲要求》是世界上最早的有关质量保证方面的标准。在军工生产中的成功经验被迅速应用到民用工业上，如锅炉、压力容器、核电站等涉及安全要求较高的行业，之后迅速推行到各行业中，包括食品行业。军事在质量保证方面的成功经验，在世界范围内产生很大的影响，英国、加拿大、法国等都相继制定、发布一系列质量管理和质量保证的标准和规定。

2. 全球经济和技术发展需要

全球经济和科学技术不断发展，国际经济贸易和合作逐渐增强，竞争的激烈性也逐渐增强，但国际间商品的质量标准存在差别，许多国家为了维护自己的利益，故意提高进口产品的质量标准，在国际贸易间形成贸易壁垒。这种贸易壁垒包括法规、标准、检验和认证。由于这种贸易壁垒在某种意义上代表了先进的生产力，是难以要求消除的，因此，只能通过掌握、适应它，进而打破和跨越它。而 ISO 9000 系列标准提供了一个全球统一的、详尽的和可操作的标准，质量管理和质量标准的国际化也逐步成为世界各国的需要。

3. 生产经营者提高经济效益和竞争力需要

自 20 世纪 70 年代以来，真正意义上的全球经济逐渐形成，因而所有的工业、商业性企业，哪怕是很小的地方性企业，均应从全球角度开发产品和市场，以适应全球性竞争，企业的全球战略逐步形成，而质量在全球性竞争中的重要性与日俱增。顾客对产品的质量有了更深的认识，琳琅满目的产品同时也为顾客提供了较多的选择机会，因此生产者为了提高经济效益和竞争力，不得不提高自己的产品质量，满足顾客的需求。制定国际化的质量管理和质量保证标准成为迫切的需要。

国际标准化组织（International Organization for Standardization，ISO），成立于 1947 年 2 月 23 日，前身是 1928 年成立的"国际标准化协会国际联合会"（ISA），目前，ISO 成员国已经增加到 168 个。ISO 9000 族标准是由 ISO/TC 176 组织制定的一系列国际标准，是质量管理的国际通用标准，适用于各个行业。TC 176 即 ISO 中第 176 个技术委员会，它成立于 1980 年，全称是"质量保证技术委员会"，1987 年又更名为"质量管理和质量保证技术委员会"。

GB/T 19000 系列标准是我国等同采用 ISO 9000 系列标准而制定的。

二、ISO 9000 修订与发展

（一）ISO 9000 族标准的发布

1986 年，ISO 8402《质量管理和质量保证——术语》正式发布；1987 年 3 月又发布了 5 个系列标准，如下。

ISO 9000：1987《质量管理和质量保证标准——选择和使用指南》；

ISO 9001：1987《质量体系——设计/开发、生产、安装和服务的质量保证模式》；

ISO 9002：1987《质量体系——生产和安装的质量保证模式》；

ISO 9003：1987《质量体系——最终检验和试验的质量保证模式》；

ISO 9004：1987《质量管理和质量体系要素——指南》。

1987 版 ISO 9000 系列标准制订的时期，在当时世界各国的经济发展中占主导地位的是制造行业，因此，1987 版 ISO 9000 系列标准突出地体现了制造业的特点，这给标准的广泛适用性造成一定的局限。然而，随着全球经济一体化进程的加快，国际市场进一步开放，信息技术的迅猛发展，市场竞争日趋激烈，世界各国及组织都在加强科学管理，努力提高组织的竞争力。这就需要标准能够满足各种类型使用者的需要，要求标准的结构和内容具有更加广泛的通用性，能够适用于提供各种类型的产品和规模的组织。另一方面，许多组织实施 ISO 9000 系列标准不仅是为了认证/注册，更重要的是为了确保稳定地提供满足顾客要求的产品，提升顾客满意度，进而使所有相关方都满意。这就要求标准能够对顾客满意或不满意的信息进行监视，不断提高顾客的满意程度，从而促进组织各项工作的持续改进，提高组织的整体绩效，以适于组织发展的需要。

(二) ISO 9000 族标准修订发展阶段

至今,修订可分为以下 4 个阶段。

1. 第一阶段:1994 版 ISO 9000 族标准

第一阶段修订为"有限修改",仅对标准的内容进行技术性局部修改,并通过 ISO 9000-1 和 ISO 8402 两个标准,引入了一些新的概念和定义,如过程和过程网络、受益者、质量改进、产品(硬件、软件、流程性材料和服务)等,为第二阶段修改提供了过渡的理论基础。1994 年 7 月 1 日,ISO/TC 176 完成了第一阶段的修订工作,发布了 16 项国际标准,到 1999 年底 ISO 9000 族标准的数量已经发展到 27 项,从而提出了 ISO 9000 系列标准的概念。

2. 第二阶段:2000 版 ISO 9000 族标准

第二阶段修订为"彻底修订",第二次修改是在充分总结了前两个版本标准的长处和不足的基础上,对标准总体结构和技术内容两个方面进行的彻底修改。2000 年 12 月 15 日,ISO/TC 176 正式发布了新版本的 ISO 9000 族标准,统称为 ISO 9000:2000 族标准。该标准的修订充分考虑了 1987 版和 1994 版标准以及当时其他管理体系标准的使用经验,ISO 9000:2000 族标准将使质量管理体系有更好的适用性,更加简便、协调,它由 4 个核心标准、1 个支持标准、6 个技术报告、3 个小册子等组成。2000 版 ISO 9000 族标准更加强调了顾客满意及监视和测量的重要性,增强了标准的通用性和广泛的适用性,促进质量管理原则在各类组织中的应用,满足了使用者对标准应更通俗易懂的要求,强调了质量管理体系要求标准和指南标准的一致性。2000 版 ISO 9000 标准对提高组织的运作能力、增强国际贸易、保护顾客利益、提高质量认证的有效性等方面产生了积极而深远的影响。

3. 第三阶段:2008 版 ISO 9000 族标准

2004 年,ISO 9001:2000 在各成员国中进行了系统评审,以确定是否撤销、保持原状、修正或修订。评审结果表明,需要修正 ISO 9001:2000。所谓"修正"是指"对规范性文件内容的特定部分的修改、增加或删除"。修正 ISO 9001 的目的是更加明确地表述 2000 版 ISO 9001 标准的内容,并加强与 ISO 14001:2004 的兼容性。主要要求为:标题、范围保持不变;继续保持过程方法;修正的标准仍然适用于各行业不同规模和类型的组织;尽可能地提高与 ISO 14001:2004《环境管理体系要求及使用指南》的兼容性;ISO 9001 和 ISO 9004 标准仍然是一对协调一致的质量管理体系标准;使用相关支持信息协助识别需要明确的问题;根据设计规范进行修正,并经验证和确认。

4. 第四阶段:2015 版 ISO 9000 族标准

2015 年 12 月,2015 版 ISO 9000 发行,2008 版 ISO 9000 完成了其历史使命,退出历史舞台。ISO 一般是 5~8 年改一次版本,标准的更新时间一般为 3 年,也就意味着各认证企业要在 2018 年进行质量管理体系的换版工作。2015 版 ISO 9000 族标准与 2008 版 ISO 9000 族标准相比较,有 26 个变化。

换版工作,也就意味着公司现有的质量管理体系相关文件制度应该规定最新的标准,必要时重建流程,理顺关系,为体系的有效运行奠定基础。

第二节　ISO 9000 质量管理原则

一、ISO 9000 质量管理体系部分术语

(一) 有关人员的术语

1. 最高管理者（Top Management）

在最高层指挥和控制组织的一个人或一组人。

2. 质量管理体系咨询师（Quality Management System Consultant）

对组织的质量管理体系实现给予帮助、提供建议或信息的人员。

3. 管理机构（Configuration Authority 或 Configuration Control Board）

赋予技术状态决策职责和权限的一个人或一组人。

(二) 有关组织的术语

1. 组织（Organization）

为实现目标，由职责、权限和相互关系构成自身职能的一个人或一组人。

2. 相关方（Interested Party 或 Stakeholder）

可影响决策或活动，也被决策或活动所影响，或自认为被决策或活动影响的个人或组织。例如，顾客、所有者、组织内的员工、供方、银行、监管者、工会、合作伙伴以及可包括竞争对手。

3. 顾客（Customer）

能够或实际接受本人或本组织所需要或所要求的产品或服务的个人或组织。例如，消费者、委托人、最终使用者、零售商、内部过程的产品或服务的接收人、受益者和采购方。

4. 供方（Provider 或 Supplier）

提供产品或服务的组织。例如，制造商、批发商、产品或服务的零售商或商贩。

(三) 有关活动的术语

1. 改进（Improvement）

提高绩效的活动。

2. 持续改进（Continual Improvement）

提高绩效的循环活动。

3. 管理（Management）

指挥和控制组织的协调的活动。

4. 质量管理（Quality Management）

关于质量的管理，可包括制定质量方针和质量目标，以及通过质量策划、质量保证、质量控制和质量改进实现这些质量目标的过程。

5. 质量策划（Quality Planning）

质量管理的一部分,致力于制定质量目标并规定必要的运行过程和相关资源以实现质量目标。

6. 质量保证(Quality Assurance)

质量管理的一部分,致力于提供质量要求会得到满足的信任。

7. 质量改进(Quality Improvement)

质量管理的一部分,致力于增强满足质量要求的能力。

(四)有关过程的术语

1. 过程(Process)

利用输入提供预期结果的相互关联或相互作用的一组活动。

2. 项目(Project)

由一组有起止日期的,相互协调的受控活动组成的独特过程,该过程要达到符合包括时间、成本和资源的约束条件在内的规定要求的目标。

3. 质量管理体系实现(Quality Management System Realization)

建立、形成文件、实施、保持和持续改进质量管理体系的过程。

4. 设计和开发(Design and Development)

将考虑对象的要求转换为对该对象更详细的要求的一组过程。

5. 程序(Procedure)

为进行某项活动或过程所规定的途径。

(五)有关体系的术语

1. 管理体系(Management System)

组织建立方针和目标以及实现这些目标的过程的相互关联或相互作用的一组要素。

2. 质量管理体系(Quality Management System)

管理体系中关于质量的部分。

3. 计量确认(Metrological Confirmation)

为确保测量设备符合预期使用要求所需要的一组操作。

4. 测量管理体系(Measurement Management System)

实现计量确认和测量过程控制所必需的相互关联或相互作用的一组要素。

5. 使命(Mission)

由最高管理者发布的组织存在的目的。

(六)有关要求的术语

1. 实体(Object)

可感知或想象的任何事物。例如,产品、服务、过程、人、组织、体系、资源。

2. 质量(Quality)

实体的若干固有特性满足要求的程度。

3. 要求(Requirement)

明示的、通常隐含的或必须履行的需求或期望。

4. 可追溯性(Traceability)

追溯实体的历史、应用情况或所处位置的能力。

（七）有关结果的术语

1. 目标（Objective）

要实现的结果。

2. 质量目标（Quality Objective）

有关质量的目标。

3. 产品（Product）

在组织和顾客之间未发生任何交易的情况下，组织生产的输出。

4. 服务（Service）

至少有一项活动必须在组织和顾客之间进行的输出。

5. 效率（Efficiency）

得到的结果与所使用的资源之间的关系。

（八）有关数据、信息和文件的术语

1. 数据（Data）

关于实体的事实。

2. 质量手册（Quality Manual）

组织的质量管理体系的规范。

3. 质量计划（Quality Plan）

何时，并由谁对特定的实体应用程序和相关资源的规范。

4. 记录（Record）

阐明所取得的结果或提供所完成活动的证据的文件。

5. 项目管理计划（Project Management Plan）

规定满足项目目标所必需的事项的文件。

6. 验证（Verification）

通过提供客观证据对规定要求已得到满足的认定。

7. 确认（Validation）

通过提供客观证据对特定的预期用途或应用要求已得到满足的认定。

（九）有关顾客的术语

1. 反馈（Feedback）

对产品、服务或投诉处理过程的意见、评价和关注的表示。

2. 顾客满意（Customer Satisfaction）

顾客对其要求已被满足程度的感受。

3. 投诉（Complaint）

就其产品、服务或投诉处理过程，向组织表达的不满，而希望给予答复或解决问题的愿望是明确的或不明确的。

4. 顾客服务（Customer Service）

在产品或服务的整个寿命周期内，组织与顾客之间的互动。

5. 顾客满意行为规范（Customer Satisfaction Code of Conduct）

组织为提高顾客满意度，就其行为对顾客做出的承诺及相关规定。

(十) 有关特性的术语

1. 特性（Characteristic）

可区分的特征。

2. 质量特性（Quality Characteristic）

与要求有关的，实体的固有特性。

3. 能力（Competence）

应用知识和技能实现预期结果的本领。

4. 技术状态（Configuration）

在产品技术状态信息中规定的产品或服务的相互关联的功能特性和物理特性。

(十一) 有关确定的术语

1. 测定（Determination）

查明一个或多个特性及特性值的活动。

2. 评审（Review）

为了实现规定的目标，对实体的适宜性、充分性或有效性的测定。例如，管理评审、设计和开发评审、顾客要求评审、纠正措施评审和同行评审。

3. 监视（Monitoring）

测定个体、过程、产品、服务或活动的状态。

4. 进展评价（Progress Evaluation）

评定实现项目目标的进展情况。

(十二) 有关措施的术语

1. 预防措施（Preventive Action）

为消除潜在不合格或其他潜在不期望情况的原因所采取的措施。

2. 纠正措施（Corrective Action）

为消除不合格的原因并防止再发生所采取的措施。

3. 偏离许可（Deviation Permit）

产品或服务实现前，对偏离原规定要求的许可。

(十三) 有关审核的术语

1. 审核（Audit）

为获得客观证据并对其进行客观的评价，以确定满足审核准则的程度所进行的系统的、独立的并形成文件的过程。

2. 多体系审核（Combined Audit）

在一个受审核方，对两个或两个以上管理体系一起进行的审核。

3. 审核方案（Audit Program）

针对特定时间段所策划并具有特定目标的一组（一次或多次）审核安排。

4. 审核结论（Audit Conclusion）

考虑了审核目标和所有审核发现后得出的审核结果。

5. 审核组（Audit Team）

实施审核的一名或多名人员，需要时，由技术专家提供支持。

6. 审核员（Auditor）

实施审核的人员。

7. 技术专家（Technical Expert）

向审核组提供特定知识或技术的人员。

二、质量管理原则内容

（一）以顾客为关注焦点

质量管理的主要关注点是满足顾客要求并且努力超越顾客的期望。

（1）理论依据　组织只有赢得和保持顾客及其他相关方的信任才能获得持续成功。与顾客相互作用的每个方面，都提供了为顾客创造更多价值的机会。理解顾客和其他相关方当前和未来的需求，有助于组织的持续成功。

（2）主要益处　增加顾客价值；提高顾客满意度；增进顾客忠诚；增加重复性业务；提高组织的声誉；扩展顾客群；增加收入和市场份额。

（3）可开展的活动　辨识从组织获得价值的直接和间接的顾客；理解顾客当前和未来的需求和期望；将组织的目标与顾客的需求和期望联系起来；在整个组织内沟通顾客的需求和期望；为满足顾客的需求和期望，对产品和服务进行策划、设计、开发、生产、交付和支持；测量和监视顾客满意度，并采取适当的措施；确定有可能影响到顾客满意度的相关方的需求和期望，并采取措施；积极管理与顾客的关系，以实现持续成功。

（二）领导作用

各层领导建立统一的宗旨和方向，并且创造全员参与的条件，以实现组织的质量目标。

（1）理论依据　统一的宗旨和方向，以及全员参与，能够使组织将战略、方针、过程和资源保持一致，以实现其目标。

（2）主要益处　提高实现组织质量目标的有效性和效率；组织的过程更加协调；改善组织各层级、各职能间的沟通；开发和提高组织及其人员的能力，以获得期望的结果。

（3）可开展的活动　在整个组织内，就其使命、愿景、战略、方针和过程进行沟通；在组织的所有层次创建并保持共同的价值观和公平道德的行为模式；培育诚信和正直的文化；鼓励在整个组织范围内履行对质量的承诺；确保各级领导者成为组织人员中的实际楷模；为人们提供履行职责所需的资源、培训和权限；激发、鼓励和表彰人员的贡献。

（三）全员参与

整个组织内各级人员的胜任、授权和参与，是提高组织创造和提供价值能力的必要条件。

（1）理论依据　为了有效和高效的管理组织，各级人员得到尊重并参与其中是极其重要的。通过表彰、授权和提高能力，促进在实现组织的质量目标过程中的全员参与。

（2）主要益处　通过组织内人员对质量目标的深入理解和内在动力的激发以实现其目标；在改进活动中，提高人员的参与程度；促进个人发展、主动性和创造力；提高员工的满意度；增强整个组织的信任和协作；促进整个组织对共同价值观和文化的关注。

（3）可开展的活动　与员工沟通，以增进他们对个人贡献的重要性的认识；促进整个组织的协作；提倡公开讨论，分享知识和经验；让员工确定工作中的制约因素，毫不犹豫地主动参与；赞赏和表彰员工的贡献、钻研精神和进步；针对个人目标进行绩效的自我评价；为评估员工的满意度和沟通结果进行调查，并采取适当措施。

(四) 过程方法

只有将活动作为相互关联的连贯系统进行运行的过程来理解和管理时，才能更加有效和高效地得到一致的、可预知的结果。

众多的过程是相互关联的，识别和管理这些相互关联的过程叫过程方法。

一个过程包含将输入转化为输出的一个或多个活动。

(1) 理论依据　质量管理体系是由相互关联的过程所组成。理解体系是如何产生结果的，能够使组织尽可能地完善其体系和绩效。

(2) 主要益处　提高关注关键过程和改进机会的能力；通过协调一致的过程体系，始终得到预期的结果。通过过程的有效管理，资源的高效利用及职能交叉障碍的减少，尽可能提升其绩效。使组织能够向相关方提供关于其一致性、有效性和效率方面的信任。

以过程为基础的 ISO 9001 质量管理体系模式如图 7-1 所示。识别顾客需求，通过各过程的应用提供产品给顾客可视为一个大过程；基于过程的方法，为满足顾客（和其他相关方）的需求提供产品并使其满意的组织活动可能由四个过程构成：产品实现过程，管理活动过程，资源管理过程，测量、分析和改进过程。这四个过程存在着相互作用。以产品实现过程为主过程，对过程的管理构成管理过程，即管理职责，实现过程所需资源的提供构成资源管理过程，对实现过程的测量、分析、和改进构成支持过程。这四个过程分别可以依据实际情况分为更详细的过程；监视相关方满意程度需要评价有关相关方感受的信息，这可通过测量、分析、改进过程实现；PDCA 方法适合组织的 ISO 9001 质量管理体系的持续改进，持续改进使 ISO 9001 质量管理体系螺旋式提升。PDCA 方法也适合于每一个过程的持续改进。

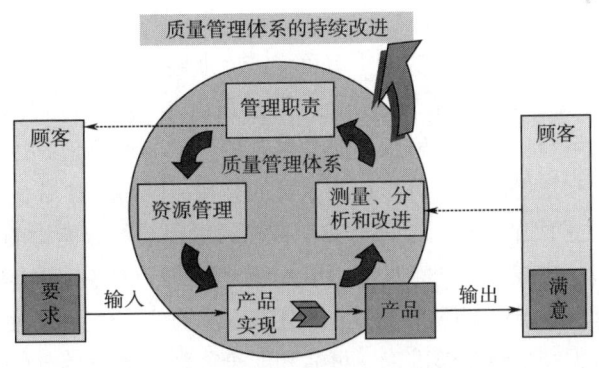

图 7-1　以过程为基础的质量管理体系模式图

(3) 可开展的活动　确定体系和过程需要达到的目标；为管理过程确定职责、权限和义务；了解组织的能力，事先确定资源约束条件；确定过程相互依赖的关系，分析个别过程的变更对整个体系的影响；对体系的过程及其相互关系进行管理，有效和高效地实现组织的质量目标；确保获得过程运行和改进的必要信息，并监视、分析和评价整个体系的绩效；管理能影响过程输出和整个质量管理体系结果的风险。

(五) 改进

成功的组织持续关注改进，如图 7-2 所示。

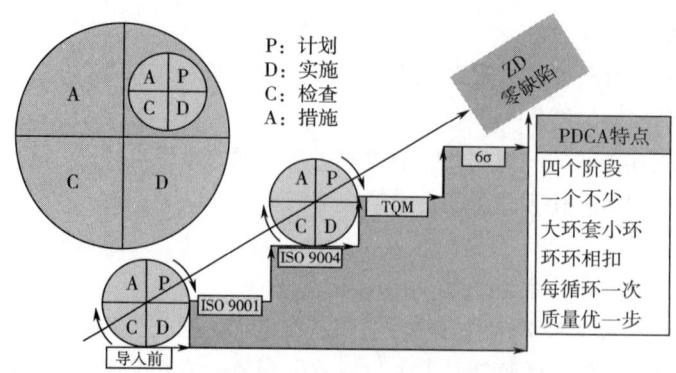

图 7-2 持续改进过程

（1）理论依据　改进对于组织保持当前的绩效水平，对其内、外部条件的变化做出反应并创造新的机会都是非常必要的。

（2）主要益处　改进过程绩效、组织能力和顾客满意度；增强对调查和确定基本原因及后续的预防和纠正措施的关注；提高对内、外部的风险和机会的预测和反应的能力；增加对增长性和突破性改进的考虑；通过加强学习实现改进；增强创新的动力。

（3）可开展的活动　促进在组织的所有层次建立改进目标；对各层次员工进行培训，使其懂得如何应用基本工具和方法实现改进目标；确保员工有能力成功制定和完成改进项目；开发和展开整个组织实施的改进项目；跟踪、评审、审核和改进项目的计划、实施、完成和结果；将新产品开发或产品、服务和过程的更改都纳入到改进中予以考虑；赞赏和表彰改进。

（六）循证决策

基于数据和信息的分析和评价的决策更有可能产生期望的结果。

（1）理论依据　决策是一个复杂的过程，并且总是包含一些不确定因素。它经常涉及多种类型和来源的输入及其解释，而这些解释可能是主观的。重要的是理解因果关系和潜在的非预期后果。对事实、证据和数据的分析可导致决策更加客观，因而更有信心。

（2）主要益处　改进决策过程；改进对实现目标的过程绩效和能力的评估；改进运行的有效性和效率；提高评审、挑战和改变意见和决策的能力；提高证实以往决策有效性的能力。

（3）可开展的活动　确定、测量和监视证实组织绩效的关键指标；使相关人员能够获得所需的全部数据；确保数据和信息足够准确、可靠和安全；使用适宜的方法对数据和信息进行分析和评价；确保人员对分析和评价所需的数据是胜任的；依据证据，权衡经验和直觉进行决策并采取措施。

（七）关系管理

为了持续成功，组织需要管理与相关方的关系。

（1）理论依据　相关方影响组织的绩效。当组织管理与所有相关方的关系，尽可能发挥其在组织绩效方面的作用时，持续成功更有可能实现。对供方及合作伙伴的关系网管理是非常重要的。

（2）主要益处　通过对每一个与相关方有关的机会和限制的响应，提高组织及其相关方的绩效；对目标和价值观，与相关方有共同的理解；通过共享资源和能力，以及管理与质量有关的风险,增加为相关方创造价值的能力;使产品和服务稳定流动的,管理良好的供应链。

(3) 可开展的活动 确定相关方(例如,供方、合作伙伴、顾客、投资者、雇员或整个社会)与组织的关系;确定需要优先管理的相关方的关系;建立权衡短期收益与长期考虑的关系;收集并与相关方共享信息、专业知识和资源;适当时,测量绩效并向相关方报告,以增加改进的主动性;与供方、合作伙伴及其他相关方共同开展开发和改进活动;鼓励和表彰供方与合作伙伴的改进和成绩。

三、 用于建立质量管理体系的基本概念和原理

(一) 质量管理体系模式

1. 总则

组织就像一个具有生存和学习能力的社会有机体,具有许多人的特征。两者都具有适应的能力并且由相互作用的系统、过程和活动组成。为了适应变化的环境,均需要具备应变能力。组织经常通过创新实现突破性改进。在组织的质量管理体系模式中,不是所有的系统、过程和活动都可以被预先确定,因此,组织需要具有灵活性,以适应复杂的组织环境。

2. 体系

组织寻求了解内外部环境,以识别相关方的需求和期望。这些信息被用于质量管理体系的建设,从而实现组织的可持续发展。一个过程的输出可成为其他过程的输入,并将其联入整个网络中。虽然每个组织的质量管理体系,通常是由相类似的过程所组成,实际上,每个质量管理体系都是唯一的。

3. 过程

组织拥有可被确定、测量和改进的过程。这些过程相互作用,产生与组织的目标和跨部门职能相一致的结果。某些过程可能是关键的,而另外一些则不是。过程具有内部相关的活动和输入,以提供输出。

4. 活动

人们在过程中协调配合,开展他们的日常活动。某些活动被预先规定并依靠对组织目标的理解,而另外一些活动则是通过对外界刺激的反应,以确定其性质并予以执行。

(二) 质量管理体系的建设

质量管理体系是一个随着时间的推移不断发展的动态系统。每个组织都有质量管理活动,无论其是否有正式计划。确定组织中现存的活动及其适宜的环境是必要的。ISO 9000 和 GB/T 19001—2016《质量管理体系 要求》可用于帮助组织建立一个有凝聚力的质量管理体系。

正规的质量管理体系为策划、执行、监视和改进质量管理活动的绩效提供了框架。质量管理体系无需复杂,而是需要准确反映组织需求。在建设质量管理体系的过程中,ISO 9000 中给出的基本概念和原理可提供有价值的指南。

质量管理体系策划不是一件单独的事情,而是一个持续的过程。计划随着组织的学习和环境的变化而逐渐形成。这个计划要考虑组织的所有质量活动,并确保覆盖 ISO 9000 的全部指南和 GB/T 19001—2016《质量管理体系 要求》的规定。该计划应经批准后实施。

定期监视和评价质量管理体系的计划执行情况和绩效状况,对组织来说是非常重要的。应仔细考虑这些指标,以使这些活动易于开展。

审核是一种评价质量管理体系有效性、识别风险和确定满足要求的方法。为了有效地进行

审核,需要收集有形和无形的证据。在对所收集的证据进行分析的基础上,采取纠正和改进措施。知识的增长可能会引导创新,使质量管理体系的绩效达到更高的水平。

(三) 质量管理体系标准、其他管理体系和卓越模式

质量管理和质量保证标准化技术委员会(SAC/TC 151)起草的质量管理体系标准和其他管理体系标准,以及组织卓越模式中表述的质量管理体系方法是基于共同的原则,均能够帮助组织识别风险和机会并包含改进指南。在当前的环境中,许多问题,例如创新、道德、诚信和声誉,均可作为质量管理体系的参数。有关质量管理的标准(如 GB/T 19001—2016《质量管理体系 要求》),环境管理标准(如 GB/T 24001—2016《环境管理体系 要求及使用指南》),以及其他管理标准和组织卓越模式已经开始解决这些问题。

质量管理和质量保证标准化技术委员会(SAC/TC 151)起草的质量管理体系标准为质量管理体系提供了一套综合的要求和指南。GB/T 19001—2016《质量管理体系 要求》为质量管理体系规定了要求,GB/T 19004—2020《质量管理 组织的质量 实现持续成功指南》在质量管理体系更宽泛的目标下,为持续成功和改进绩效提供了指南。质量管理体系的指南包括 GB/T 19010—2021《质量管理 顾客满意 组织行为规范指南》、GB/T 19012—2019《质量管理 顾客满意 组织投诉处理指南》、GB/T 19013—2021《质量管理 顾客满意 组织外部争议解决指南》、GB/T 19014—2019《质量管理 顾客满意 监视和测量指南》、GB/T 19018—2017《质量管理 顾客满意 企业-消费者电子商务交易指南》、GB/T 19022—2003《测量管理体系 测量过程和测量设备的要求》和 GB/T 19011—2021《管理体系 审核指南》。质量管理体系技术支持指南包括 GB/T 19015—2021《质量管理 质量计划指南》、GB/T 19016—2021《质量管理 项目质量管理指南》、GB/T 19017—2020《质量管理 技术状态管理指南》、GB/T 19024—2008《质量管理 实现财务和经济效益的指南》、GB/T 19025—2023《质量管理 能力管理和人员发展指南》、GB/T 19028—2023《质量管理 人员积极参与指南》和 GB/T 19029—2009《质量管理体系咨询师的选择及其服务使用的指南》。支持质量管理体系的技术报告包括 GB/T 19023—2003《质量管理体系文件指南》和 GB/Z 19027—2005《GB/T 19001—2000 的统计技术指南》。

组织的管理体系中具有不同作用的部分,包括其质量管理体系,可以整合成为一个单一的管理体系。当质量管理体系与其他管理体系整合后,与组织的质量、成长、资金、利润率、环境、职业健康和安全、能源、治安状况等方面有关的目标、过程和资源可以更加有效和高效地实现和利用。组织可以依据若干个标准的要求,例如 GB/T 19001—2016《质量管理体系 要求》、GB/T 24001—2016《环境管理体系 要求及使用指南》、GB/T 24353—2022《风险管理指南》和 GB/T 23331—2020《能源管理体系 要求及使用指南》对其管理体系同时进行整体综合性审核。

第三节 ISO 9000 质量管理体系认证

质量管理体系认证是质量认证的一种类型,具有质量认证的共同属性,所以本节先介绍质

量认证，而后再阐述质量管理体系认证过程。

一、质量认证

质量认证简称认证，其定义是：第三方依据程序对产品、过程或服务符合规定的要求给予书面保证（合格证书）。按认证的对象可分为产品认证和质量管理体系认证。

产品认证和质量管理体系认证最主要的区别是认证的对象不同。产品认证的对象是特定产品，而质量管理体系认证的对象是组织的质量管理体系。由于认证对象的不同，引起了获准认证条件、证明方式、证明的使用等一系列不同。两者也有共同点，即都要求对组织的质量管理体系进行体系审核，但在具体实施上又有若干不同（表7-1）。

表 7-1　　　　　　　　　　　　产品认证和质量管理体系认证比较

项目	产品认证	质量管理体系认证
认证对象	特定产品	企业或组织的质量管理体系
认证目的	证明组织的具体产品符合特定标准的要求	证明体系有能力确保其产品满足规定的要求
获准认证条件	①产品质量符合指定标准要求 ②质量管理体系满足 ISO 9001 要求及特定产品的补充要求	质量管理体系符合 ISO 9001 的要求
证明方式	产品认证证书、认证标志	质量管理体系认证证书、认证标志
证明的使用	证书不能用于产品，标志可用于获准认证的产品上	证书和标志都不能用在产品或包装上，但可用于宣传资料
性质	强制或自愿	自愿
两者关系	相互充分利用对方质量管理体系审核结果	

从国际范围来看，将产品认证中质量管理体系要求与质量管理体系认证中的质量管理体系要求协调起来，以避免重复认证活动，这是认证工作发展的总趋势，但这是一个过程，需要一定的时间。

二、质量管理体系认证概述

（一）基本概念

质量管理体系认证是依据质量管理体系标准和相应管理要求，经认证机构审核确认并通过颁发质量管理体系注册证书来证明某一组织质量管理体系运作有效，其质量保证能力符合质量保证标准的质量活动。

（二）质量管理体系认证机构组织结构及职责

质量管理体系认证机构是依据已发布的质量管理体系标准和质量管理体系所要求的补充规定，对组织的质量管理体系进行评定和注册的第三方组织。我国的质量管理体系认证机构的组织结构一般如图 7-3 所示。

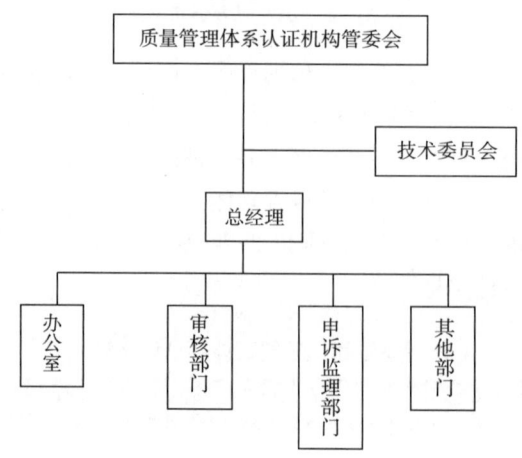

图 7-3　质量管理体系认证机构组织结构图

1. 管委会

管委会由有关政府部门、社会团体、企事业单位、高等院校等专家和代表组成，任何一方不具有支配地位，负责制定并监督实施认证机构的工作方针、政策，确保体系认证的独立性和公正性，监督认证机构的财务状况，任命认证机构的主要管理人员等。

2. 总经理

总经理一般为质量管理体系认证机构的法人代表，负责执行国家有关认证的法律、法规、方针、政策，主持全面工作，建立和实施质量管理体系文件，编制年度认证工作计划和发展规划，保证体系认证的独立性和公正性。

3. 技术委员会

技术委员会是管委会授权设置的技术评定决策机构，其成员由相关各方技术专家或审核员/高级审核员组成，负责审议认证机构的审核活动报告，并对认证机构的审核人员技术业务能力进行评价和指导。

4. 办公室

办公室是认证机构的日常工作部门，负责受理认证申请、文件资料管理、财务收支及其他日常工作。

5. 审核部门

审核部门负责实施体系认证审核及获准认证后的监督审核，提交审核报告。

6. 申诉监理部门

申诉监理部门负责处理认证申诉和监督认证机构各工作部门或人员的工作质量。

必要时，质量管理体系认证机构还可设立其他部门（市场、财务等）或外聘有关专家。由于历史原因，质量管理体系认证机构一般都挂靠某些行政管理部门。现在，许多认证机构按照建立现代企业制度的要求进行了改制，成为独立的公司制中介组织。

（三）质量管理体系认证一般流程

质量管理体系认证程序如图 7-4 所示。

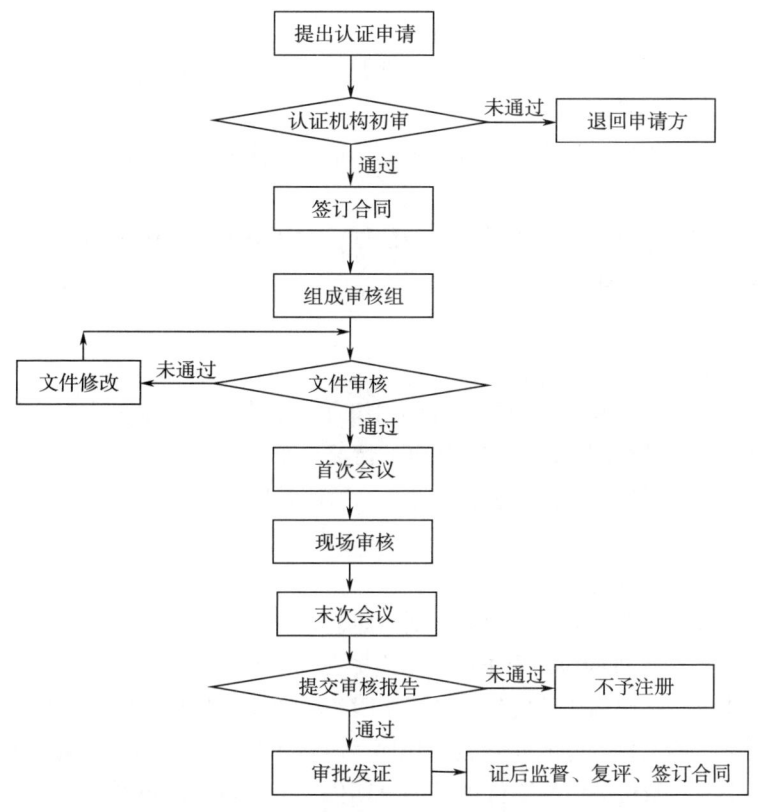

图 7-4 质量管理体系认证程序

三、质量管理体系认证规则

为进一步规范质量管理体系认证活动,提高认证有效性,促进质量管理体系认证工作健康发展,根据《认证认可条例》《认证机构管理办法》等法规规章的相关规定,国家认监委制定了《质量管理体系认证规则》,自 2014 年 7 月 1 日执行。

(一) 适用范围

(1) 本规则用于规范认证机构对申请认证和获证的各类组织按照 GB/T 19001—2016《质量管理体系 要求》/ISO 9001《质量管理体系要求》标准建立质量管理体系的认证活动。

(2) 本规则旨在结合认证认可相关法律法规及国家《质量发展纲要(2011—2020 年)》和技术标准,对质量管理体系认证实施过程作出具体规定,强化认证机构对认证过程的管理和责任。

(3) 本规则是对认证机构从事质量管理体系认证活动的基本要求,认证机构从事该项认证活动应当遵守本规则。

(二) 对认证机构的要求

(1) 获得国家认监委批准,取得从事质量管理体系认证的资质。

(2) 建立可满足 GB/T 27021.1—2017《合格评定 管理体系审核认证机构要求 第 1 部分:要求》的内部管理体系,以使从事的质量管理体系认证活动符合法律法规及技术标准的规定。

(3) 建立内部制约、监督和责任机制,实现受理、培训(包括相关增值服务)、审核和作出认证决定等环节的相互分开。

（4）鼓励认证机构通过认可机构的认可，证明其从事的质量管理体系认证能力符合要求。

（三）对认证人员的要求

（1）认证人员应当取得由国家认监委确定的认证人员注册机构颁发的质量管理体系审核员注册资格。

（2）认证人员应当遵守与从业相关的法律法规，对认证活动及作出的认证审核报告和认证结论的真实性承担相应的法律责任。

（四）初次认证程序

1. 受理认证申请

（1）信息公开　认证机构应向申请认证的组织（以下简称申请组织）至少公开以下信息：

①可开展认证业务的范围，以及获得认可的情况。

②本机构的授予、保持、扩大、更新、缩小、暂停或撤销认证及其证书等环节的制度规定。

③认证证书样式。

④对认证决定的申诉程序。

⑤分支机构和办事机构的名称、业务范围、地址等。

（2）资料提交　认证机构应当要求申请组织提交以下资料：

①认证申请书，包括申请组织的生产经营或服务活动等情况的说明。

②法律地位的证明文件（包括企业营业执照、事业单位法人证书、社会团体登记证书、非企业法人登记证书、党政机关设立文件等）的复印件。若质量管理体系覆盖多场所活动，应附每个场所的法律地位证明文件的复印件（适用时）。

③组织机构代码证书的复印件。

④质量管理体系覆盖的活动所涉及法律法规要求的行政许可证明、资质证书、强制性认证证书等的复印件。

⑤多场所活动、活动分包情况。

⑥质量管理体系手册及必要的程序文件。

⑦质量管理体系覆盖的产品或服务的质量标准清单。

⑧质量管理体系已有效运行3个月以上的证明材料。

⑨其他与认证审核有关的必要文件。

（3）认证申请的审查确认　认证机构应对申请组织提交的申请资料进行审查，并确认：

①申请资料齐全。

②申请组织从事的活动符合相关法律法规的规定。

③申请组织为达到质量目标而建立了文件化的质量管理体系。

（4）根据申请组织申请的认证范围、生产经营场所、员工人数、完成审核所需时间和其他影响认证活动的因素，综合确定是否有能力受理认证申请。

（5）对符合上述（3）、（4）要求的，认证机构可决定受理认证申请；对不符合上述要求的，认证机构应通知申请组织补充和完善，或者不受理认证申请。

（6）认证机构应完整保存认证申请的审查确认工作记录。

（7）签订认证合同　在实施认证审核前，认证机构应与申请组织订立具有法律效力的书面认证合同，合同应至少包含以下内容：

①申请组织获得认证后持续有效运行质量管理体系的承诺。

②申请组织对遵守认证认可相关法律法规,协助认证监管部门的监督检查,对有关事项的询问和调查如实提供相关材料和信息的承诺。

③申请组织承诺获得认证后发生以下情况时,应及时向认证机构通报:客户及相关方有重大投诉;发生产品或服务的质量安全事故;相关情况发生变更(包括法律地位、生产经营状况、组织状态或所有权变更,取得的行政许可资格、强制性认证或其他资质证书变更,法定代表人、最高管理者、管理者代表变更,生产经营或服务的工作场所变更,质量管理体系覆盖的活动范围变更,质量管理体系和重要过程的重大变更等);出现影响质量管理体系运行的其他重要情况。

④申请组织承诺获得认证后正确使用认证证书、认证标志和有关信息;不擅自利用质量管理体系认证证书和相关文字、符号误导公众认为其产品或服务通过认证。

⑤拟认证的质量管理体系覆盖的生产或服务的活动范围。

⑥在认证审核及认证证书有效期内各次监督审核中,认证机构和申请组织各自应当承担的责任、权利和义务。

⑦认证服务的费用、付费方式及违约条款。

2. 制定审核计划

(1) 审核时间 见表7-2。

表7-2 质量管理体系认证审核时间要求

有效人数	审核时间/d 第1阶段+第2阶段	有效人数	审核时间/d 第1阶段+第2阶段
1~6	1.5	626~876	12
6~11	2	876~1176	13
11~16	2.5	1176~1551	14
16~26	3	1551~2026	15
26~46	4	2026~2676	16
46~66	5	2676~3451	17
66~86	6	3451~4351	18
86~126	7	4351~5451	19
126~176	8	5451~6801	20
176~276	9	6801~8501	21
276~426	10	8501~10701	22
426~626	11	≥10701	遵循上述递进规律

注:1. 有效人数,包括认证范围内涉及的所有全职人员,原则上以组织的社会保险登记证所附名册等信息为准;

2. 对非固定人员(包括季节性人员、临时人员和分包商人员)和兼职人员的有效人数核定,可根据其实际工作小时数予以适当减少或换算成等效的全职人员数。

①为确保认证审核的完整有效，认证机构应以表7-2所规定的审核时间为基础，根据申请组织质量管理体系覆盖的活动范围、特性、技术复杂程度、质量安全风险程度、认证要求和员工人数等情况，核算并拟定完成审核工作需要的时间。在特殊情况下，可以减少审核时间，但减少的时间不得超过表7-2所规定的审核时间的30%。

②整个审核时间中，现场审核时间不应少于80%。

（2）审核组

①认证机构应当根据质量管理体系覆盖活动的专业技术领域选择具备相关能力的审核员和技术专家组成审核组。审核组中的审核员应承担审核责任。

②技术专家主要负责提供认证审核的技术支持，不作为审核员实施审核，不计入审核时间，其在审核过程中的活动由审核组中的审核员承担责任。

③审核组可以有实习审核员，其要在审核员的指导下参与审核，不计入审核时间，在审核过程中的活动由审核组中的审核员承担责任。

（3）审核计划

①认证机构应制订书面的审核计划交审核组实施。审核计划至少包括以下内容：审核目的、审核范围、审核过程、审核涉及的部门和场所、审核时间、审核组成员（其中，审核员应标明注册证书号及专业代码；技术专家应标明专业代码、技术职称或职务，如果在职应注明其服务的单位）。

②通常情况下，初次认证审核、监督审核和再认证审核应在申请组织申请认证的范围涉及的各个场所现场进行。

如果质量管理体系包含在多个场所进行相同或相近的活动，且这些场所都处于该申请组织授权和控制下，认证机构可以在审核中对这些场所进行抽样，但应制定合理的抽样方案以确保对各场所质量管理体系的正确审核。如果不同场所的活动存在根本不同，或不同场所存在可能对质量管理产生显著影响的区域性因素，则不能采用抽样审核的方法，应当逐一到各现场进行审核。

③为使现场审核活动能够观察到产品生产或服务活动情况，现场审核应安排在认证范围覆盖的产品生产或服务活动正常运行时进行。

④在审核活动开始前，审核组应将书面审核计划交申请组织确认。遇特殊情况临时变更计划时，应及时将变更情况书面通知受审核的申请组织，并协商一致。

3. 实施审核

（1）审核组应当全员完成审核计划的全部工作。除不可预见的特殊情况外，审核过程中不得更换审核计划确定的审核员（技术专家和实习审核员除外）。

（2）审核组应当会同申请组织按照程序顺序召开首、末次会议。审核组应当提供首、末次会议签到表，参会人员应签到。

（3）审核过程及环节

①初次认证审核，分为第一、二阶段实施审核。

②第一阶段审核应至少覆盖以下内容：第一，结合现场情况，确认申请组织实际情况与质量管理体系文件描述的一致性，特别是体系文件中描述的产品或服务、部门设置和负责人、生产或服务过程等是否与申请组织的实际情况相一致。第二，结合现场情况，审核申请组织有关人员理解和实施GB/T 19001—2016《质量管理体系 要求》/ISO 9001标准要求的情况，评价

质量管理体系运行过程中是否实施了内部审核与管理评审，确认质量管理体系是否已有效运行并且超过 3 个月。对质量管理体系文件不符合现场实际，相关体系运行尚未超过 3 个月或者无法证明超过 3 个月的，应当及时终止审核。第三，确认申请组织建立的质量管理体系覆盖的活动内容和范围、申请组织的员工人数、活动过程和场所，遵守相关法律法规及技术标准的情况。第四，结合质量管理体系覆盖活动的特点识别对质量目标的实现具有重要影响的关键点，并结合其他因素，科学确定重要审核点。第五，与申请组织讨论确定第二阶段审核安排。

③在下列情况，第一阶段审核可以不在申请组织现场进行：第一，申请组织已获本认证机构颁发的其他认证证书，认证机构已对申请组织质量管理体系有充分了解。第二，认证机构有充足的理由证明申请组织的生产经营或服务的技术特征明显，过程简单，通过对其提交文件和资料的审查可以达到第一阶段审核的目的和要求。第三，申请组织获得过其他经认可的认证机构颁发的有效的质量管理体系认证证书，通过对其文件和资料的审查可以达到第一阶段审核的目的和要求。

除以上情况之外，第一阶段审核应在申请组织的生产经营或服务现场进行。

④审核组应将第一阶段审核情况形成书面文件告知申请组织。对在第二阶段审核中可能被判定为不符合项的关键点，要及时提醒申请组织特别关注。

⑤第一阶段审核和第二阶段审核应安排适宜的间隔时间，使申请组织有充分的时间解决第一阶段中发现的问题。

⑥第二阶段审核应当在申请组织现场进行。重点是审核质量管理体系符合 GB/T 19001—2016《质量管理体系　要求》/ISO 9001 标准要求和有效运行情况，应至少覆盖以下内容：第一，在第一阶段审核中识别的重要审核点的监视、测量、报告和评审记录的完整性和有效性。第二，为实现总质量目标而建立的各层级质量目标是否具体，有针对性，可测量并且可实现。第三，对质量管理体系覆盖的过程和活动的管理及控制情况。第四，申请组织实际工作记录是否真实。第五，申请组织的内部审核和管理评审是否有效。

（4）发生以下情况时，审核组应终止审核，并向认证机构报告。

①申请组织对审核活动不予配合，审核活动无法进行。

②申请组织的质量管理体系有重大缺陷，不符合 GB/T 19001—2016《质量管理体系　要求》/ISO 9001 标准的要求。

③发现申请组织存在重大质量安全问题或有其他严重违法违规行为。

④其他导致审核程序无法完成的情况。

4. 审核报告

（1）审核组应对审核活动形成书面审核报告，由审核组组长签字。审核报告应准确、简明和清晰地描述审核活动的主要内容，至少包括以下内容。

①申请组织的名称和地址。

②审核的申请组织活动范围和场所。

③审核组组长、审核组成员及其个人注册信息。

④审核活动的实施日期和地点。

⑤叙述从实施审核条列明的程序及各项要求的审核工作情况，其中，对第二阶段审核在申请组织现场进行的各项审核要求应逐项就审核证据、审核发现和审核结论进行详细描述；对质

量目标实现情况的评价，应同时叙述测量方法。

⑥识别出的不符合项：不符合项的表述，应基于客观证据和审核依据，用写实的方法准确、具体、清晰描述，易于被申请组织理解。不得用概念化的、不确定的、含糊的语言表述不符合项。

⑦审核组对是否通过认证的意见建议。

（2）审核报告应随附必要的用于证明相关事实的证据或记录，包括文字或照片、录像等音像资料。

（3）认证机构应将审核报告提交申请组织，并保留签收或提交的证据。

（4）对终止审核的项目，审核组应将已开展的工作情况形成报告，认证机构应将此报告及终止审核的原因提交给申请组织，并保留签收或提交的证据。

5. 不符合项的纠正、纠正措施及其结果的验证

（1）对审核中发现的不符合项，认证机构应要求申请组织分析原因，并要求申请组织在规定期限内采取措施进行纠正。

（2）认证机构应对申请组织所采取的纠正和纠正措施及其结果的有效性进行验证。

6. 认证决定

（1）认证机构应该在对审核报告、不符合项的纠正和纠正措施及其结果进行综合评价基础上，作出认证决定。

（2）审核组成员不得参与对审核项目的认证决定。

（3）认证机构在作出认证决定前应确认如下情形。

①审核报告符合本规则审核报告要求，能够满足作出认证决定所需要的信息。

②反映以下问题的不符合项，认证机构已评审、接受并验证了纠正和纠正措施及其结果的有效性。包括：第一，未能满足质量管理体系标准的要求。第二，制定的质量目标不可测量或测量方法不明确。第三，对实现质量目标具有重要影响的关键点的监视和测量未有效运行，或者对这些关键点的报告或评审记录不完整或无效。第四，在持续改进质量管理体系的有效性方面存在缺陷，实现质量目标有重大疑问。

③认证机构对其他不符合项已评审，并接受了申请组织计划采取的纠正和纠正措施。

（4）在满足上述（3）要求的基础上，认证机构有充分的客观证据证明申请组织满足下列要求的，评定该申请组织符合认证要求，向其颁发认证证书。

①申请组织的质量管理体系符合标准要求且运行有效。

②认证范围覆盖的产品或服务符合相关法律法规要求。

③申请组织按照认证合同规定履行了相关义务。

（5）申请组织不能满足上述要求的，评定该申请组织不符合认证要求，以书面形式告知申请组织并说明其未通过认证的原因。

（6）认证机构在颁发认证证书后，应当在30个工作日内按照规定的要求将相关信息报送国家认监委。

国家认监委在其官方网站开设专栏向社会公开各认证机构上报的认证证书等信息。

（7）认证机构不得将申请组织是否获得认证与参与认证审核的审核员及其他人员的薪酬挂钩。

（五）监督审核程序

（1）认证机构应对持有其颁发的质量管理体系认证证书的组织（以下称获证组织）进行有效跟踪，监督获证组织通过认证的质量管理体系持续符合要求。

（2）为确保达到上述（1）要求，认证机构应根据获证组织的产品或服务的质量风险程度或其他特性，确定对获证组织的监督审核的频次。

①作为最低要求，在初次认证的第二阶段审核后至少 12 个月内应进行一次监督审核。此后，每次监督审核的时间间隔不超过 12 个月。

②在达到监督审核期限而有证据表明获证组织暂不具备实施监督审核的条件时，可以适当延长监督审核期限，但最长间隔不能超过 15 个月。

③超过期限而未能实施监督审核的，应按暂停证书或撤销证书条处理。

（3）监督审核的时间，应不少于按 GB/T 19001—2016《质量管理体系 要求》中计算审核时间人日数的 30%。

（4）监督审核的审核组，应符合"审核组应当全员完成审核计划的全部工作"的要求。

（5）监督审核应在获证组织现场进行，且为使现场审核活动能够观察到产品生产或服务活动情况，现场审核应安排在认证范围覆盖的产品生产或服务活动正常运行时进行。由于产品生产的季节性原因，在每次监督审核时难以覆盖所有产品的，在认证证书有效期内的监督审核需覆盖认证范围内的所有产品。

（6）监督审核时至少应审核以下内容。

①上次审核以来质量管理体系覆盖的活动及运行体系的资源是否有变更。

②按第一阶段审核应至少覆盖的内容要求，已识别的关键点是否按质量管理体系的要求在正常和有效运行。

③对上次审核中确定的不符合项采取的纠正和纠正措施是否继续有效。

④质量管理体系覆盖的活动涉及法律法规规定的，是否持续符合相关规定。

⑤总质量目标及各层级质量目标是否实现。目标没有实现的，获证组织在内部管理评审时是否及时调查并采取了改进措施。

⑥获证组织对认证标志的使用或对认证资格的引用是否符合相关的规定。

⑦内部审核和管理评审是否规范和有效。

⑧是否及时接受和处理投诉。

⑨针对内审发现的问题或投诉的问题，及时制定并实施了有效的持续改进措施。

（7）监督审核的审核报告，应按上述（6）列明的审核要求逐项描述审核证据、审核发现和审核结论。审核组应提出是否继续保持认证证书的意见建议。

（8）认证机构根据监督审核报告及其他相关信息，作出继续保持或暂停、撤销认证证书的决定。

（六）再认证程序

（1）认证证书期满前，若获证组织申请继续持有认证证书，认证机构应当实施再认证审核决定是否延续认证证书。

（2）认证机构应按审核组要求组成审核组。按照审核计划要求并结合历次监督审核情况，制订再认证计划并交审核组实施。审核组按照要求开展再认证审核。

在质量管理体系及获证组织的内部和外部环境无重大变更时，再认证审核可省略第一阶段审核,但审核时间应不少于表 7-2 要求审核时间的 70%。

(3) 对再认证审核中发现的不符合项,应按不符合项的纠正和纠正措施及其结果的验证要求实施纠正和纠正措施并进行验证,验证应在原证书有效期满前完成。

(4) 认证机构参照认证决定要求作出再认证决定。获证组织继续满足认证要求并履行认证合同义务的,向其换发认证证书。

(七) 暂停或撤销认证证书

1. 管理制度

认证机构应制定暂停、撤销认证证书或缩小认证范围的规定,并形成文件化的管理制度。

2. 暂停证书

(1) 获证组织有以下情形之一的,认证机构应在调查核实后的 5 个工作日内暂停其认证证书。

①质量管理体系持续或严重不满足认证要求,包括对质量管理体系运行有效性要求的。

②不承担、履行认证合同约定的责任和义务的。

③被有关执法监管部门责令停业整顿的。

④被地方认证监管部门发现体系运行存在问题,需要暂停证书的。

⑤持有的行政许可证明、资质证书、强制性认证证书等过期失效,重新提交的申请已被受理但尚未换证的。

⑥主动请求暂停的。

⑦其他应当暂停认证证书的。

(2) 认证证书暂停期不得超过 6 个月。但属于上述第⑤项情形的暂停期可至相关单位作出许可决定之日。

(3) 认证机构暂停认证证书的信息,应明确暂停的起始日期和暂停期限,并声明在暂停期间获证组织不得以任何方式使用认证证书、认证标识或引用认证信息。

3. 撤销证书

(1) 获证组织有以下情形之一的,认证机构应在获得相关信息并调查核实后 5 个工作日内撤销其认证证书。

①被注销或撤销法律地位证明文件的。

②拒绝配合认证监管部门实施的监督检查,或者对有关事项的询问和调查提供了虚假材料或信息的。

③出现重大的产品或服务等质量安全事故,经执法监管部门确认是获证组织违规造成的。

④有其他严重违反法律法规行为的。

⑤暂停认证证书的期限已满但导致暂停的问题未得到解决或纠正的(包括持有的行政许可证明、资质证书、强制性认证证书等已经过期失效但申请未获批准)。

⑥没有运行质量管理体系或者已不具备运行条件的。

⑦不按相关规定正确引用和宣传获得的认证信息,造成严重影响或后果,或者认证机构已要求其纠正但超过 6 个月仍未纠正的。

⑧其他应当撤销认证证书的。

(2) 撤销认证证书后,认证机构应及时收回撤销的认证证书。若无法收回,认证机构应及时在相关媒体和网站上公布或声明撤销决定。

认证机构暂停或撤销认证证书应当在其网站上公布相关信息，同时按规定程序和要求报国家认监委。

认证机构有义务和责任采取有效措施避免各类无效的认证证书和认证标志被继续使用。

（八）认证证书要求

（1）认证证书应至少包含以下信息。

①获证组织名称、地址和组织机构代码。该信息应与其法律地位证明文件的信息一致。

②质量管理体系覆盖的生产经营或服务的地址和业务范围。若认证的质量管理体系覆盖多场所，表述覆盖的相关场所的名称和地址信息，该信息应与相应的法律地位证明文件信息一致。

③质量管理体系符合 GB/T 19001—2016《质量管理体系 要求》/ISO 9001 标准的表述。

④证书编号。

⑤认证机构名称。

⑥证书签发日期及有效期的起止年月日。

对初次认证以来未中断过的再认证证书，可表述该获证组织初次获得认证证书的年月日。

⑦相关的认可标识及认可注册号（适用时）。

⑧证书查询方式。认证机构除公布认证证书在本机构网站上的查询方式外，还应当在证书上注明："本证书信息可在国家认证认可监督管理委员会官方网站上查询"，以便于社会监督。

（2）认证证书有效期最长为 3 年。

（3）认证机构应当建立证书信息披露制度。除向申请组织、认证监管部门等执法监管部门提供认证证书信息外，还应当根据社会相关方的请求向其提供证书信息，接受社会监督。

（九）与其他管理体系的结合审核

（1）对质量管理体系和其他管理体系实施结合审核时，通用或共性要求应满足本规则要求，审核报告中应清晰地体现审核报告的要求，并易于识别。

（2）结合审核的审核时间人日数，不得少于多个单独体系所需审核时间之和的 80%。

（十）受理转换认证证书

（1）认证机构应当履行社会责任，严禁以牟利为目的受理不符合 GB/T 19001—2016《质量管理体系 要求》/ISO 9001 标准，不能有效执行质量管理体系的组织申请认证证书的转换。

（2）认证机构受理组织申请转换本机构的认证证书，应该详细了解申请转换的原因，进行必要的现场审核。

（3）转换仅限于现行有效认证证书。被暂停或正在接受暂停、撤销处理的认证证书以及已失效的认证证书，不得接受转换申请。

（4）被执法监管部门责令停业整顿或列入"黑名单"的、被发证的认证机构撤销证书的，除非该组织进行彻底整改，导致暂停或撤销认证证书的情形已消除，否则不应受理其认证申请。

（十一）受理组织的申诉

获证组织对认证决定有异议时，认证机构应接受获证组织申诉并且及时进行处理，在 60 日内将处理结果形成书面通知送交获证组织。

书面通知应当告知获证组织，若认为认证机构未遵守认证相关法律法规或本规则并导致自身合法权益受到严重侵害的，可以直接向所在地认证监管部门或国家认监委投诉，也可以向相关认可机构投诉。

(十二) 认证记录的管理

（1）认证机构应当建立认证记录保持制度，记录认证活动全过程并妥善保存。

（2）记录应当真实准确以证实认证活动得到有效实施。记录资料应当使用中文，保存时间至少应当与认证证书有效期一致。

（3）以电子文档方式保存记录的，应采用不可编辑的电子文档格式。

(十三) 其他

（1）本规则内容提及 GB/T 19001—2016《质量管理体系　要求》/ISO 9001 标准时均指认证活动发生时该标准的有效版本。认证活动及认证证书中描述该标准号时，应采用当时有效版本的完整标准号。

（2）本规则所提及的各类证明文件的复印件应是在原件上复印的，并经复印件提供者签章（签字）认可其与原件一致。

（3）认证机构可采取必要措施帮助组织开展质量管理体系及相关技术标准的宣传培训，促使组织的全体员工正确理解和执行质量管理体系标准。

思考题

1. 简述 ISO 9000 质量体系的定义。
2. 简述 ISO 9000 产生的历史背景。
3. 简述 ISO 9000 的发展阶段。
4. 简述 ISO 9000 质量管理的原则。
5. 简述 ISO 9000 质量认证机构组织结构与职责。
6. 简述 ISO 9000 质量认证主要程序。

第八章
ISO 22000 食品安全管理体系

学习目标

1. 了解 ISO 22000 的起源与发展，掌握 ISO 22000 食品安全管理体系的适用范围，熟悉 ISO 22000 的相关术语；
2. 掌握 ISO 22000 关键原则，树立正确价值观，遵守食品安全职业道德；
3. 掌握 ISO 22000 的核心内容及认证程序，培养具体问题具体分析，能够针对具体产品建立食品安全管理体系的能力。

第一节 ISO 22000 标准概述

ISO 22000 食品安全管理体系标准由国际标准化组织 ISO（International Organization for Standardization）下设的 ISO/TC 34 食品技术委员会制定的一套专用于食品链内的食品安全管理体系。

一、ISO 22000 标准的产生和发展

ISO 22000 是建立在 HACCP、GMP 和 SSOP 的基础上，同时整合了 ISO 9001：2000 的部分要求形成，并于 2005 年 9 月 1 日向全世界正式颁布。

我国于 2006 年 3 月 1 日颁布了 ISO 22000：2005《食品安全管理体系 适用于食品链中各类组织的要求》的等同采用（IDT）标准 GB/T 22000—2006《食品安全管理体系 食品链中各类组织的要求》，并于 2006 年 7 月 1 日开始实施。

2014 年 11 月，在第一版 ISO 22000 实施近 10 年之际，提出建议修改，并于 2015 年 11 月启动修改程序。标准的修订由来自 30 多个国家食品安全管理体系的建立、实施和审核方面的专家进行。2016 年 12 月形成了委员会草案，2017 年 7 月形成了国际标准草案，2018 年 2 月形成了最终国际标准版草案，2018 年 6 月 18 日，ISO 22000：2018 正式发布。新标准的变更意义体现

在：赋予最高管理者更积极的角色；帮助组织应对日益复杂多变的环境；便于多体系整合以及更强调食品安全管理体系的有效性。

二、ISO 22000 标准特点

ISO 22000 标准是基于 HACCP 的 7 个原理的食品安全管理体系，可用于审核，也可用于认证，具有广泛适用性，能将 HACCP 同先决条件以及标准卫生操作程序兼容。标准阐明了 2 个单独的 PDCA 循环，一个覆盖管理体系和其他，另一个覆盖 HACCP。ISO 22000：2018 遵循与所有其他 ISO 管理体系标准相同的结构，为国际交流提供机制。

三、ISO 22000 标准适用范围

ISO 22000 适用于食品链中各种规模和复杂程度的所有组织，并允许任何组织在食品安全管理体系中实施外部开发要素，内部和/或外部资源均可用于满足 ISO 22000 的要求。直接或间接介入的组织包括但不限于：饲料生产者、动物食品生产者、野生动植物收获者、农民、配料生产者、食品生产制造者、零售商、提供食品服务的组织、餐饮服务与经营者，提供清洁卫生服务、运输、贮存和配送服务者、设备供应商、提供清洁剂和消毒剂、包装材料和其他食品接触材料的供应商。

第二节 ISO 22000 食品安全管理体系术语

一、ISO 22000 食品安全管理体系概述

ISO 22000：2018 标准术语和定义由 ISO 22000：2005 版本中的 17 个增加为 45 个；其中基本保持了 ISO 22000：2005 标准中的 7 个，修改和更新了 10 个术语和定义或其备注部分；新增了标准术语和定义 28 个。

二、ISO 22000 食品安全管理体系部分术语

1. 可接受水平（Acceptable Level）

在组织提供的终产品中，不得超过的食品安全危害水平。

可接受水平只是为确保食品安全，在组织的终产品进入食品链下一环节时，某特定危害所需要达到的水平。食品安全是一个相对安全的概念，产品达到可接受水平即表示其是安全的。对确定危害可接受水平的依据和记录应保留成文信息。

2. 行为准则（Action Criterion）

用于监视操作性前提方案（Operational Prerequisite Program，OPRP）的可衡量或可观察的规范。

行动准则设立的目的是保证操作性前提方案的良好运行。行动准则是与 OPRP 有关的措施需要满足的标准，是用来保证某一活动符合规定要求的准则。行动准则可以是一个范围或一个

值,也可以是一个方法和要求;可以测量,也可以是主观的观察。

3. 符合(Conformity)

满足要求。

食品安全管理的符合,主要是不对消费者造成伤害,满足可接受水平的要求。

4. 污染(Contamination)

在产品或加工环境中引入或产生污染物,包括食品安全危害。

通常,污染物是指进入环境后能够直接或者间接危害消费者的物质。

5. 纠正(Correction)

为消除已发现的不符合所采取的措施。

纠正是在发现不符合或异常情况下所采取的控制措施。纠正一般包括恢复受控、重新加工、改作其他用途等。纠正与纠正措施不同,纠正的对象是发现的不符合,只就事论事,没有关注识别及消除不符合发生的原因。

6. 成文信息(Documented Information)

组织需要控制和保持的信息,及其承载信息的载体。

成文信息包括为食品安全管理体系创建的信息(文件);体系运行结果的证据(记录)。成文信息(文件、记录)可以采用不同形式、任何来源,这决定于体系的需求、风险管理的需求和危害控制的需求。

7. 有效性(Effectiveness)

实现策划的活动及取得策划结果的程度。

有效性包括体系管理的有效性;控制措施的有效性;标准中多个条款涉及的有效性;以及评价、分析、保证、提高的有效性。

8. 终产品(End Product)

不再被组织进行进一步加工或转化的产品。

终产品是一个相对的概念,食品链中生产、制作或加工的每个组织都有自己的终产品。组织自身的终产品可能是食品链中下游组织生产的原料或辅料。

9. 食品(Food)

用于消费的成品、半成品或原料,包括饮品、口香糖以及用于食品加工、制备或处理的任何物质,但不包括化妆品、烟草以及仅作为药用的物质(成分)。

10. 饲料(Feed)

用于喂养食用动物的一种或多种产品,可以是成品、半成品或原料。

食品用于人类和动物的消费,包括饲料和动物食品;饲料用于喂养食用动物;动物食品用于喂养非食用动物,例如宠物。

11. 动物食品(Animal Food)

用于喂养非食用动物的一种或多种产品,可以是成品、半成品或原料。

动物食品往往与人类无关,而仅仅与动物有关,其"食品安全"问题也与人类健康无关。在食品安全危害分析时,对食品、饲料和动物食品这三类食品要区别对待,人类食品和饲料最终要关注对人类消费者的伤害,而动物食品则关注对动物的危害。

12. 食品链(Food Chain)

食品及其辅料从初级生产直至消费的各环节的序列,包括其生产、加工、分销、贮存和处理。

初级产品指初级生产的产品，初级生产包括食品链前端的所有生产阶段，如收获、屠宰、挤乳、捕获等。组织在建立和实施食品安全管理体系时必须考虑其加工的前后食品链的影响。

13. 食品安全（Food Safety）

确保食品按照其预期用途制备和/或消费时，不会对消费者产生不良健康影响。

预期用途通常指按照食品标签说明、产品说明或合同中规定的用途。预期用途包括拟定的加工、消费和预处理、拟定的消费者。营养不良与食品安全危害无关，没有按照预期用途食用，造成营养失调或营养不良，不能称该食品不安全，不属于标准关注的食品安全问题，不在此概念范围内。

14. 食品安全危害（Food Safety Hazard）

食品中所含有的对健康有潜在不良影响的生物、化学或物理的因素或食品存在状况。

健康特指人类的健康，饲料的安全是防止可食用动物的饲料中食品安全问题通过肉类、乳类等转移到人类食品中。

15. 批（Lot）

在基本相同条件下生产和/或加工和/或包装的产品的规定数量的定义。

与生产日期相关是人为规定的批次。通常描述为"某批产品"，可以是一个生产日期，也可以是多个日期，同样也可以一天生产多个批次。批次的管理，与产品质量相关，对相同质量的产品有一致性管理要求，包括检测指标的共用，更好地实现可追溯性。

16. 测量（Measurement）

确定数值的过程。

测量是按照某种规律，用数据来描述观察到的现象，即对事物进行量化描述。测量往往要关注测量的对象、计量单位、测量方法、测量准确度。

17. 不符合（Nonconformity）

不满足要求。

在食品安全管理体系中，不符合，往往是不符合食品安全的要求；不合格品视作为不安全产品。

18. 操作性前提方案（Operational Prerequisite Program，OPRP）

用于预防或减少显著食品安全危害至可接受水平的控制措施或控制措施组合，通过行动准则和测量或观察能够有效控制过程和/或产品。

操作性前提方案针对通过危害分析所确定的特定危害，并且是控制特定危害至可接受水平的组合控制措施之一，需要与HACCP计划共同确认、监视和验证方法实施的有效性。

19. 外包（Outsource）

安排外部组织承担组织的部分职能或过程。

组织自身没有能力，不方便开展的工作，或者由外部组织开展能够更有利，往往采取外包的方式。外包的目的是更好地控制食品安全问题，外部组织应该有能力保证外包的过程范围内食品安全的良好控制。

20. 绩效（Performance）

可测量的结果。

绩效是可测量的结果,可以定性也可以定量,绩效的测量是一个过程。对体系、过程的绩效系统评价、分析,可以有效使体系、过程改进和提高。

21. 方针(Policy)

由最高管理者正式发布的组织的宗旨和方向。

食品安全方针应与组织总的发展方针相适应,是组织发展阶段性的为确保食品安全的宗旨和努力的方向,是组织食品安全目标制定的依据和框架。食品安全方针的制定应适宜,并在组织内外部沟通,各级工作人员应理解。

22. 前提方案(Prerequisite Program,PRP)

在组织和整个食品链中为保持食品安全所必要的基本条件和活动。

前提方案是实施控制措施计划(HACCP 计划、操作性前提方案计划)的前提和基础。组织应结合适用的法律法规、客户要求、组织在食品链中的位置、类型和自身条件及要求,确定应实施的管理规范。包括良好农业规范(GAP)、良好兽医规范(GVP)、良好操作规范(GMP)、良好卫生规范(GHP)、良好生产规范(GPP)、良好分销规范(GDP)和良好贸易规范(GTP)等。

23. 要求(Requirement)

明示的、通常隐含的或必须履行的需求或期望。

必须履行的要求表现为标准、法规、客户的规定;明示的要求,包括组织内部规定。通常隐含的,惯例或一般做法,所考虑的需求或期望是不言而喻的,没有专门规定。

24. 风险(Risk)

不确定性的影响。

风险是对某个事件的结果或可能性缺乏理解、了解的状态。风险通常以事件的后果与相关的"可能性"的组合进行描述,食品安全危害的管理,一般从可能性、严重性两者结合考虑风险。

25. 显著食品安全危害(Significant Food Safety Hazard)

通过危害评价识别的,需要通过控制措施进行控制的食品安全危害。

食品安全危害的种类很多,发生在特定食品中的危害仅仅是一部分;在特定食品中的危害是否可能造成对消费者的伤害需要进行评估和分析。确定的显著食品安全危害需要有控制措施控制。

26. 更新(Update)

为确保应用最新信息而进行的即时和(或)有计划的活动。

为了确保更新活动的有效性,更新的即时性是重点。更新是有计划的活动,需要有策划、有职能、有目的地实施。

第三节 ISO 22000 食品安全管理体系关键原则

食品安全管理体系总则中规定了食品安全管理体系的四大关键原则:相互沟通;前提方

案；体系管理；HACCP 原理。

一、相互沟通

食品安全是通过食品链中所有参与方的共同努力取得的，"相互沟通"必不可少，是四大关键原则之一。沟通包括内外部沟通，目的是确保获取必要的信息，作为体系更新的输入和持续改进的基础。

有效实施沟通，必须建立机制，包括沟通的内容、时间、责任人、方式、对象五要素。应确保其活动可能影响食品安全的所有人员充分沟通了各种要求，这些人中包括内部的管理者、员工，外部的供方、客户、相关部门等。

1. 内部沟通

组织应建立、实施和保持有效的体系，以便于对食品安全有影响的事项进行内部沟通。内部沟通的目的在于确保组织内的活动获得充分的信息和数据。内部沟通可能会涉及多个部门，需要组织内部各部门对内部沟通的充分理解和部门间的充分配合。

食品安全小组组长在食品安全问题的内部沟通方面发挥着主要作用，应关注源头、过程和终端的变化，立法、执法部门发布的法律法规及客户要求的变化，以及时组织危害分析和更新相关信息。组织内部人员的沟通宜清晰且及时。

2. 外部沟通

外部沟通的目的是确保在整个食品链中能够获得充分的食品安全方面的信息。外部沟通包括与食品链的上下游进行沟通，以实现与食品链上组织的知识分享，能够有效识别、评价、控制食品安全危害；与顾客的沟通，获取顾客的食品安全要求，为确定可接受水平提供依据；与立法和执法部门以及其他组织的沟通，以确定公众可接受的食品安全程度。

外部沟通的证据应作为成文信息得到保留。

二、前提方案

（一）前提方案制定的必要性

前提方案（PRP）是危害控制的基础，一是在危害分析基础上制定的控制措施计划（OPRP、CCP），二是可能不通过危害分析，而是对食品安全卫生的一般管理的通用要求。这些通用方案不以危害分析为基础，但确实是建立食品安全管理体系必不可少的内容。组织应建立、实施、保持和更新前提方案，以便于预防和（或）减少产品加工过程和工作环境中的污染（包括食品安全危害），帮助组织实现以下目的。

（1）控制食品安全危害通过工作环境进入产品的风险。

（2）控制产品的生物、化学和物理性污染。

（3）控制产品和产品加工环境的食品安全危害水平。

（二）前提方案应满足的要求

1. 通用要求

组织应根据其在食品链中的位置和相关食品安全要求来制定其前提方案，同一产品由于不同的加工规模和加工方式，以及不同的终产品性质，就会有不同的前提方案与之相适应。前提方案需要在整个生产系统中实施，无论是普遍使用还是适用于特定产品或生产线。策划完成的前提方案需要得到食品安全小组的批准后才能够实施。

2. 基本要求

法律法规是食品安全管理体系的最低要求,危害控制水平通常以法律法规要求为最低限。同时要考虑顾客的要求,并与使用的法规要求互相统一,当两个法规或法规与顾客要求不一致时应以更为严格的为依据。

3. 个性化要求

前提方案的具体内容是随组织的不同而有所不同的,以危害分析为基础建立的控制措施计划因组织的不同而异。组织在制定前提方案时应根据自身的特点考虑标准中的相关信息。前提方案是否能够达到策划的目的和要求,可以对其进行验证,以满足过程控制的要求。

三、 体系管理

ISO 22000 在建立、实施以及提高其有效性时采用过程方法(PDCA),以增强安全产品的生产和服务,同时满足适用要求。

1. 策划(Plan)

安全产品是由不同的管理过程来实现的。

组织策划各过程的运行准则、要求,并且与风险管理相应,在识别组织环境、相关方要求,以及识别、评估风险的基础上,确定策划运行准则,适宜于组织并能实现组织食品安全目标。

2. 实施(Do)

组织应按照所策划的过程方法实施活动,最终实现产品的安全。要求保留证明过程已经按策划进行所需的成文信息,包括策划的文件、实施运行的记录等。

3. 检查(Check)

组织应对体系的实施过程和实施结果实行跟踪检查,以保证实施效果。对检查中发现的问题进行详细记录,为持续改进提供依据。

4. 持续改进(Act)

持续改进作为 PDCA 循环中的循环连接点,是确保 PDCA 循环至关重要的动作。企业应营造一个全员参与、主动实施改进的氛围和环境,确保员工能积极地参与寻求过程、活动和产品质量的改进机会。

(1) 持续改进的前提 可追溯性系统的建立是食品安全管理体系持续改进的前提条件。通过可追溯性系统的建立可以对发现的问题进行系统的原因分析、实现改进。

追溯应是沿整个食品链的过程,针对一个组织生产的产品要能够从原料追溯到最终顾客。因此在建立和实施可追溯性系统时至少应考虑材料接收、辅料和中间产品的批次与终产品的关系;材料/产品的返工和终产品的分销。

为实现产品的可追溯性必须进行记录保持。通常记录的保存期应不小于产品的保质期,法律法规和顾客有要求的应满足其记录保持要求。

(2) 持续改进的实施 改进包括对不符合的纠正、体系持续改进和更新。组织可以通过相互沟通、管理评审、内部审核、结果验证、体系更新等多种方式和途径来持续改进食品安全管理体系的适宜性、充分性和有效性。

保留必要的记录,如不符合的描述、相应的措施及最后的效果,以及企业自行确定的一些要求记录的内容。记录有助于追溯、传承和分析。

四、HACCP

ISO 22000 食品安全管理体系的核心内容是 HACCP 体系的建立与实施。

1. 危害分析

危害分析是食品安全小组的重要工作职责，从识别危害、评价危害、控制危害三方面具体实施。控制程度应确保食品安全，适宜时，应使用控制措施组合。

（1）危害识别和可接受水平的确定　危害识别应全面。危害分析是在预备步骤所收集的信息、数据和其他内外部沟通所获取的信息的基础上进行的。丰富的信息是实施有效危害分析的前提。在危害识别时，需要充分与供方沟通，注意来自供方的危害信息。内部信息应关注组织现有的工艺、设备、人员、环境、管理等状况。危害分析通常是由食品安全小组成员共同完成。依据经验的判断通常是实施最初危害分析的一个重要手段，可以通过以后的数据对其科学性进行确认和验证。

危害的可接受水平是危害评价的基础。可接受水平与组织在食品链中的位置、组织的目标、顾客的要求、法规的规定等都是相关的。确定依据应充分科学。政府权威部门制定的产品安全标准是可接受水平确定时的基础依据。

对确定危害可接受水平的依据和记录应予以记录。

（2）控制措施的选择和分类　组织应基于危害评估，选择适宜的控制措施或控制措施组合，使显著食品安全危害得到预防或降低至规定的可接受水平。

组织应将所选择的控制措施进行分类，通过操作性前提方案或关键控制点实施管理。选择控制措施的依据，如法规、标准、客户要求等文件需要保留，并在危害分析表中记录控制措施判定的过程和结果。

（3）控制措施和控制措施组合的确认　为确保以控制措施组合为核心建立的食品安全管理体系的有效性，食品安全小组应对控制措施组合的有效性进行确认。确认的目的是对操作性前提方案和 HACCP 计划能否对食品安全危害实施有效控制提供证实，确定控制措施组合使最终产品满足可接受水平的能力，如果经确认，目前的控制措施组合未能达到将食品安全控制在可接受水平内，就需要调整或重新设计。

2. 危害控制计划（HACCP/OPRP 计划）

危害控制计划（关键控制点、操作性前提方案）是危害分析的结果，是对显著危害的控制措施，其有效实施需要作为成文信息维护。

为实现可操作性，文件内容中应明确控制危害、关键限值或行动准则，如何控制、如何监视、如何实施纠正和纠正操作、谁来实施及如何记录等。可以通过规范的 HACCP 计划表、OPRP 计划等形式来进行相关内容的描述，也可以通过专门的 HACCP 计划加以规定。

危害控制计划按策划的要求实施，实施的前提是相关人员要了解计划的要求；实施过程应保留相关记录，以便于追溯和证明危害控制计划的运行情况；应对危害控制计划进行评审和更新。

3. 信息更新

前提方案和危害控制计划应实施动态管理。食品安全小组要及时了解预备信息的变化，当预备信息内容变更后，应进行相关文件的及时更新，包括对控制措施计划和前提方案的更新、修改。

4. 验证

不验证不足以置信。所有制定的控制措施是否按照策划的要求运行（符合性），运行的结果是否满足预期的要求（有效性）都需要通过验证活动来证明。

(1) 验证活动策划开展　符合性的验证策划包括前提方案是否得以实施、危害分析输入是否持续更新、HACCP 计划是否得以实施。符合性验证采用的方法包括现场检查、查阅记录、内部审核等。

有效性的验证策划包括 HACCP 计划是否有效、危害控制是否在确定的可接受水平之内。有效性实施验证需要根据不同的验证内容策划不同的验证方法。验证策划的方法应是可行的，可操作的，并能够真正实现对有效性的验证。

所有的验证结果应有记录，保存并交流。需要特别注意的是同一活动的监视人员和验证人员不能是同一个人。

(2) 验证活动结果分析　根据验证策划，需要对验证活动结果实施评价，确定这些过程是否有效实施，是否经食品安全控制已达到可接受的水平。验证活动可由各部门进行，但结果由食品安全小组进行分析。验证结果分析是对食品安全管理体系的综合全面分析，为食品安全管理体系绩效评价提供输入，并对潜在不安全产品的风险发生趋势进行分析。

5. 产品和过程不合格的控制

CCP、OPRP 监视的数据应由有能力的专人进行评估，一般是食品安全小组成员，一旦出现不符合，须及时采取纠正和纠正措施。

(1) 纠正　当 OPRP 的运行准则和（或）CCP 的关键限值不满足要求时，组织应确保根据产品的用途和放行要求，识别和控制受影响的产品。

不符合控制的对象是操作性前提方案失控及关键控制点的关键限值超出的情况。纠正是针对发生的不符合及其所产生的影响及时采取的行动，避免产生进一步不利影响，实施纠正时需要对受影响的产品进行识别和控制。

超出关键限值生产出的产品其安全性有较大风险，为潜在不安全产品；不符合操作性前提方案行动准则生产的产品，应评价其严重程度，如对产品的安全有重要影响时应同潜在不安全产品一样处置。

对不合格产品、过程采取纠正的性质、原因、后果应有完整的处置过程记录。

(2) 纠正措施　建立管理体系不能够完全避免管理过程中出现不符合，关键是要能够发现不符合的原因并最大限度地消除它，避免不符合的再次发生。

组织只有通过过程的监视并对监视过程中所获取的数据进行分析才能够发现不符合行动准则和（或）关键限值的原因。当发现不符合时，应评估采取纠正措施的必要性，一般来说，CCP 偏离必须采取纠正措施。

组织就纠正措施要求应形成文件，对纠正措施实施过程应记录。

第四节 ISO 22000 食品安全管理体系认证

一、ISO 22000 认证依据

认证依据由基本认证依据和专项技术规范组成。国家认监委于 2021 年 1 月 8 日发布新版《食品安全管理体系认证实施规则》的公告（2021 年第 2 号公告），规定了食品安全管理体系认证机构应用《食品安全管理体系认证实施规则》（CNCA-N-007：2021）的相关要求。

1. 基本认证依据

GB/T 22000—2006《食品安全管理体系 食品链中各类组织的要求》。

2. 专项技术规范

认证机构在对相应组织实施食品安全管理体系认证前，应依据 GB/T 22000—2006《食品安全管理体系 食品链中各类组织的要求》/ISO 22000 要求，按照食品链分类所列的行业类别、子行业类别划分，识别食品链上具有相同或相近生产/服务特点的产品和（或）服务类别，制定对该类别产品和（或）服务的专项技术规范，用于验证该类组织前提方案的适用性和符合性。

专项技术规范应明确适用的产品/服务范围，并考虑食品安全法律法规、国际标准（如 ISO/TS 22002 系列标准的适用部分）、国家标准、行业标准等。

3. ISO 22000 认证应用范围

《食品安全管理体系认证实施规则》中体系认证的范围扩展到整个食品链，包括农业生产、零售、运输、贮藏、服务、设备制造等，以满足食品链企业实施食品安全管理体系认证需要。具体范围如下。

（1）直接介入食品链中一个或多个环节的组织，如饲料加工，种植生产，辅料生产，食品加工，零售，配餐服务，提供清洁、运输、贮存和分销服务的组织。

（2）间接介入食品链的组织，如设备供应商、清洁剂和包装材料及其他食品接触材料的供应商等。

因范围限制无法申请食品安全管理体系认证的组织现可以根据 ISO 22000：2018 标准的要求建立、实施食品安全管理体系并申请认证。

4. ISO 22000 认证意义

随着经济全球化的发展、社会文明程度的提高，人们越来越关注食品的安全问题；要求生产、操作和供应食品的组织，证明自己有能力控制食品安全危害和那些影响食品安全的因素。顾客的期望、社会的责任，使食品生产、操作和供应的组织逐渐认识到，应当有标准来指导操作、保障、评价食品安全管理，这种对标准的呼唤，促使食品安全管理体系要求标准的产生。标准既是描述食品安全管理体系要求的使用指导标准，又是可供食品生产、操作和供应的组织认证和注册的依据。因此，ISO 22000 认证具有重要作用和深远意义。

二、ISO 22000 认证程序

(一) 认证申请

1. 申请人应具备的条件

(1) 取得国家、地方市场监督管理部门或有关机构注册登记的法人资格（或其组成部分）。
(2) 已取得相关法规规定的行政许可（适用时）。
(3) 未列入严重违法失信名单。
(4) 生产、加工及经营的产品或提供的服务符合相关法律、法规、标准和规范的要求。
(5) 按照本规则规定的认证依据，建立和实施食品安全管理体系，且有效运行 3 个月以上。
(6) 1 年内未发生违反相关法律、法规的食品安全事故。
(7) 3 年内未因食品安全事故、违反国家食品安全管理相关法规或虚报、瞒报获证所需信息，而被认证机构撤销认证证书。

2. 申请人应提交的文件和资料

(1) 食品安全管理体系认证申请。
(2) 法律地位证明文件。当食品安全管理体系覆盖多个法律实体时，应提供每个法律实体的法律地位证明文件。
(3) 申请认证范围所涉及的法律法规要求的行政许可证明文件（适用时）。
(4) 食品安全管理体系文件化信息（包括产品描述、流程图和过程描述、操作性前提方案计划、HACCP 计划等）。
(5) 组织机构与职责说明。
(6) 加工生产线、季节性生产、HACCP 项目和班次的详细信息。
(7) 多场所清单、外包（含委托加工）情况说明（适用时）。
(8) 产品符合安全要求的相关证据。
(9) 承诺遵守相关法律法规、认证机构要求及提供材料真实有效的自我声明。
(10) 其他需要的文件。

(二) 认证受理

1. 认证机构受理认证申请应至少公开以下信息

(1) 可开展认证业务的范围，以及获得相应认可的情况。
(2) 开展认证活动所依据的认证标准。
(3) 相关的认证方案、认证程序。
(4) 批准、保持、变更、暂停、恢复、撤销认证证书的规定与程序。
(5) 拟获取认证委托人的信息，以及对相关信息的保密规定。
(6) 认证证书的使用规定。
(7) 对认证过程的申诉、投诉规定。
(8) 认证要求变更的规定。

2. 申请评审

认证机构应根据认证依据、程序等要求，对认证委托人提交的申请文件和资料进行评审并保存评审记录，以确保：

(1) 认证要求规定明确，形成文件并得到理解。
(2) 认证机构和认证委托人之间在理解上的差异得到解决。
(3) 对于申请的认证范围、认证委托人的工作场所和任何特殊要求，认证机构均有能力开展认证服务。
(4) 认证机构应确定组织申请认证的相关范围。认证机构不应将能够影响认证范围内的终产品食品安全的活动、过程、产品或服务排除在认证范围之外。

3. 评审结果处理

(1) 申请材料齐全、符合要求的，予以受理认证申请。
(2) 未通过申请评审的，应书面通知认证委托人在规定时间内补充、完善，不同意受理认证申请应明示理由。

(三) 签订认证合同

认证机构应与认证委托人签订具有法律效力的书面认证合同或等效文件。认证合同或等效文件应明确食品安全管理体系覆盖的范围以及认证机构和认证委托人各自应当承担的责任、权利和义务。

(四) 现场审核

1. 制定审核方案和审核策划

认证机构应对整个认证周期制定审核方案，确定适宜的审核时机，以使审核组能够在现场针对认证范围内有代表性的生产线、行业类别与子行业类别的典型产品/服务进行审核。

(1) 初次认证审核方案应包括两个阶段的初次审核、认证决定之后的监督审核及再认证审核。第一个3年的认证周期从初次认证决定算起，以后的周期从再认证决定算起。审核方案的确定和任何后续调整，应考虑认证委托人的规模，其食品安全管理体系、产品和过程的范围与复杂程度，生产季节和产品的安全风险，以及经过证实的食品安全管理体系有效性水平和以前审核的结果。

(2) 初次认证后的第一次监督审核应在认证决定日期起12个月内进行。此后，监督审核应至少每个日历年（应进行再认证的年份除外）进行1次，且2次监督审核之间不应超过15个月。认证机构应合理策划监督审核的时间间隔或频次。当获证组织食品安全管理体系发生重大变更，或出现与食品安全相关的产品质量问题时，认证机构应增加监督审核的频次。

(3) 当认证委托人的食品安全管理体系覆盖了多个场所时，认证机构应对包括中心职能在内的所有场所实施现场认证审核，以确保审核的有效性。

(4) 如果认证委托人采用轮班作业，应在制定审核方案和编制审核计划时考虑在轮班工作中发生的活动。

(5) 当认证委托人将影响食品安全的重要生产过程采用委托加工等方式进行时，除非被委托加工组织的被委托加工活动已获得相应的食品安全管理体系认证或HACCP认证，否则应对委托加工过程实施现场审核。

(6) 审核时间 认证机构应按GB/T 27204—2017《合格评定 确定管理体系认证审核时间指南》标准中的方法制定文件化的确定审核时间的程序，并应至少考虑行业类别、HACCP项目、产品/服务实现过程的复杂程度、涉及食品安全方面的员工数、场所数量等因素。

认证机构应针对每个认证委托人确定策划和完成对其食品安全管理体系的完整有效审核所需的时间，并应留存为每次审核计算审核时间（包括现场审核时间）的记录。

(7) 组建审核组 认证机构应根据实现审核目的所需的能力以及公正性要求来选择和任命审核组。审核组应具备的基本条件有：审核组应具备在特定行业类别运用前提方案、危害分析、操作性前提方案计划、HACCP 计划的能力；审核组成员的专业能力已经认证机构评定；审核组成员身体健康，并有健康证明；审核组如果需要技术专家提供支持，技术专家应具有食品工程、食品科学或相关专业大学本科以上的学历或中级职称（含中级职称）以上资格，熟悉食品生产过程或服务。身体健康具有健康证明。

第一、二阶段审核组组长宜为同一人，第二阶段审核组至少由 2 名审核员组成且其中至少应包含 1 名第一阶段审核员。

同一审核员连续对同一生产现场实施认证审核的次数最多为 6 次。一阶段审核和特殊审核不计入审核次数。

(8) 审核计划 认证机构应编制审核计划，审核计划中至少应包括以下内容：审核目的、审核准则、审核范围、审核日期、时间安排和场所、审核组成员及审核任务安排。

认证机构应在现场审核活动开始前将审核计划提交给认证委托人进行确认，并留出足够的时间，以使认证委托人能够对某一审核组成员的任命表示反对，并在反对有效时使认证机构能够重组审核组。

2. 初次认证

初次认证审核应分 2 个阶段实施：第一阶段审核和第二阶段审核。

(1) 第一阶段审核 第一阶段审核的目标是通过了解认证委托人的食品安全管理体系和认证委托人对第二阶段的准备状态，策划第二阶段审核的关注点。第一阶段审核应审查但不限于以下方面的内容。

①认证委托人的前提方案与其业务活动的适宜性（例如，法律、法规、顾客和认证方案的要求）。

②建立的食品安全管理体系包括了识别和评估认证委托人的食品安全危害以及后续对控制措施（组合）选择和分类的过程和方法。

③实施了食品安全相关的法律、法规。

④认证委托人策划的食品安全管理体系是为了实现其食品安全方针。

⑤食品安全管理体系的实施程度证明认证委托人已为第二阶段审核做好准备。

⑥控制措施的确认、活动的验证和改进的方案符合食品安全管理体系标准要求。

⑦食品安全管理体系的文件和安排适合内部沟通和与相关供应商、顾客、利益相关方的沟通。

⑧需要评审的其他文件和（或）需要提前获取的信息。

当认证委托人采用由外部开发的控制措施组合时，第一阶段应评审食品安全管理体系文件，确定控制措施组合是否适合于该认证委托人，满足 ISO 22000 或 GB/T 22000—2006《食品安全管理体系 食品链中各类组织的要求》标准的要求，并保持及时更新。

在收集遵守法规的信息时，应对相关资质证明的有效性进行检查。

第一阶段审核应在认证委托人的现场实施。如果认证委托人已获得同一认证机构颁发的其他以 HACCP 原理为核心的食品安全相关管理体系有效认证证书，且认证机构已对认证委托人的过程和活动有充分了解，认证机构经过风险评估后，第一阶段审核可以不在认证委托人的现场进行，但应记录未在现场进行的原因，并能提供证据证明第一阶段审核的目标全部实现。

应告知认证委托人第一阶段审核的结果可能导致第二阶段审核推迟或取消。

对于第一阶段审核过的食品安全管理体系的相应部分,被确定为实施充分、有效并符合要求的,第二阶段可以不再对其审核。然而,认证机构应确保食品安全管理体系已审核的部分持续符合认证要求。在这种情况下,审核报告应包含第一阶段审核中的审核发现,并且应清楚地表述第一阶段审核已经确立的符合性。

第一阶段审核提出的影响实施第二阶段审核的问题应在第二阶段审核前得到解决。第一阶段审核和第二阶段审核的时间间隔不应超过 6 个月。如果需要更长的时间间隔,应重新实施第一阶段。

(2)第二阶段审核　第二阶段审核的目的是评价认证委托人食品安全管理体系的实施情况及其有效性。第二阶段审核应在认证委托人的现场实施,并应确保对认证范围内有代表性的生产线、行业类别与子行业类别的典型产品/服务进行审核。

第二阶段审核应至少覆盖以下方面。

①与食品安全管理体系标准或其他规范性文件的所有要求的符合情况及证据。

②依据食品安全管理体系关键绩效目标和指标,对绩效进行的监视、测量、报告和评审。

③认证委托人食品安全管理体系的能力以及在符合适用法律法规要求和合同要求方面的绩效。

④认证委托人过程的运作控制。

⑤内部审核和管理评审。

⑥针对认证委托人方针的管理职责。

对于审核中发现的不符合,认证机构应出具书面不符合报告,要求认证委托人在规定的期限内分析原因,说明为消除不符合已采取或拟采取的具体纠正和纠正措施,并提出明确的验证要求。认证机构应评审认证委托人提交的纠正和纠正措施,以确定其是否可被接受。

如果认证机构不能在第二阶段审核结束后 6 个月内验证对严重不符合实施的纠正和纠正措施,则应在推荐认证前再实施 1 次第二阶段审核。

3. 产品安全性验证

为验证危害分析的输入持续更新,危害水平在确定的可接受水平之内,操作性前提方案计划和 HACCP 计划得以实施且有效,特别是产品的安全状况等情况,适用时,在现场审核或相关过程中需要对认证范围内覆盖的产品进行抽样验证,以验证产品的安全性。

认证机构可根据有关指南、标准、规范或相关要求策划安全性验证活动。安全性验证可采用以下 3 种方式之一:①委托具备相应资质能力的检测机构完成;②由现场审核人员进行风险评估,现场见证认证委托人实施的产品安全性检验;③由现场审核人员确认并收集 12 个月内由具备资质的第三方检验检测机构出具的检验报告。当认证机构认为检验项目不足以验证产品的安全性时,应采取相应的处理措施。

(五) 认证决定

1. 综合评价

认证机构应根据审核过程中收集的信息和其他有关信息,对审核结果进行综合评价,以及对产品的实际安全状况进行评价。必要时,认证机构应对认证委托人满足所有认证依据的情况进行风险评估,以作出认证委托人所建立的食品安全管理体系能否获得认证的决定。

认证机构在作出认证决定时,应获得与认证决定相关的所有信息,且所有不符合整改完成并得到验证。还应制定认证决定人员的能力准则，被指定进行认证决定的人员应具有相应能力。审核组成员不应参与认证决定。

2. 认证决定

对于符合认证要求的认证委托人，认证机构应颁发认证证书。

对于不符合认证要求的认证委托人，认证机构应以书面的形式告知其不能通过认证的原因。

（六）监督

1. 监督审核

每次监督审核应尽可能覆盖认证范围内的有代表性的生产线、行业类别与子行业类别的典型产品/服务，如因产品/服务的季节性或客户需求等原因，监督审核难以覆盖认证范围内所有代表性的生产线、行业类别与子行业类别的典型产品/服务的，应保证在认证证书有效期内的监督审核覆盖认证范围内的所有代表性的生产线、行业类别与子行业类别的典型产品/服务。必要时，监督审核应对产品的安全性进行验证。

每次监督审核应至少包括对以下方面的审查。

（1）内部审核和管理评审。

（2）对上次审核中确定的不符合采取的措施。

（3）投诉的处理。

（4）食品安全管理体系在实现获证组织目标和食品安全管理体系的预期结果方面的有效性。

（5）为持续改进而策划的活动的进展。

（6）持续的运作控制。

（7）任何变更。

（8）认证证书和标识和（或）任何其他对认证资格的使用。

2. 监督审核结果评价

认证机构应依据监督审核结果，对获证组织做出保持、暂停或撤销其认证资格的决定。

（七）再认证

获证组织宜在认证证书有效期结束前 3 个月向认证机构提出再认证申请。

认证机构应及时策划并实施再认证审核，再认证审核应在认证证书到期前完成。再认证审核应确保对认证范围内有代表性的生产线、行业类别与子行业类别的典型产品/服务进行审核。

当获证组织的食品安全管理体系、组织结构或食品安全管理体系运作环境（如区域、法律法规、食品安全标准等）有重大变更，并经评价需要时，再认证需实施第一阶段审核。

再认证审核应包括针对下列方面的现场审核：①根据内部和外部变化，食品安全管理体系在保持认证范围相关性和适宜性方面的整体有效性；②经证实的对保持食品安全管理体系有效性并改进食品安全管理管理体系，以提高整体绩效的承诺；③食品安全管理体系在实现获证组织目标和管理体系预期结果方面的有效性。

再认证审核中发现的严重不符合项，认证机构应规定实施纠正和纠正措施的时限要求，并在原认证证书到期前完成对纠正和纠正措施的验证。

如果在当前认证证书的终止日期前完成了再认证活动，新认证证书的终止日期可以基于当前认证证书的终止日期确定。新认证证书上的颁证日期应不早于再认证决定日期。

如果在当前认证证书到期前，认证机构未能完成再认证审核或未能对严重不符合项的纠正和纠正措施进行验证，则不应推荐再认证，也不应延长认证证书的有效期。认证机构应告知获证组织并解释后果。

在原认证证书到期后，如果认证机构能够在6个月内完成未尽的再认证活动，则可以维持再认证，否则应按照初次认证要求重新认证。再认证证书的生效日期应不早于再认证决定日期，终止日期应基于上一个认证周期确定。

（八）认证范围变更

获证组织拟变更认证范围时，应向认证机构提出申请，并按认证机构的要求提交相关材料。

认证机构根据获证组织的申请进行评审，策划并实施适宜的审核活动，这些审核活动可单独进行，也可与获证组织的监督或再认证审核一起进行。

对于申请扩大认证范围的，应对获证组织实施现场审核。

如果获证组织申请缩小认证范围，或获证组织在认证范围的某些部分持续地或严重地不满足认证要求，认证机构应缩小其认证范围，以排除不满足要求的部分。认证范围的缩小不应将能够影响认证范围内终产品食品安全的活动、过程、产品或服务排除在认证范围之外。

（九）认证要求变更

认证要求变更时，认证机构应制定相应的认证要求转换计划，至少应考虑：认证要求变更对认证机构管理体系的影响；认证要求变更对认证人员能力的影响；认证机构依据新认证要求开展认证活动的安排；认证机构依据新认证要求实施转换的安排。

认证机构应采取适当方式对获证组织实施变更后认证要求的有效性进行验证，确认认证要求变更后获证组织食品安全管理体系的有效性，符合要求可继续使用认证证书。

三、认证证书

（一）认证证书有效期

食品安全管理体系认证证书的生效日期不得早于认证决定的日期。初次认证证书有效期为3年。再认证证书的终止日期不得超过上一认证周期认证证书的终止日期再加3年。认证证书应至少包括（但不限于）以下基本信息：

（1）获证组织名称、生产/服务场所的地址。

（2）与活动、产品/服务类型等相关的认证范围，适用时，包括每个场所相应的认证范围，且没有误导或歧义。

（3）认证依据。

（4）证书编号　证书编号应从"中国食品农产品认证信息系统"中获取。

（5）认证机构名称、地址。

（6）颁证日期、证书有效期。

（7）相关的认可标识及认可注册号（适用时）。

（8）证书状态的查询方式。

认证机构应确保"中国食品农产品认证信息系统"中对应的信息与证书内容保持一致。

(二) 认证证书管理

认证机构应当对获证组织认证证书使用的情况进行有效管理。

1. 认证证书暂停

获证组织有下列情形之一的，认证机构应暂停其使用认证证书：获证组织未按规定使用认证证书的；获证组织未履行认证合同义务的；获证组织发生食品安全事故、市场监督管理部门监督抽查产品和食品安全生产规范体系检查不合格等情况，尚不需立即撤销认证证书的；获证组织的食品安全管理体系或相关产品不符合认证依据，不需要立即撤销认证证书的；获证组织未能按规定间隔期接受监督审核的；获证组织未按要求对信息进行通报的；获证组织与认证机构双方同意暂停认证资格的；其他应暂停认证证书的。

暂停期限不超过 6 个月。在暂停期间，获证组织的食品安全管理体系认证暂时无效。认证机构应在获证组织完成对造成暂停的不符合的纠正和纠正措施进行确认后，恢复被暂停的认证。如果获证组织未能在认证机构规定的时限内完成对不符合的纠正和纠正措施，认证机构应撤销或缩小其认证范围。

2. 认证证书撤销

有下列情形之一的，认证机构应撤销其认证证书：

①获证组织食品安全管理体系不符合认证依据或相关产品不符合标准要求，需要立即撤销认证证书的。

②认证证书暂停期限已满，获证组织未针对导致暂停的问题采取有效纠正和纠正措施的。

③获证组织出现食品安全事故、市场监督管理部门监督抽查产品和食品安全生产规范体系检查不合格等情况，需要立即撤销认证证书的。

④获证组织不再生产获证范围内产品的或不再提供获证范围内服务的。

⑤获证组织对相关方重大投诉未能采取有效处理措施的。

⑥获证组织虚报，瞒报获证所需信息的。

⑦获证组织故意或持续不满足国家食品安全管理相关法律法规要求的。

⑧获证组织拒不接受相关监管部门或认证机构对其实施监督的。

⑨被执法监管部门认定存在严重违法失信行为的。

⑩其他应撤销认证证书的。

四、申诉

认证机构应建立申诉的处理程序，能够及时、有效、公正地对申诉进行处理，并将处理结果书面通知申诉人。

认证委托人如对认证决定结果有异议，可在 10 个工作日内向认证机构申诉，认证机构自收到申诉之日起，应在 30 日内进行处理，并将处理结果书面通知认证委托人。申诉人如认为认证机构行为违反了相关法规，处理结果严重侵害了自身合法权益的，可以直接向各级认证监管部门投诉。

五、信息通报和信息报告

1. 信息通报

为确保获证组织的食品安全管理体系持续有效，认证机构应做出在法律上具有强制实施力的安排，以确保获证组织及时将可能影响食品安全管理体系持续满足认证要求的事宜通报给认证机构，包括但不限于与以下内容有关的变更。

（1）有关法律地位、经营状况、组织状态或所有权变更的信息。
（2）联系地址和场所变更的信息。
（3）食品安全管理体系和过程重大变更的信息，包括但不限于：组织管理层重要人员变化；有关产品、工艺、环境变化信息。
（4）有关食品安全事故及食品安全投诉的信息。
（5）所在区域内发生的有关重大动植物疫情的信息。
（6）政府部门组织的市场抽查中被发现有食品安全问题或食品安全生产规范体系检查中被发现有不符合的信息。
（7）不合格品召回/撤回及处理的信息。
（8）其他重要信息。

认证机构应对上述信息进行分析，视情况采取相应措施，如增加监督审核频次、暂停或撤销认证资格等。

2. 信息报告

认证机构应在现场审核前，至少提前 5 日将审核计划等信息向认监委网站"中国食品农产品认证信息系统"填报。

认证机构应在 10 日内将撤销、暂停认证证书的信息向认监委网站"中国食品农产品认证信息系统"填报。

认证机构在获知获证组织发生食品安全事故后，应及时将相关信息向认监委和获证组织所在地的省级市场监督管理部门通报。

认证机构应于每年 3 月底之前将上年度食品安全管理体系认证工作报告报送认监委，报告内容包括：颁证数量、获证组织质量分析、暂停和撤销认证证书清单及原因分析等。

第五节　食品企业 ISO 22000 食品安全管理体系的建立

一、准备阶段

ISO 22000 是目前国际上管理食品安全最有效的手段，组织建立食品安全管理体系是一项系统、严密、扎实而又艰巨的工作，需要领导者的支持和全体员工的共同参与。为了保证食品安全管理体系对组织的适宜性，需要认真策划和准备，发动全体员工，积极调动各方面力量，最终完成食品安全管理体系的建设。

在准备阶段，需完成以下几项任务：
①领导决策，统一思想，达成共识。
②组织落实，成立食品安全小组。
③编制工作计划。

④教育培训。

以上工作中,企业管理层的认识与投入是食品安全管理体系建立与实施的关键,组织和计划是保证,教育和培训是基础。如果企业在这方面缺乏专家,可以聘请咨询机构为企业简历和实施食品安全管理体系提供咨询。

二、策划和总体设计

体系策划阶段主要是依据食品安全现状分析得到的结论,制定食品安全方针和目标,重新划分或明确组织机构和职责,编制前提方案,进行危害分析,并在危害分析的基础上,制定操作性前提方案和 HACCP 计划。

食品安全管理体系的策划和总体设计包括的主要工作如下。

(1) 企业组织食品安全现状分析,重点是组织目前的经营情况和现有食品安全管理体系的实施情况,经分析汇总形成企业组织现状报告。

(2) 制订实施工作计划,内容包括分哪几个主要阶段,各项工作的要求和时间进度,每项工作的负责人和参加人员,各阶段及总的经费预算等。

(3) 确定食品安全方针和食品安全目标。

(4) 确定实现食品安全目标必需的过程和职责。

(5) 确定和提供实现食品安全目标必需的资源。

(6) 确定食品安全管理结构,这是本阶段工作的重点和难点。组织结构的设置应坚持精简、效率原则,职能完备且各部门之间无重叠、重复或抵触现象存在。

(7) 编制前提方案。

(8) 进行危害分析。

(9) 制定操作性前提方案、HACCP 计划,并对其进行确认。

三、食品安全管理体系文件编制

食品安全管理体系文件是描述食品安全管理体系的一整套文件,是食品安全管理体系的具体表现和运行的法规,也是食品安全管理体系审核的依据。编制适合企业自身特点并具有可操作性的食品安全管理体系文件是食品安全管理体系建立过程中的中心任务。主要包括食品安全管理体系文件结构策划、体系文件编制,以及文件审核、批准和发放。

1. 确定要编制的文件清单

整理现有的各类食品安全管理体系文件,并与 ISO 22000 条款进行对照,以确定要新编与修订的文件清单。

2. 编写指导性文件

为了使食品安全管理体系文件统一协调,达到规范化和标准化要求,应编制指导性文件,就食品安全管理体系文件的要求、内容、体例和格式等做出规定,例如,编写程序文件编写规则、文件标号规定等。

3. 制订文件编写计划

针对需要编写的文件制订编写计划。在编写计划中规定:编写、讨论、审核、批准的人员,编写、讨论、审核、批准的进度、要求和完成日期。

4. 食品安全管理体系文件编写

（1）文件编写　食品安全管理手册可以由一人编写，也可由食品安全小组完成；前提方案、操作性前提方案、HACCP 计划、程序文件及相关表格由食品安全小组完成；作业指导书及相关表格由各职能部门完成。

（2）文件的讨论、审核与批准　文件编写完成后，应进行讨论修改，最后进行审核和批准。企业最高领导者批准食品安全管理手册、前提方案、操作性前提方案和 HACCP 计划，其余文件可由各级负责人审批。

四、培训内部审核员

按照 ISO 22000 的要求，凡是推行 ISO 22000 的组织，每年都要进行一定频次的内部审核。食品安全管理体系内部审核需由经过培训且取得资格的内审员来执行。企业可根据具体情况，培训若干名内审员，内审员可由各部门人员兼任。

五、食品安全管理体系实施运行

1. 试运行前培训

在食品安全管理体系文件正式发布或即将发布而未正式实施之前，各部门、各级人员都要通过学习，清楚地了解食品安全管理体系文件对本部门、本岗位的要求以及与其他部门、岗位的相互关系的要求，应进行食品安全管理体系文件的培训，使企业各部门人员明确食品安全管理体系文件的要求，明白自己该做什么、该怎么做，只有这样才能确保食品安全管理体系文件在整个组织内得以有效实施。

2. 试运行前准备

试运行是食品安全管理体系由不完善到完善、由不配套到配套、由不习惯到习惯、由没记录到记录完整、由不符合到符合的过渡过程。

试运行前的主要准备工作包括：检查资源配置到位情况；制定各类印章、标签和标识用品、记录表格、表卡等；做好计量工作；对已有的供应商进行评估登记；通过板报、标语等形式向企业员工宣讲食品安全方针、ISO 22000 认证计划等。

食品安全小组应指导和监督企业各部门按照文件的规定进行管理和操作，对操作性前提方案、HACCP 计划适宜性和有效性进行验证，并对验证结果进行评价分析。

3. 食品安全管理体系文件发布和试运行

食品安全管理体系文件需经授权人批准发布，经最高管理者签署的管理手册一旦正式发布则意味着食品安全管理体系正式开始实施和运行。

4. 整改完善，正式运行

对试运行中出现的问题应及时采取纠正措施。如果是文件问题应及时修订，然后按照修订完善的食品安全管理体系文件要求，全面正式运行。

食品安全管理体系运行主要反映在两个方面：一是组织所有食品安全活动都依据食品安全策划的安排以及食品安全管理体系文件要求实施；二是组织所有的食品安全活动都在提供证实，证实食品安全管理体系运行符合要求并得到有效实施和保持。

5. 食品安全管理体系内部审核

组织在食品安全管理体系运行一段时间后，应组织内审员进行内审，以确定食品安全管理体系是否符合食品安全管理手册和程序文件的规定，能否正常运行，以及对于实现企业食品安全方针的有效性。

组织申请食品安全管理体系认证之前至少要经过一次内审。对审核中的不符合项采取纠正措施加以解决。

6. 管理评审

管理评审是由企业最高管理者，根据食品安全方针和食品安全目标，对食品安全管理体系的现状和适应性进行的正式评价，以确保食品安全管理体系持续的适宜性、充分性和有效性。

组织申请食品安全管理体系认证之前至少要进行一次管理评审。

六、 食品安全管理体系认证前准备

1. 选择认证机构

企业进行食品安全管理体系认证是为了向顾客提供足够的信任，这种信任是间接由认证机构来证明的。因此，企业应选择具有较强技术专业能力的权威认证机构，提高信誉。

2. 对食品安全管理体系文件全面整理

食品安全管理体系文件是食品安全管理体系审核的主要依据之一。在接受审核前，对企业的食品安全管理体系文件进行一次全面的整理，并将有关文件和记录放在审核组容易看到的地方。

3. 有关接受审核的教育培训

明确食品安全管理体系审核的目的、意义、审核组的工作等，审核中应注意的问题，如何积极主动配合审核组。

七、 审核认证

1. 认证申请与受理申请

企业向认证机构提出认证申请，并提交相关文件和资料。认证机构对企业（受审核方）的申请资料进行初步检查，确定是否受理，如发现不符合的地方，认证机构通知企业进行修正或补充。

2. 第一阶段审核

文件审核后进行第一阶段现场审核准备工作，包括确定现场审核日期，编制第一阶段现场审核计划和检查表。第一阶段审核完成后，审核组应编制审核报告，报告内容包括审核实施情况与审核结论、发现的问题及下一步工作的重点。

3. 第二阶段审核

审核组综合考虑第一阶段审核结论及受审核方对不符合项的纠正情况，确定第二阶段审核的时机和条件是否成熟。在此基础上，审核组进行第二阶段的准备工作：确定现场审核日期、编制第二阶段现场审核计划和检查表。现场审核后，审核组应编制审核报告，作出审核结论，并将审核报告提交认证机构。

思考题

1. 请回答 ISO 22000 中对下列名词的解释：行为准则、成文信息、食品、方针、风险、纠正、确认、前提方案、操作性前提方案、终产品、食品链、更新、可追溯性。
2. 企业实施 ISO 22000 标准的意义是什么？
3. 如何进行安全产品的策划和实现？
4. 食品安全管理体系相关的沟通类型及内容有哪些？
5. 简述 ISO 22000 认证的程序。
6. 试述企业如何建立 ISO 22000 食品安全管理体系。

附　录

附录1　常用缩略语表

缩略语	外文名称	中文名称
CAC	Codex Alimentarius Commission	国际食品法典委员会
CCAA	Chinese Certification and Accreditation Association	中国认证认可协会
CCP	Critical Control Point	关键控制点
CIP	Cleaning in Place	原位清洗
CL	Critical Limit	关键限值
CNAS	China National Accreditation Service for Conformity Assessment	中国合格评定国家认可委员会
CNCA	National Certification and Accreditation Administration	国家认证认可监督管理委员会
FDA	Food and Drug Administration	美国食品药品监督管理局
FSMS	Food Safety Management System	食品安全管理体系
FSSC	Food Safety System Certification	食品安全体系认证
GAP	Good Agricultural Practices	良好农业规范
GDP	Good Distribution Practice	良好分销规范
GFSI	Global Food Safety Initiative	全球食品安全倡议组织
GHP	Good Hygiene Practice	良好卫生规范
GMP	Good Manufacturing Practice	良好操作规范
GPP	Good Production Practices	良好生产规范
GRP	Good Retail Practice	良好零售规范
GTP	Good Trade Practice	良好贸易规范
GVP	Good Veterinary Practice	良好兽医操作规范
HACCP	Hazard Analysis and Critical Control Point	危害分析与关键控制点
IFS	Interational Food Standard	国际食品标准
ISO	International Organization for Standardization	国际标准化组织
OPRP	Operational Prerequistie programme	操作性前提方案
PDCA	Plan, Do, Check, Act	PDCA循环
PRP(s)	Prerequistie programmes	前提方案
QMS	Quality Management System	质量管理体系
SQF	Safety Quality Food	安全质量食品
SSOP	Sanitation Standard Operation Procedures	卫生标准操作程序
WHO	World Health Organization	世界卫生组织

附录2 常用食品安全法规、标准清单

序号	名称
法律法规类	
1	《中华人民共和国产品质量法》
2	《中华人民共和国农产品质量安全法》
3	《中华人民共和国认证认可条例》
4	《中华人民共和国食品安全法》
5	《中华人民共和国食品安全法实施条例》
6	《良好农业规范认证实施规则》
7	《绿色食品标志管理办法》
8	《认证机构管理办法》
9	《食品安全管理体系认证实施规则》
10	《食品标识监督管理办法》
11	《食品召回管理办法》
12	《危害分析与关键控制点（HACCP）体系认证实施规则》
13	《有机产品认证管理办法》
14	《有机产品认证实施规则》
15	《中国绿色食品商标标志设计使用规范手册》
16	《无公害农产品认定暂行办法》
17	《无公害农产品认定现场检查规范》
18	《无公害农产品认定审核规范》
19	《无公害农产品内检员培训管理办法》
20	《无公害农产品检查员注册管理办法》
认证标准类	
21	GB 14881—2013《食品安全国家标准　食品生产通用卫生规范》
22	GB 23790—2010《食品安全国家标准　粉状婴幼儿配方食品良好生产规范》
23	GB 12693—2010《食品安全国家标准　乳制品良好生产规范》
24	GB/T 19630—2019《有机产品生产、加工、标识与管理体系要求》
25	GB/T 20014《良好农业规范》系列标准
26	GB/T 22000—2006《食品安全管理体系　食品链中各类组织的要求》

续表

序号	名称
27	GB/T 27341—2009《危害分析与关键控制点（HACCP）体系 食品生产企业通用要求》
28	ISO 9000：2015《质量管理体系基础和术语》
29	ISO 22005《饲料和食品链中的可追溯性系统设计和执行的一般原则和基本要求》
30	ISO 19011《管理体系审核指南》
31	ISO/TS 22002《食品安全前提方案》
32	ISO/TS 22003《食品安全管理系统食品安全管理系统审核和认证机构要求》
33	ISO 22005《饲料和食品链中的可追溯性系统设计和执行的一般原则和基本要求》
34	ISO 导则 73：2009《风险管理术语》
35	CAC/GL 60-2006《可追溯性/产品追踪作为一项工具在食品检查和认证体系中的原则》
36	CAC/RCP1-1969《食品卫生通用规范》
37	国际食品法典委员会《程序手册（第二十五版）》
技术标准类	
38	GB 13432—2013《食品安全国家标准 预包装特殊膳食用食品标签通则》
39	GB 2760—2014《食品安全国家标准 食品添加剂使用标准》
40	GB 2761—2017《食品安全国家标准 食品中真菌毒素限量》
41	GB 2762—2022《食品安全国家标准 食品中污染物限量》
42	GB 2763—2021《食品安全国家标准 食品中农药最大残留限量》
43	GB 28050—2011《食品安全国家标准 预包装食品营养标签通则》
44	GB 31650—2019《食品安全国家标准 食品中兽药最大残留限量》
45	GB 5749—2022《生活饮用水卫生标准》
46	GB 7718—2011《食品安全国家标准 预包装食品标签通则》

参 考 文 献

[1] 庞杰，刘先义．食品质量管理学 [M]．北京：中国轻工业出版社，2020．

[2] 冯翠萍．食品卫生学 [M]．北京：中国轻工业出版社，2020．

[3] 陆兆新．食品质量管理学 [M]．北京：中国农业出版社，2016．

[4] 艾启俊．食品质量与安全 [M]．北京：中国农业出版社，2015．

[5] 邱澄宇．食品企业质量管理学 [M]．北京：海洋出版社，2003．

[6] 曹竑．食品质量安全认证 [M]．北京：科学出版社，2016．

[7] 卢宁，马塞利斯，扬根．食品质量管理：技术-管理的方法 [M]．吴广枫，译．北京：中国农业大学出版社，2005．

[8] 刁恩杰．食品质量管理学 [M]．北京：化学工业出版社，2013．

[9] 岳刚，赵建坤．HACCP 体系理解与实施指南 [M]．北京：中国标准出版社，2007．

[10] 魏益民．食品安全学导论 [M]．北京：科学出版社，2009．

[11] 梁工谦．质量管理学 [M]．北京：中国人民大学出版社，2010．

[12] 苑函．食品质量管理 [M]．北京：中国标准出版社，2011．

[13] 宁喜斌．食品质量安全管理 [M]．北京：中国质检出版社，2012．

[14] 曾瑶，李晓春．质量管理学 [M]．4 版．北京：北京邮电大学出版社，2012．

[15] 宋庆武．食品质量管理与安全控制 [M]．北京：对外经济贸易大学出版社，2013．

[16] 夏延斌．食品加工中的安全控制 [M]．北京：中国轻工业出版社，2020．

[17] 赵光远．食品质量管理 [M]．北京：中国纺织出版社，2013．

[18] 信春鹰．中华人民共和国食品安全法解读 [M]．北京：中国法制出版社，2015．

[19] 刘金福，陈宗道，陈绍军．食品质量与安全管理 [M]．北京：中国农业大学出版社，2016．

[20] 汪宏．食品供应链在食品质量安全管理方面的优化研究 [D]．天津：河北工业大学，2008．

[21] 刘晓安．JB 生物制药公司全面质量管理应用研究 [D]．南昌：南昌大学，2012．

[22] 王淼昕．制造企业质量管理能力评价研究 [D]．西安：西安科技大学，2014．

[23] 杨超．食品安全风险监测法律制度研究 [D]．西安：西北大学，2013．

[24] 孟冲．HACCP 体系在我国食品工业中的实施水平及其影响因素研究 [D]．南京：南京农业大学，2012．

[25] 马颖，吴燕燕，郭小燕．食品安全管理中 HACCP 技术的理论研究和应用研究 [J]．技术经济，2014，33（07）：82-89．

[26] 廖明菊．七种统计工具在质量管理的应用 [J]．广东化工，2013，40（09）：71-72．

[27] 马林，罗国英．全面质量管理基本知识 [M]．北京：中国经济出版社，2004．

[28] 朱明．食品安全与质量控制 [M]．北京：化学工业出版社，2008．

[29] 刘先德．食品安全与质量管理 [M]．北京：中国林业出版社，2010．

[30] 王叶婷．餐饮外卖 O2O 食品质量安全与保障管理体系研究 [D]．石家庄：河北经贸

大学, 2020.

[31] 国家出入境检验检疫局. 中国出口食品卫生注册管理指南 [M]. 北京: 中国对外经济贸易出版社, 2000.

[32] 美国国家水产品 HACCP 培训与教育联盟. 食品加工的卫生控制程序（SCP）[M]. 顾绍平, 孔繁明, 译. 济南: 济南出版社, 2001.

[33] 中国国家认证认可监督管理委员会. HACCP 管理体系建立实施与认证论文集 [C]. 北京: 中国科学技术出版社, 2004.

[34] 钱和. HACCP 原理与实施 [M]. 北京: 中国轻工业出版社, 2010.

[35] 师俊玲. 食品加工过程质量与安全控制 [M]. 北京: 科学出版社, 2012.

[36] 李波. 食品安全控制技术 [M]. 北京: 中国计量出版社, 2007.

[37] 纵伟. 食品安全学 [M]. 北京: 化学工业出版社, 2016.

[38] 颜廷才. 食品安全与质量管理学 [M]. 北京: 化学工业出版社, 2016.

[39] 宋莲芳. 撬动食品安全管理——ISO 22000: 2018 运用指南 [M]. 北京: 知识产权出版社, 2020.

[40] 中国质量认证中心. ISO 22000: 2018 食品安全管理体系审核员培训教程 [M]. 北京: 中国标准出版社, 2019.

[41] 李英杰. 技术性贸易措施视角下对美出口食品企业安全卫生管理研究 [D]. 福州: 福建师范大学, 2020.

[42] 康俊生. 我国与 CAC、美国、欧盟食品 GMP 标准法规对比分析研究 [J]. 农业质量标准, 2007, 27（03）: 11-14.

[43] 樊湘文. 浅谈按 GMP 设计食品工厂可降低食品安全风险 [J]. 食品安全导刊, 2020, 276（17）: 73.

[44] 巴都马拉, 罗岩. 保健食品 GMP 审查工作中问题和建议分析 [J]. 中外食品工业, 2021, 8: 178.

[45] 王彩霞, 熊菲菲, 雷蕾, 等. 保健食品 GMP 管理中员工培训工作的探讨 [J]. 现代食品, 2021（10）: 31-34.

[46] 焦晓尘, 赵晖, 王霞. 食品工业企业诚信管理体系（CMS）评价作用浅析 [J]. 轻工标准与质量, 2021（4）: 59-60, 63.

[47] 王丽丽. GMP 文件管理及编制要求 [J]. 化工管理, 2013（10）: 24, 90.

[48] 陈习松. HACCP 体系在坚果炒货食品企业的应用研究 [D]. 合肥: 安徽农业大学, 2020.

[49] 覃朝春, 吴文娟. 基于 HACCP 的海南农产品冷链物流质量体系研究 [J]. 物流科技, 2022, 45（13）: 142-145.

[50] 刘扬东. 餐饮企业实施 HACCP 管理分析 [J]. 中国食品, 2022（17）: 148-150.

[51] 曾忠平. HACCP 体系在集体用餐配送单位中的应用 [J]. 中国食品, 2022（14）: 121-123.

[52] 李楠, 程雅晴, 肖巧喆, 等. HACCP 在食品可持续供应链构建中的作用初探 [J]. 中国食品卫生杂志, 2022, 34（03）: 557-560.

[53] 邵峰, 徐珂, 武强. 探究 HACCP 质量控制体系在产品质量检验中的应用 [J]. 大众

标准化，2022（03）：13-15.

［54］杨昀. HACCP 质量管理体系的构建研究［J］. 食品研究与开发，2021，42（24）：254.

［55］于爱华. HACCP 体系在餐饮企业食品安全管理中的应用研究［J］. 现代食品，2021（21）：135-138.

［56］边红彪，王菁. 食品安全监管的国际趋势与经验借鉴［J］. 中国市场监管研究，2021（11）：35-38.

［57］何春燕. HACCP 体系和 ISO 9000 质量管理体系在葡萄酒企业的应用［D］. 咸阳：西北农林科技大学，2017.

［58］李炜. 基于 ISO 9000 族标准的全面质量管理体系策划、实施与改进研究［D］. 兰州：兰州大学，2017.

［59］陈友高，王灿，曾涛. ISO 9001 质量管理体系在乳制品生产经营中的应用［J］. 食品安全导刊，2015（09）：57.

［60］魏强，朱昱漩，李伟. 高校餐饮 ISO 22000 食品安全管理体系的建立及思考［J］. 现代食品，2022，28（08）：121-124.

［61］姜新杰，丁海俊，姜仁凤，等. 浅谈保鲜水果出口企业新版 ISO 22000 体系的建立［J］. 保鲜与加工，2021，21（10）：35-39.

［62］顾世顺. 对 ISO 22000：2018 标准中过程方法的解读［J］. 质量与认证，2020（06）：79-80.

［63］王新龙. ISO 22000 食品安全管理体系在食品企业的建设与导入［J］. 科技视界，2019（20）：269-270.

［64］徐国民，肖文晖. ISO 22000：2018 食品安全管理体系标准关键变化和应对措施探讨［J］. 标准科学，2019（05）：117-121.

［65］辛效威，彭兆红. 我国认证认可工作发展现状简述［J］. 中国标准化，2019（5）：133-136.